赤平昌文 著

統計的不偏推定論

統計学 17 One Point

共立出版

「統計学 One Point」編集委員会

鎌倉稔成　　（中央大学理工学部，委員長）
江口真透　　（統計数理研究所）
大草孝介　　（九州大学大学院芸術工学研究院）
酒折文武　　（中央大学理工学部）
瀬尾　隆　　（東京理科大学理学部）
椿　広計　　（統計数理研究所）
西井龍映　　（九州大学マス・フォア・インダストリ研究所）
松田安昌　　（東北大学大学院経済学研究科）
森　裕一　　（岡山理科大学経営学部）
宿久　洋　　（同志社大学文化情報学部）
渡辺美智子　（慶應義塾大学大学院健康マネジメント研究科）

「統計学 One Point」刊行にあたって

　まず述べねばならないのは，著名な先人たちが編纂された共立出版の『数学ワンポイント双書』が本シリーズのベースにあり，編集委員の多くがこの書物のお世話になった世代ということである．この『数学ワンポイント双書』は数学を理解する上で，学生が理解困難と思われる急所を理解するために編纂された秀作本である．

　現在，統計学は，経済学，数学，工学，医学，薬学，生物学，心理学，商学など，幅広い分野で活用されており，その基本となる考え方・方法論が様々な分野に散逸する結果となっている．統計学は，それぞれの分野で必要に応じて発展すればよいという考え方もある．しかしながら統計を専門とする学科が分散している状況の我が国においては，統計学の個々の要素を構成する考え方や手法を，網羅的に取り上げる本シリーズは，統計学の発展に大きく寄与できると確信するものである．さらに今日，ビッグデータや生産の効率化，人工知能，IoT など，統計学をそれらの分析ツールとして活用すべしという要求が高まっており，時代の要請も機が熟したと考えられる．

　本シリーズでは，難解な部分を解説することも考えているが，主として個々の手法を紹介し，大学で統計学を履修している学生の副読本，あるいは大学院生の専門家への橋渡し，また統計学に興味を持っている研究者・技術者の統計的手法の習得を目標として，様々な用途に活用していただくことを期待している．

　本シリーズを進めるにあたり，それぞれの分野において第一線で研究されている経験豊かな先生方に執筆をお願いした．素晴らしい原稿を執筆していただいた著者に感謝申し上げたい．また各巻のテーマの検討，著者への執筆依頼，原稿の閲読を担っていただいた編集委員の方々のご努力に感謝の意を表するものである．

編集委員会を代表して　鎌倉稔成

まえがき

　時代の変化，先端技術の進歩とともに統計学が注目を集めるようになり，コンピュータによるシミュレーションによって様々な問題が解決されることが多いが，アドホックになりがちである．そこを打破するためには理論構築が欠かせない．数理統計学の理論は1950年代に基礎的な部分がほぼ体系化されたが，その後，漸近理論を中心にさらに発展して高次漸近理論の完成に至っている．

　本書では数理統計学の中でも美しい理論構成をもつ不偏推定論に焦点を当てた．まず，不偏性，十分性，完備性等の概念について論じる（第1章）．次に，一般に，未知の母数をもつ母集団分布から抽出された無作為標本に基づく母数の関数の推定量は多く存在するので，それらの比較を考える．しかし，それぞれが偏りをもつので，その際に，平均2乗誤差を用いれば良さそうだが，ある矛盾をはらむ場合があるので注意を要する（1.5節のコラム「平均2乗誤差に関わるパラドックス」参照）．通常は，標本の大きさを固定して不偏推定量全体のクラスを考え，その中で分散を（母数に関して一様に）最小にする不偏推定量，すなわち（一様）最小分散不偏（(uniformly) minimum variance unbiased，略して (U)MVU）推定量を求める．

　一つのアプローチは情報不等式による不偏推定量の分散の下界を達成する (U)MVU 推定量を求める方法である（第2章）．そして，もう一つのアプローチは，完備十分統計量が存在する場合に，その関数で不偏推定量となるものを見つけて UMVU 推定量を求める方法である．実際，一つの不偏推定量を見つけて，それの完備十分統計量による条件付期待値を求めればよいが，具体的に UMVU 推定量の形を得るのは必ずしも容易ではない．しかし，分布をいくつかの分布族に制限すれば，条件付化法や不偏性の条件による方程式に基づく方法等によって可能になる（第3, 4章）．他

方，中央値不偏性の概念は分布そのものに基づくので，真の母数の周りでの集中確率を評価するのに有用であり，その際，最強力検定の手法を巧妙に用いるところにも特徴をもつ（2.6 節）．

また，線形モデルにおける不偏推定についても述べ（付録 A.1），そして，標本の大きさを無限に大きくする漸近理論において，集中確率の観点から漸近中央値不偏推定量の評価も含めて，推定量の漸近的性質について論じる（付録 A.2）．さらに，本書で論じた大部分の分布の母数に関する UMVU 推定量を付表としてまとめる（付録 A.3）．最近，ビッグデータが衆目を集めているが，「データが増えれば情報は増大するか？」という問いに必ずしもそうはならない自然な例を情報量，十分性の観点から挙げる（2.2 節のコラム参照）．

本書では主として不偏推定量全体のクラスを対象としているが，偏りをもつ推定量を比較するときには，比較する対象の偏りと同じ偏りをもつように補正してから行うことが本質的で，必ずしも不偏推定量に限る必要はない．本書で用いられた手法は不偏推定論のみならず，他の理論においても有用となるであろう．なお，本書では統計学入門程度の知識を前提としているが，理解を深めるために例を多用している．そこで例の索引を設けて便宜をはかるとともに，さらに参考にした書籍についても言及している．

最後に，本書を完成するに当たって，筑波大学の小池健一准教授，大阪府立大学の田中秀和准教授に原稿を読んで貴重な御意見を頂き，また，広島大学の橋本真太郎准教授に原稿の打ち込みや図の作成等をして頂き，さらに筑波大学の大谷内奈穂助教にも最終稿の校正に協力して頂いた．皆様には心から感謝申し上げたい．

本書の出版に際して，本シリーズの編集委員長の中央大学の鎌倉稔成教授，そして共立出版編集部の方々にいろいろお世話になった．ここに厚く感謝申し上げたい．

2019 年 10 月

赤平昌文

目　次

第 1 章　点推定　　1
1.1　推定量 ……………………………………………………………… 1
1.2　推定法 ……………………………………………………………… 3
1.2.1　モーメント法 …………………………………………… 3
1.2.2　最尤法 …………………………………………………… 6
1.2.3　ベイズ法 ………………………………………………… 9
1.3　不偏性の概念と偏り補正 ………………………………………… 13
1.3.1　平均不偏性 ……………………………………………… 13
1.3.2　リスク不偏性 …………………………………………… 17
1.3.3　モード不偏性 …………………………………………… 21
1.4　十分統計量 ………………………………………………………… 24
1.5　補助統計量と完備性 ……………………………………………… 34

第 2 章　最良不偏推定　　47
2.1　十分統計量に基づく最良不偏推定 ……………………………… 47
2.2　情報不等式——1 母数の場合 …………………………………… 59
2.3　情報不等式——多母数の場合 …………………………………… 68
2.4　情報不等式の精密化 ……………………………………………… 72
2.5　非正則な場合の情報不等式 ……………………………………… 78
2.6　中央値不偏推定量の集中確率の上界と有効性 ………………… 82

第 3 章　不偏推定量の構成　　91
3.1　単純な偏り補正法 ………………………………………………… 91
3.2　ジャックナイフ法とブートストラップ法 ……………………… 93
3.3　条件付化法 ………………………………………………………… 100

3.4　密度と分布に関する不偏推定 ……………………………… 103
　　3.5　関数和が完備十分統計量の場合の不偏推定 ………………… 108

第4章　不偏性による方程式に基づく推定　　113
　　4.1　不偏性による方程式 …………………………………………… 113
　　4.2　片側切断分布族の切断母数の関数の不偏推定 ……………… 114
　　4.3　両側切断分布族の切断母数の関数の不偏推定 ……………… 119
　　4.4　切断指数型分布族の切断母数の関数の不偏推定 …………… 123
　　4.5　指数型分布族の自然母数の関数の不偏推定 ………………… 127

付　録　　145
　　A.1　線形モデルの不偏推定 ………………………………………… 145
　　A.2　漸近理論 ………………………………………………………… 148
　　　A.2.1　近似法則 ……………………………………………………… 148
　　　A.2.2　一致性 ………………………………………………………… 151
　　　A.2.3　漸近不偏性と極限不偏性 …………………………………… 154
　　　A.2.4　最良漸近正規性 ……………………………………………… 156
　　　A.2.5　漸近中央値不偏性と漸近有効性 …………………………… 161
　　A.3　付表 ……………………………………………………………… 168

参考書籍　　179

問題略解　　181

例の索引　　188

索　引　　190

記号・略号

$\mathbf{R}^n$	n 次元ユークリッド空間
$\mathbf{R}_+, \mathbf{R}_-$	$\mathbf{R}_+ = (0, \infty)$, $\mathbf{R}_- = (-\infty, 0)$
$A \times B$	集合 A, B の直積集合 $A \times B = \{(a, b) \mid a \in A,\ b \in B\}$（1.1 節）
$\chi_A(x)$	集合 A の定義関数，すなわち $\chi_A(x) = 1\ (x \in A); = 0\ (x \notin A)$（1.3 節）
$\boldsymbol{a}^\tau, X^\tau$	ベクトル $\boldsymbol{a}$ の転置ベクトル（2.3 節），行列 X の転置行列（付録 A.1）
p.d.f.	確率密度関数 (probability density function)（1.1 節）
j.p.d.f.	同時確率密度関数 (joint probability density function)（1.2 節）
m.p.d.f.	周辺確率密度関数 (marginal probability density function)（1.3 節）
c.p.d.f.	条件付確率密度関数 (conditional probability density function)（1.2 節）
p.m.f.	確率量関数 (probability mass function)（1.1 節）
j.p.m.f.	同時確率量関数 (joint probability mass function)（1.2 節）
m.p.m.f.	周辺確率量関数 (marginal probability mass function)（1.2 節）
c.p.m.f.	条件付確率量関数 (conditional probability mass function)（1.2 節）
c.d.f.	累積分布関数 (cumulative distribution function)（1.3 節）
c.c.d.f.	条件付累積分布関数 (conditional cumulative distribution function)（3.4 節）
e.d.f.	経験分布関数 (empirical distribution function)（3.2 節）

$E(X),\ E[X]$	確率変数 X の平均 (mean) または期待値 (expectation)（1.1 節）
$V(X)$	確率変数 X の分散 (variance)（1.1 節）
$\mathrm{Cov}(X, Y)$	確率変数 X, Y の共分散 (covariance)（1.3 節）
$E(Y\|X)$	X を与えたときの Y の条件付平均または条件付期待値（1.2 節）
$V(Y\|X)$	X を与えたときの Y の条件付分散（1.5 節）
$B(n, \theta)$	2 項分布 (binomial distribution)（1.1 節）
$\mathrm{Be}(\alpha, \beta)$	ベータ分布 (beta distribution)（1.2 節）
$\mathrm{Ber}(\theta)$	ベルヌーイ分布 (Bernoulli distribution)（1.1 節）
$\mathrm{Exp}(\theta)$	指数分布 (exponential distribution)（1.3 節）
$\mathrm{Ext}(\theta)$	極値分布 (extreme value distribution)（3.5 節）
$G(\alpha, \theta)$	ガンマ分布 (gamma distribution)（1.5 節）
$\mathrm{IG}(\mu, \lambda)$	逆ガウス分布 (inverse Gaussian distribution)（3.1 節）
χ_ν^2 分布	自由度 ν のカイ 2 乗分布 (chi-square distribution with ν degrees of freedom)（1.5 節）
$\mathrm{LN}(\mu, \sigma^2)$	対数正規分布 (log-normal distribution)（2.3 節）
$\ell\mathrm{TExp}(\mu, \sigma)$	下側切断指数分布 (lower-truncated exponential distribution)（3.4 節）
$\ell\mathrm{TEF}(\theta, \gamma)$	下側切断指数型分布族 (lower-truncated exponential family of distributions)（4.4 節）
$N(\mu, \sigma^2)$	平均 μ, 分散 σ^2 をもつ正規分布（1.1 節）
$P(\mu, \sigma^2)$	平均 μ, 分散 σ^2 をもつ分布（1.2 節）
$\mathrm{Pa}(\theta, \gamma)$	パレート分布 (Pareto distribution)（1.2 節）
$\mathrm{Po}(\theta)$	ポアソン分布 (Poisson distribution)（1.4 節）
$\mathrm{Ray}(\theta)$	レイリー分布 (Rayleigh distribution)（1.4 節）
$\mathrm{T\text{-}Exp}(\mu, \lambda)$	両側指数分布 (two-sided exponential distribution)（1.2 節）

$t\mathrm{TExp}(\theta,\gamma,\nu)$	両側切断指数分布 (two-sided truncated exponential distribution)（4.3 節）	
$U(a,b)$	区間 $[a,b]$ 上の一様分布 (uniform distribution)（1.2 節）	
$u\mathrm{TPa}(\theta,\gamma,\nu)$	上側切断パレート分布 (upper-truncated Pareto distribution)（4.3 節）	
$W(\alpha,\theta)$	ワイブル分布 (Weibull distribution)（3.5 節）	
AMU 推定量	漸近中央値不偏 (asymptotically median unbiased) 推定量（付録 A.2.5）	
BAN 推定量	最良漸近正規 (best asymptotically normal) 推定量 (付録 A.2.4)	
BLUE	最良線形不偏推定量 (best linear unbiased estimator)（付録 A.1）	
GBE	一般ベイズ推定量 (generalized Bayes estimator)（1.2 節）	
LMVU 推定量	局所最小分散不偏 (locally minimum variance unbiased) 推定量（2.1 節）	
LSE	最小 2 乗推定量 (least squares estimator)（付録 A.1）	
MLE	最尤推定量 (maximum likelihood estimator)（1.2 節）	
MU 推定量	中央値不偏 (median unbiased) 推定量（1.3 節）	
UMVU 推定量	一様最小分散不偏 (uniformly minimum variance unbiased) 推定量（2.1 節）	
Bh の下界	バッタチャリャ (Bhattacharyya) の下界 (lower bound)（2.4 節）	
Bh の不等式	バッタチャリャ (Bhattacharyya) の不等式（2.4 節）	
C-R の不等式	クラメール・ラオ (Cramér-Rao) の不等式（2.2 節）	
C-R の下界	クラメール・ラオ (Cramér-Rao) の下界 (lower bound)（2.2 節）	
Ch-Ro の不等式	チャップマン・ロビンス (Chapman-Robbins) の不等式（2.5 節）	

F情報量 フィッシャー情報量 (Fisher's information amount) (2.2 節)

F情報行列 フィッシャー情報行列 (Fisher's information matrix) (2.3 節)

CLT 中心極限定理 (central limit theorem) (付録 A.2.1)

MSE 平均2乗誤差 (mean squared error) (1.3 節)

$\Gamma(\alpha)$ ガンマ関数 $\Gamma(\alpha) = \int_0^\infty x^{\alpha-1} e^{-x} dx$ ($\alpha \in \mathbf{R}_+$) (1.2 節)

$B(\alpha, \beta)$ ベータ関数 $B(\alpha, \beta) = \int_0^1 x^{\alpha-1}(1-x)^{\beta-1} dx$ $((\alpha, \beta) \in \mathbf{R}_+^2)$ (1.2 節)

$\gamma(\alpha, p)$ 不完全ガンマ関数 $\gamma(\alpha, p) = \int_0^p t^{\alpha-1} e^{-t} dt$ ($\alpha \in \mathbf{R}_+$) (2.6 節)

$B_z(\alpha, \beta)$ 不完全ベータ関数 $B_z(\alpha, \beta) = \int_0^z x^{\alpha-1}(1-x)^{\beta-1} dx$ $((\alpha, \beta) \in \mathbf{R}_+^2)$ (4.5 節)

ギリシャ文字

大文字	小文字	読み方	大文字	小文字	読み方
A	α	アルファ	N	ν	ニュー
B	β	ベータ	Ξ	ξ	クサイ（クシー，グザイ）
Γ	γ	ガンマ	O	o	オミクロン
Δ	δ	デルタ	Π	π	パイ（ピー）
E	ϵ, ε	イプシロン（エプシロン）	P	ρ, ϱ	ロー
Z	ζ	ゼータ（ツェータ）	Σ	σ, ς	シグマ
H	η	イータ（エータ）	T	τ	タウ
Θ	θ, ϑ	シータ（テータ）	Υ	υ	ウプシロン（ユープシロン）
I	ι	イオタ（イオータ）	Φ	ϕ, φ	ファイ（フィー）
K	κ	カッパ	X	χ	カイ
Λ	λ	ラムダ	Ψ	ψ	プサイ（プシー）
M	μ	ミュー	Ω	ω	オメガ

第 1 章

点推定

　観測値 $x_1, \ldots, x_n$ をたがいに独立に，いずれもある確率分布に従う確率変数 $X_1, \ldots, X_n$ のそれぞれの実現値とし，$\boldsymbol{X} = (X_1, \ldots, X_n)$ を**確率ベクトル**とし，$\boldsymbol{x} = (x_1, \ldots, x_n)$ とする．また，$X_1, \ldots, X_n$ をこの分布から得られた**無作為標本** (random sample) とも見なして，それを大きさ n の無作為標本といい，各 $i = 1, \ldots, n$ について x_i を X_i の標本値という．さらに，各 i について X_i が従うと想定される確率分布族を $\mathcal{P}$ とするとき，$\mathcal{P}$ を定式化したものを**確率モデル** (probabilistic model) といい，$\mathcal{P}$ が**母数**あるいは**パラメータ** (parameter) θ によって特徴付けられ，$\mathcal{P} = \{P_\theta | \ \theta \in \Theta\}$ となるとき $\mathcal{P}$ を**パラメトリックモデル** (parametric model) という．ここで，θ の可能な値全体の集合 Θ を**母数空間** (parameter space) といい，各 $\theta \in \Theta$ について P_θ を（確率）分布とする．このモデル $\mathcal{P}$ において，θ が定められれば，$\boldsymbol{X}$ の分布は定まる．

1.1　推定量

　モデルを特定化するために，母数 θ を推定して，そのモデルの近似を考える．また，θ の関数 $g(\theta)$ の推定問題についても考える．

【例 1.1.1】（正規モデル）　$X_1, \ldots, X_n$ をたがいに独立に，いずれも平均 μ，分散 σ^2 をもつ**正規分布** (normal distribution) $N(\mu, \sigma^2)$，すなわち確

率密度関数 (probability density function, 略して p.d.f.)

$$p(x;\mu,\sigma^2) = \frac{1}{\sqrt{2\pi}\sigma}\exp\left\{-\frac{(x-\mu)^2}{2\sigma^2}\right\}$$
$$(x \in \mathbf{R}^1;\ (\mu,\sigma) \in \mathbf{R}^1 \times \mathbf{R}_+) \quad (1.1.1)$$

をもつ分布からの無作為標本とすれば，$\mathcal{P} = \{N(\mu,\sigma^2) \mid (\mu,\sigma^2) \in \Theta\}$ になる[1]．ただし，$\Theta = \mathbf{R}^1 \times \mathbf{R}_+$ とする．

【例 1.1.2】（2項モデル）　確率変数 $X_1,\ldots,X_n$ をたがいに独立に，いずれも母数 θ をもつ**ベルヌーイ分布** (Bernoulli distribution) $\mathrm{Ber}(\theta)$，すなわち**確率量関数** (probability mass function, 略して p.m.f.)

$$p(x;\theta) = \theta^x(1-\theta)^{1-x} \quad (x=0,1;\ \theta \in \Theta = (0,1))$$

をもつ分布に従うとすれば，$\mathcal{P} = \{\mathrm{Ber}(\theta) \mid \theta \in \Theta\}$ になり，これを**ベルヌーイモデル**という．また，$T = \sum_{i=1}^n X_i$ は **2項分布** (binomial distribution) $B(n,\theta)$，すなわち確率量関数

$$p(t;\theta) = \binom{n}{t}\theta^t(1-\theta)^{n-t} \quad (t=0,1,\ldots,n) \quad (1.1.2)$$

をもつ分布に従い，$\mathcal{P} = \{B(n,\theta) \mid \theta \in \Theta\}$ を **2項モデル**という．特に，$B(1,\theta)$ は $\mathrm{Ber}(\theta)$ になる．

一方，$\mathcal{P}$ が母数によって特徴付けられない場合もあり，そのような場合に $\mathcal{P}$ を**ノンパラメトリックモデル** (non-parametric model) という．

【例 1.1.3】（ノンパラメトリックモデル）　$X_1,\ldots,X_n$ を p.d.f. $p(x)$ をもつ分布からの無作為標本とする．このとき，X_1 の**平均**，**分散**

$$\mu = E(X_1) = \int_{-\infty}^{\infty} xp(x)dx, \quad \sigma^2 = V(X_1) = \int_{-\infty}^{\infty} (x-\mu)^2 p(x)dx$$

が存在すれば，μ, σ^2 の推定問題を考えることができる．ここで

---

[1] 集合 A, B の直積集合を $A \times B = \{(a,b) \mid a \in A,\ b \in B\}$ で定義する．

$$\mathcal{P} = \left\{ p(x) \ \bigg| \ \int_{-\infty}^{\infty} |x| p(x) dx < \infty, \ \int_{-\infty}^{\infty} x^2 p(x) dx < \infty \right\}$$

はノンパラメトリックモデルになる.

いま, $\mathcal{P} = \{P_{\boldsymbol{\theta}} \mid \boldsymbol{\theta} \in \Theta\}$ とし, $\Theta \subset \mathbf{R}^k$ とする. このとき, $\boldsymbol{X}$ の関数[2]$\widehat{\boldsymbol{\theta}}_n(\boldsymbol{X})$ が Θ 上の値をとれば, それを $\boldsymbol{\theta}$ の**推定量** (estimator) といい, $\widehat{\boldsymbol{\theta}}_n(\boldsymbol{X})$ を単に $\widehat{\boldsymbol{\theta}}_n$ で表す. 特に, $\boldsymbol{X} = \boldsymbol{x}$ のとき, $\widehat{\boldsymbol{\theta}}_n(\boldsymbol{x})$ を $\boldsymbol{\theta}$ の**推定値**という. また, $\boldsymbol{\theta} = (\theta_1, \ldots, \theta_k)$ とし, 各 $i = 1, \ldots, k$ について θ_i の推定量を $\widehat{\theta}_i = \widehat{\theta}_i(\boldsymbol{X})$ とすると, $\widehat{\boldsymbol{\theta}} = (\widehat{\theta}_1, \ldots, \widehat{\theta}_k)$ が $\boldsymbol{\theta}$ の推定量になる. 一般に, $\boldsymbol{\theta}$ の関数 $g(\boldsymbol{\theta})$ について, $\boldsymbol{X}$ の関数 $\widehat{g}(\boldsymbol{X})$ が $g(\Theta) = \{g(\boldsymbol{\theta}) \mid \boldsymbol{\theta} \in \Theta\}$ 上の値をとるとき, それを $g(\boldsymbol{\theta})$ の推定量という. なお, $\boldsymbol{\theta}$ が多 (次元) 母数で $\boldsymbol{\theta} = (\xi, \eta)$ と分割され, ξ を関心のある部分で, η を無関心な部分とするとき, η を**局外母数**（nuisance parameter, または**攪乱母数**）という.

1.2 推定法

本節において, 典型的な推定法として, モーメント法, 最尤法, ベイズ法について述べる.

1.2.1 モーメント法

母数ベクトル $\boldsymbol{\theta} = (\theta_1, \ldots, \theta_k)$ の推定量を求める古典的な方法として**モーメント法** (the method of moments) について考える. いま, $X_1, \ldots, X_n$ をパラメトリックモデル $\mathcal{P} = \{P_{\boldsymbol{\theta}} \mid \boldsymbol{\theta} \in \Theta\}$ の分布 $P_{\boldsymbol{\theta}}$ からの無作為標本とし, X_1 の原点周りの r 次**モーメント** (moment, 積率) を $\mu'_{r,\boldsymbol{\theta}} = E_{\boldsymbol{\theta}}[X_1^r]$ $(r = 1, 2, \ldots)$ とする. また, $\boldsymbol{X} = (X_1, \ldots, X_n)$ に基づく r 次の**標本モーメント** (sample moment) を $M'_r = (1/n) \sum_{i=1}^{n} X_i^r$ $(r = 1, 2, \ldots)$ とする. このとき, 各次数 r について

---

[2] 厳密には**可測関数**（たとえば伊藤清三 (1964).『ルベーグ積分入門』（裳華房）参照).

$$\mu'_{r,\boldsymbol{\theta}} = M'_r \quad (r = 1, \ldots, k) \tag{1.2.1}$$

とする.このとき,方程式 (1.2.1) の $\theta_1, \ldots, \theta_k$ の解をそれぞれ $\widehat{\theta}_1 = \widehat{\theta}_1(\boldsymbol{X}), \ldots, \widehat{\theta}_k = \widehat{\theta}_k(\boldsymbol{X})$ とする.このとき,$\widehat{\boldsymbol{\theta}} = (\widehat{\theta}_1, \ldots, \widehat{\theta}_k)$ を $\boldsymbol{\theta} = (\theta_1, \ldots, \theta_k)$ の**モーメント**(法による)**推定量** (moment estimator) という.

【例 1.2.1】 $(P(\mu, \sigma^2))$ $X_1, \ldots, X_n$ を平均 μ,分散 σ^2 をもつ分布 $P(\mu, \sigma^2)$ $((\mu, \sigma^2) \in \Theta = \mathbf{R}^1 \times \mathbf{R}_+)$ からの無作為標本とし,$\boldsymbol{\theta} = (\mu, \sigma^2)$ とする.このとき

$$\mu'_{1,\boldsymbol{\theta}} = E_{\boldsymbol{\theta}}(X_1) = \mu, \quad \mu'_{2,\boldsymbol{\theta}} = E_{\boldsymbol{\theta}}(X_1^2) = \mu^2 + \sigma^2$$

となり,また,$\boldsymbol{X} = (X_1, \ldots, X_n)$ に基づく 1 次,2 次の標本モーメントはそれぞれ,$M'_1 = (1/n) \sum_{i=1}^n X_i = \overline{X}$,$M'_2 = (1/n) \sum_{i=1}^n X_i^2$ になる.このとき,(1.2.1) より,連立方程式 $\mu = \overline{X}$,$\mu^2 + \sigma^2 = (1/n) \sum_{i=1}^n X_i^2$ を μ, σ^2 について解けば

$$\widehat{\mu} = \overline{X}, \quad \widehat{\sigma}^2 = \frac{1}{n} \sum_{i=1}^n X_i^2 - \overline{X}^2 = \frac{1}{n} \sum_{i=1}^n (X_i - \overline{X})^2 = S^2$$

となるから,$\boldsymbol{\theta}$ の推定量 $\widehat{\boldsymbol{\theta}} = (\widehat{\mu}, \widehat{\sigma}^2) = (\overline{X}, S^2)$ はモーメント推定量になる.なお,$\overline{X}$ は**標本平均** (sample mean),S^2 は**標本分散** (sample variance) と呼ばれる.

【例 1.2.2】 (連続一様モデル) $X_1, \ldots, X_n$ を p.d.f.

$$p(x; \gamma, \nu) = \begin{cases} 1/(\nu - \gamma) & (\gamma \leq x \leq \nu), \\ 0 & (その他) \end{cases}$$

をもつ区間 $[\gamma, \nu]$ 上の**一様分布** (uniform distribution) $U(\gamma, \nu)$ $(-\infty < \gamma < \nu < \infty)$ からの無作為標本とする.このとき,$\boldsymbol{\theta} = (\gamma, \nu)$ とすれば

$$\mu'_{1,\boldsymbol{\theta}} = E_{\boldsymbol{\theta}}(X_1) = \frac{\gamma + \nu}{2}, \quad \mu'_{2,\boldsymbol{\theta}} = E_{\boldsymbol{\theta}}(X_1^2) = \frac{\gamma^2 + \gamma\nu + \nu^2}{3}$$

となり,また,$\boldsymbol{X} = (X_1, \ldots, X_n)$ に基づく 1 次,2 次の標本モーメント

はそれぞれ $M_1' = (1/n)\sum_{i=1}^n X_i = \overline{X}$, $M_2' = (1/n)\sum_{i=1}^n X_i^2$ になる．そこで，(1.2.1) より

$$\frac{\gamma+\nu}{2} = \overline{X}, \quad \frac{\gamma^2+\gamma\nu+\nu^2}{3} = \frac{1}{n}\sum_{i=1}^n X_i^2$$

となるから，左側の式より $\nu = 2\overline{X} - \gamma$ となり，これを右側の式に代入すると

$$(\gamma - \overline{X})^2 = 3\left\{\frac{1}{n}\sum_{i=1}^n X_i^2 - \overline{X}^2\right\} = \frac{3}{n}\sum_{i=1}^n (X_i - \overline{X})^2 = 3S^2$$

となる．よって，これを γ について解くとき，$\nu > \gamma$ より $\overline{X} > \gamma$ であることに注意すると $\gamma = \overline{X} - \sqrt{3}S = \widehat{\gamma}$ となり，また $\nu = \overline{X} + \sqrt{3}S = \widehat{\nu}$ になる．ただし，$S = \sqrt{S^2} = \sqrt{\sum_{i=1}^n (X_i - \overline{X})^2 / n}$ とする．よって，$(\widehat{\gamma}, \widehat{\nu}) = (\overline{X} - \sqrt{3}S, \overline{X} + \sqrt{3}S)$ が (γ, ν) のモーメント推定量になる．

【例 1.2.3】（パレートモデル）　$X_1, \ldots, X_n$ を p.d.f.

$$p(x; \theta, \gamma) = \begin{cases} \dfrac{\theta\gamma^\theta}{x^{\theta+1}} & (x \geq \gamma), \\ 0 & (x < \gamma) \end{cases}$$

をもつパレート分布 (Pareto distribution) $\mathrm{Pa}(\theta, \gamma)$ からの無作為標本とする．ただし，$(\theta, \gamma) \in \mathbf{R}_+^2$ とし，θ, γ はともに未知とする．このとき，$\boldsymbol{\alpha} = (\theta, \gamma)$ とし，$\theta > 2$ とすれば

$$\mu'_{1,\boldsymbol{\alpha}} = E_{\boldsymbol{\alpha}}(X_1) = \frac{\theta\gamma}{\theta-1}, \quad \mu'_{2,\boldsymbol{\alpha}} = E_{\boldsymbol{\alpha}}(X_1^2) = \frac{\theta\gamma^2}{\theta-2}$$

となり，また $\boldsymbol{X} = (X_1, \ldots, X_n)$ に基づく 1 次，2 次の標本モーメントはそれぞれ $M_1' = \overline{X}$, $M_2' = (1/n)\sum_{i=1}^n X_i^2$ になる．ここで，(1.2.1) より

$$\frac{\theta\gamma}{\theta-1} = \overline{X}, \quad \frac{\theta\gamma^2}{\theta-2} = \frac{1}{n}\sum_{i=1}^n X_i^2$$

となるから，$(1/n)\sum_{i=1}^n X_i^2 - \overline{X}^2 = S^2$ に注意すると

$$\theta^2 - 2\theta - \frac{\overline{X}^2}{S^2} = 0$$

となり,これを θ について解くと,$\theta > 2$ より

$$\theta = 1 + \sqrt{1 + (\overline{X}^2/S^2)} = \widehat{\theta}$$

となる.また

$$\widehat{\gamma} = \frac{\widehat{\theta} - 1}{\widehat{\theta}} \overline{X} = \frac{\overline{X}\sqrt{1 + (\overline{X}^2/S^2)}}{1 + \sqrt{1 + (\overline{X}^2/S^2)}}$$

になる.よって,$(\widehat{\theta}, \widehat{\gamma})$ は (θ, γ) のモーメント推定量になる.

【例 1.1.2 (続 1)】 $X_1, \ldots, X_n$ をベルヌーイ分布 $\mathrm{Ber}(\theta)$ からの無作為標本とすると,$\mu'_{1,\theta} = E_\theta(X_1) = \theta$ になり,また,$\boldsymbol{X}$ に基づく 1 次の標本モーメントは $M'_1 = \overline{X}$ であるから,(1.2.1) より,$\widehat{\theta} = \overline{X}$ が θ のモーメント推定量になる.

1.2.2 最尤法

$\boldsymbol{\theta}$ の推定量を求める方法として有用な**最尤法** (the method of maximum likelihood) について述べる.まず,確率ベクトル $\boldsymbol{X} = (X_1, \ldots, X_n)$ の**同時確率密度関数** (joint probability density function,略して j.p.d.f.) または**同時確率量関数** (joint probability mass function,略して j.p.m.f.) を $f_{\boldsymbol{X}}(\boldsymbol{x}; \boldsymbol{\theta})$ $(\boldsymbol{\theta} \in \Theta)$ とする.ここで,$\boldsymbol{X} = \boldsymbol{x} = (x_1, \ldots, x_n)$ であるとき,

$$L(\boldsymbol{\theta}; \boldsymbol{x}) = f_{\boldsymbol{X}}(\boldsymbol{x}; \boldsymbol{\theta}) \tag{1.2.2}$$

とおいて,これを $\boldsymbol{\theta}$ の関数と見なして,$\boldsymbol{\theta}$ の**尤度関数** (likelihood function) といい,$\boldsymbol{\theta}$ の尤もらしさの度合を表す.そこで,これを最大にするもの,すなわち

$$\max_{\boldsymbol{\theta} \in \Theta} L(\boldsymbol{\theta}; \boldsymbol{x}) = L(\widehat{\boldsymbol{\theta}}^*; \boldsymbol{x})$$

となる $\boldsymbol{\theta} = \widehat{\boldsymbol{\theta}}^*(\boldsymbol{x})$ を**最尤推定値**といい，$\widehat{\boldsymbol{\theta}}^*(\boldsymbol{X})$ を $\boldsymbol{\theta}$ の**最尤推定量** (maximum likelihood estimator，略して MLE) という．また，Θ を $\mathbf{R}^k$ の開集合とし，各 $j = 1, \ldots, k$ について $L(\boldsymbol{\theta}; \boldsymbol{x})$ が θ_j について偏微分可能ならば，最尤推定値 $\widehat{\boldsymbol{\theta}}(\boldsymbol{x}) = (\widehat{\theta}_1(\boldsymbol{x}), \ldots, \widehat{\theta}_k(\boldsymbol{x}))$ は**尤度方程式** (likelihood equation)

$$\frac{\partial}{\partial \theta_j} \log L(\boldsymbol{\theta}; \boldsymbol{x}) = 0, \quad j = 1, \ldots, k \qquad (1.2.3)$$

を満たすので，最尤推定量 $\widehat{\boldsymbol{\theta}}(\boldsymbol{X}) = (\widehat{\theta}_1(\boldsymbol{X}), \ldots, \widehat{\theta}_k(\boldsymbol{X}))$ は (1.2.3) の解として得られることも多い．なお，(1.2.3) の左辺を成分としてもつベクトルを**スコア関数** (score function) という．

【例 1.1.1（続 1）】 $X_1, \ldots, X_n$ を正規分布 $N(\mu, \sigma^2)$ からの無作為標本とする．このとき，(μ, σ^2) の**対数尤度関数**は

$$\log L(\mu, \sigma^2; \boldsymbol{x}) = -\frac{n}{2} \log 2\pi - \frac{n}{2} \log \sigma^2 - \frac{1}{2\sigma^2} \sum_{i=1}^{n} (x_i - \mu)^2$$

になるから，(1.2.3) より尤度方程式

$$\frac{\partial}{\partial \mu} \log L(\mu, \sigma^2; \boldsymbol{x}) = \frac{1}{\sigma^2} \sum_{i=1}^{n} (x_i - \mu) = 0,$$

$$\frac{\partial}{\partial \sigma^2} \log L(\mu, \sigma^2; \boldsymbol{x}) = -\frac{n}{2\sigma^2} + \frac{1}{2\sigma^4} \sum_{i=1}^{n} (x_i - \mu)^2 = 0$$

の μ，σ^2 の解はそれぞれ $\overline{x} = (1/n) \sum_{i=1}^{n} x_i$，$s^2 = (1/n) \sum_{i=1}^{n} (x_i - \overline{x})^2$ になる．また，任意の μ と σ^2 について

$$\log L(\mu, \sigma^2; \boldsymbol{x}) \leq \log L(\overline{x}, s^2; \boldsymbol{x}) \qquad (1.2.4)$$

であることも示される．よって，$(\overline{x}, s^2)$ は $L(\mu, \sigma; \boldsymbol{x})$ を最大にするので，$(\overline{X}, S^2)$ が (μ, σ^2) の MLE になる．また，例 1.2.1 よりこれは (μ, σ^2) のモーメント推定量に一致している．

問 1.2.1 不等式 (1.2.4) が成り立つことを示せ．

【例 1.1.2（続 2）】 $X_1,\ldots,X_n$ をベルヌーイ分布 $\mathrm{Ber}(\theta)$ からの無作為標本とすると，θ の尤度関数は

$$L(\theta;\boldsymbol{x}) = \theta^{\sum_{i=1}^{n} x_i}(1-\theta)^{n-\sum_{i=1}^{n} x_i} \quad (x_i = 0, 1\ (i=1,\ldots,n);\ 0 \leq \theta \leq 1)$$

になる．まず，$0 < \overline{x} = (1/n)\sum_{i=1}^{n} x_i < 1$ のとき，$0 < \theta < 1$ において θ の尤度方程式

$$\frac{\partial}{\partial \theta} \log L(\theta;\boldsymbol{x}) = \frac{1}{\theta}\sum_{i=1}^{n} x_i - \frac{1}{1-\theta}\left(n - \sum_{i=1}^{n} x_i\right) = 0$$

の解は $\overline{x}$ になり，$(\partial^2/\partial\theta^2)\log L(\theta;\boldsymbol{x}) < 0$ となるから $\overline{x}$ は $\log L(\theta;\boldsymbol{x})$ を最大にする．また，$\overline{x} = 0, 1$ のときには $L(\theta;\overline{x})$ を最大にする θ はそれぞれ $0, 1$ となり $\overline{x}$ の値に一致する．ただし，$0^0 = 1$ とする．よって，$\overline{X}$ は θ の MLE になる．また，例 1.1.2（続 1）からこれは θ のモーメント推定量に一致する．

問 1.2.2 $X_1,\ldots,X_n$ を p.d.f.

$$p(x;\mu,\lambda) = \frac{1}{2\lambda}\exp\left(-\frac{|x-\mu|}{\lambda}\right) \quad (x \in \mathbf{R}^1;\ (\mu,\lambda) \in \mathbf{R}^1 \times \mathbf{R}_+)$$

をもつ**両側指数分布** (two-sided exponential distribution) $\mathrm{T\text{-}Exp}(\mu,\lambda)$[3]からの無作為標本とし，$\mu,\lambda$ がともに未知のときに

$$\widehat{\mu} = \begin{cases} X_{(m)} & (n = 2m-1), \\ \dfrac{1}{2}(X_{(m)} + X_{(m+1)}) & (n = 2m), \end{cases}$$

$$\widehat{\lambda} = \frac{1}{n}\sum_{i=1}^{n}(X_{(i)} - \widehat{\mu})$$

はそれぞれ μ,λ の MLE となることを示せ．ただし，$m \geq 1$ とし，$X_{(1)} \leq \cdots \leq X_{(n)}$ を $X_1,\ldots,X_n$ の**順序統計量** (order statistic) とする．

---

[3] 両側指数分布は **2 重指数** (double exponential) **分布**または**ラプラス** (Laplace) **分布**ともいう．

1.2.3　ベイズ法

母数 θ の推定量を求める方法として**ベイズ法** (Bayesian method) について述べる．まず，確率ベクトル $\boldsymbol{X} = (X_1, \ldots, X_n)$ の可能な値全体の集合を**標本空間** (sample space) といって $\mathcal{X}$ で表し，$\mathcal{X} \subset \mathbf{R}^n$ とする．また，$\boldsymbol{X}$ の j.p.d.f. または j.p.m.f. を $f_{\boldsymbol{X}}(\boldsymbol{x};\theta)$ $(\theta \in \Theta \subset \mathbf{R}^1)$ とする．通常は θ を非確率変数として考えるが，いま θ を確率変数と見なして，θ の p.d.f. $\pi(\theta)$ $(\theta \in \Theta)$ をもつ分布族を Π とする．この π を**事前密度**といい，Π を**事前分布族** (a family of prior distributions) という．このとき，θ の推定量 $\widehat{\theta}$ の**ベイズリスク** (Bayes risk) を

$$B(\pi, \widehat{\theta}) = \int_\Theta \left\{ \int_{\mathcal{X}} (\widehat{\theta}(\boldsymbol{x}) - \theta)^2 f(\boldsymbol{x};\theta) dx_1 \cdots dx_n \right\} \pi(\theta) d\theta \quad (1.2.5)$$

または

$$B(\pi, \widehat{\theta}) = \int_\Theta \sum_{\boldsymbol{x} \in \mathcal{X}} (\widehat{\theta}(\boldsymbol{x}) - \theta)^2 f(\boldsymbol{x}, \theta) \pi(\theta) d\theta \quad (1.2.6)$$

と定義し，これを最小にする $\widehat{\theta}(\boldsymbol{x}) = \widehat{\theta}_{\mathrm{B}}(\boldsymbol{x})$ を得るとき，$\widehat{\theta}_{\mathrm{B}}(\boldsymbol{X})$ を θ の**ベイズ** (Bayes) **推定量**という．そして，有限なベイズリスクをもつ推定量が存在すれば，(1.2.5) または (1.2.6) を最小にする $\widehat{\theta}(\boldsymbol{x})$ は

$$\widehat{\theta}_{\mathrm{B}}(\boldsymbol{x}) = E(\theta|\boldsymbol{x}) = \int_\Theta \theta \pi(\theta|\boldsymbol{x}) d\theta \quad (1.2.7)$$

になり，$\widehat{\theta}_{\mathrm{B}}(\boldsymbol{X})$ は θ のベイズ推定量になる．ここで，$E(\theta|\boldsymbol{x})$ は $\boldsymbol{X} = \boldsymbol{x}$ を与えたときの θ の**事後平均** (posterior mean) で，$\pi(\theta|\boldsymbol{x})$ は**事後密度** (posterior density)

$$\pi(\theta|\boldsymbol{x}) = f_{\boldsymbol{X}}(\boldsymbol{x};\theta) \pi(\theta) \Big/ \int_\Theta f_{\boldsymbol{X}}(\boldsymbol{x};\theta) \pi(\theta) d\theta \quad (1.2.8)$$

とする．ただし，(1.2.8) の右辺の分母は有限であるとする．なお，ベイズ法では $f_{\boldsymbol{X}}(\boldsymbol{x};\theta)$ を θ を与えたときの $\boldsymbol{X}$ の**条件付** (conditional (c.)) p.d.f. または c.p.m.f. と見なす．上記では，$\widehat{\theta}$ の損失として**2乗損失** $(\widehat{\theta} - \theta)^2$ を考えたが，他にも**絶対損失** $|\widehat{\theta} - \theta|$ 等を考えることができる（[A03] の補遺 A7.3 参照）．

さて，ベイズ法では事前分布の選択が問題になる．いま，$\mathcal{F}$ を p.d.f. または p.m.f. $f(\boldsymbol{x};\theta)$ $(\theta \in \Theta)$ をもつ分布族とする．このとき，事前分布族 Π が $\mathcal{F}$ に対して**共役事前分布族** (a family of conjugate prior distributions) であるとは，任意の $f \in \mathcal{F}$，Π の任意の事前分布，任意の $\boldsymbol{x} \in \mathcal{X}$ について，事後分布が Π に属することをいう．このときには，事前分布と事後分布が同じ分布族に属する．通常は事前分布として共役(事前)分布をとることが多い．

【例 1.2.4】 $X_1,\ldots,X_n$ を p.d.f.

$$p(x;\eta) = \exp\{\eta x + D(\eta) + S(x)\}, \quad x \in \mathcal{X}, \; \eta \in \mathcal{H}$$

をもつ指数型分布族の分布からの無作為標本とする．ただし，$\mathcal{X}(\subset \mathbf{R}^1)$ を η に無関係とし，$\eta \in \mathcal{H} \subset \mathbf{R}^1$ とする．このとき，p.d.f.

$$\pi(\eta;k,\mu) = c(k,\mu)e^{k\mu\eta + kD(\eta)}$$

をもつ指数型分布族 Π は，指数型分布族に対して共役事前分布族になる．ただし，k,μ は定数とする．実際，事後分布 $\pi(\eta|\boldsymbol{x};k,\mu) \propto \exp\{(k\mu + n\overline{x})\eta + (n+k)D(\eta)\}$ となるから，$\pi(\eta|\boldsymbol{x};k,\mu)$ は $\pi(\eta;k+n,(k\mu+n\overline{x})/(k+n))$ となり，これは Π に属する．ただし，$\propto$ は比例を意味する．

問 1.2.3 $X_1,\ldots,X_n$ を一様分布 $U(0,\theta)$ $(\theta \in \mathbf{R}_+)$ をもつ分布からの無作為標本とし，θ の事前分布をパレート分布 $\mathrm{Pa}(\beta,\gamma)$ $((\beta,\gamma) \in \mathbf{R}_+^2)$ とすれば，パレート分布族が一様分布族に対して共役事前分布族になることを示せ．

コラム：一般ベイズ推定量

ベイズ推定量の定義では，$\pi(\theta)$ は Θ 上の p.d.f. であるが，一般化して $\int_{\Theta} \pi(\theta)d\theta = \infty$ となる非負値関数 $\pi(\theta)$ を**一般** (improper) **事前密度**という．このとき，$\widehat{\theta}$ の**事後リスク** (posterior risk)

$$E[\{\widehat{\theta}(\boldsymbol{X}) - \theta\}^2 | \boldsymbol{X} = \boldsymbol{x}] = \int_{\Theta} \{\widehat{\theta}(\boldsymbol{x}) - \theta\}^2 \pi(\theta|\boldsymbol{x})d\theta$$

を最小にする $\widehat{\theta}(\boldsymbol{x})$ を $\widehat{\theta}_{\mathrm{GB}}(\boldsymbol{x})$ とすれば，$\widehat{\theta}_{\mathrm{GB}}(\boldsymbol{X})$ を (2乗損失と π に関

する) θ の**一般ベイズ推定量** (generalized Bayes estimator, 略して GBE) という. そして, ベイズ推定量の場合と同様に, θ の GBE は $\widehat{\theta}_{\mathrm{GB}}(\boldsymbol{X}) = E(\theta|\boldsymbol{X})$ ($\boldsymbol{X}$ を与えたときの θ の条件付平均 (期待値)) になる. いま, $\boldsymbol{X} = (X_1, \ldots, X_n)$ の j.p.d.f. を $f(x_1 - \theta, \ldots, x_n - \theta)$ ($\boldsymbol{x} = (x_1, \ldots, x_n) \in \mathbf{R}^n$, $\theta \in \mathbf{R}^1$) として θ が**位置母数** (location parameter) の場合を考える. ここで, $\pi(\theta) \equiv 1$ とすれば, π は一般事前密度になる. このとき, (1.2.5) または (1.2.6) より θ の GBE は

$$\widehat{\theta}_{\mathrm{GB}}(\boldsymbol{X}) = \frac{\int_{-\infty}^{\infty} \theta f(X_1 - \theta, \ldots, X_n - \theta)d\theta}{\int_{-\infty}^{\infty} f(X_1 - \theta, \ldots, X_n - \theta)d\theta} \quad (1.2.9)$$

になる. ただし, (1.2.9) の右辺の分母は有限であるとする. 特に, $X_1, \ldots, X_n$ を p.d.f. $q(x - \theta)$ をもつ分布からの無作為標本とすれば, (1.2.9) より

$$\widehat{\theta}_{\mathrm{GB}}(\boldsymbol{X}) = \int_{-\infty}^{\infty} \theta \prod_{i=1}^{n} q(X_i - \theta)d\theta \Big/ \int_{-\infty}^{\infty} \prod_{i=1}^{n} q(X_i - \theta)d\theta \quad (1.2.10)$$

となり, これは θ の**ピットマン** (Pitman) **推定量**[4]に一致する.

【例 1.1.1 (続 2)】 $X_1, \ldots, X_n$ を正規分布 $N(\theta, \sigma^2)$ からの無作為標本とし, θ の事前分布を $N(\mu, \tau^2)$ とする. ただし, θ を未知とし, σ^2, μ, τ^2 は既知とする. いま, $\boldsymbol{X} = \boldsymbol{x}$ のとき, θ の事後分布は $N(E(\theta|\boldsymbol{x}), V(\theta|\boldsymbol{x}))$ になる. ここで, $V(\theta|\boldsymbol{x})$ は $\boldsymbol{x}$ を与えたときの θ の**事後分散** (条件付分散) になる. さらに

$$E(\theta|\boldsymbol{x}) = \frac{n\tau^2}{n\tau^2 + \sigma^2}\overline{x} + \frac{\sigma^2}{n\tau^2 + \sigma^2}\mu, \quad V(\theta|\boldsymbol{x}) = \frac{\tau^2\sigma^2}{n\tau^2 + \sigma^2}$$

になる. ただし, $\overline{x} = (1/n)\sum_{i=1}^{n} x_i$ とする. そして, (1.2.7) から θ のベイズ推定量は $\widehat{\theta}_{\mathrm{B}}(\boldsymbol{X}) = E(\theta|\boldsymbol{X})$ になる. また, 上記のことから, 正規分

---

[4] θ の**位置共変推定量** $\widehat{\theta}$, すなわち任意の $\boldsymbol{x} = (x_1, \ldots, x_n)$ と任意の定数 c に対して $\widehat{\theta}(x_1 + c, \ldots, x_n + c) = \widehat{\theta}(x_1, \ldots, x_n) + c$ となる推定量 $\widehat{\theta}$ 全体のクラスの中で平均2 乗誤差 $E_\theta[(\widehat{\theta} - \theta)^2]$ を θ について一様に最小にする推定量を θ の**最良位置共変推定量**またはピットマン推定量という.

布族が正規分布族に対して共役事前分布族になる.

次に,$\pi(\theta)\equiv 1$ として,θ の GBE を求めてみよう.まず,$X_1,\ldots,X_n$ は p.d.f.

$$q_\sigma(x-\theta) = \frac{1}{\sqrt{2\pi}\sigma}\exp\left\{-\frac{(x-\theta)^2}{2\sigma^2}\right\} \quad (x\in\mathbf{R}^1;\ \theta\in\mathbf{R}^1)$$

をもつ分布からの無作為標本であるから,(1.2.10) より

$$\widehat{\theta}_{\mathrm{GB}}(\boldsymbol{x})$$
$$= \int_{-\infty}^{\infty}\theta\exp\left\{-\frac{n}{2\sigma^2}(\theta-\overline{x})^2\right\}d\theta\Big/\int_{-\infty}^{\infty}\exp\left\{-\frac{n}{2\sigma^2}(\theta-\overline{x})^2\right\}d\theta$$
$$= \overline{x}$$

となる.よって,θ の GBE $\widehat{\theta}_{\mathrm{GB}}(\boldsymbol{X})$ は $\overline{X}=(1/n)\sum_{i=1}^{n}X_i$ になり,これは θ のピットマン推定量でもある.

問 1.2.4 $X_1,\ldots,X_n$ を一様分布 $U(\theta-(1/2),\theta+(1/2))$ $(\theta\in\Theta=\mathbf{R}^1)$ からの無作為標本とするとき,(1.2.10) から θ の GBE を求めよ.

【例 1.1.2(続 3)】 $X_1,\ldots,X_n$ をベルヌーイ分布 $\mathrm{Ber}(\theta)$ $(\theta\in\Theta=(0,1))$ からの無作為標本とすると,$T=\sum_{i=1}^{n}X_i$ の分布は 2 項分布 $B(n,\theta)$ になり,その p.m.f. $p(t;\theta)$ は (1.1.2) の形になる.いま,θ の事前分布として p.d.f.

$$\pi(\theta) = \frac{1}{B(\alpha,\beta)}\theta^{\alpha-1}(1-\theta)^{\beta-1} \quad (\theta\in\Theta;\ (\alpha,\beta)\in\mathbf{R}^2_+)$$

をもつ**ベータ分布** (beta distribution) $\mathrm{Be}(\alpha,\beta)$[5] をとる.ここで,$p(t;\theta)$ を θ を与えたときの T の c.p.m.f. と見なすと,T の**周辺** (marginal (m.)) p.m.f. は

---

[5] **ベータ関数** B は $B(\alpha,\beta)=\int_0^1 x^{\alpha-1}(1-x)^{\beta-1}dx$ $((\alpha,\beta)\in\mathbf{R}^2_+)$ で定義され,$B(\alpha,\beta)=B(\beta,\alpha)$ であり,また,**ガンマ関数** $\Gamma(\alpha)=\int_0^\infty x^{\alpha-1}e^{-x}dx$ $(\alpha\in\mathbf{R}_+)$ との関係として $B(\alpha,\beta)=\Gamma(\alpha)\Gamma(\beta)/\Gamma(\alpha+\beta)$ $((\alpha,\beta)\in\mathbf{R}^2_+)$ がある.なお,$\Gamma(\alpha+1)=\alpha\Gamma(\alpha)$ $(\alpha\in\mathbf{R}_+)$,$\Gamma(1)=1$,$\Gamma(1/2)=\sqrt{\pi}$ が成り立ち,特に自然数 n について $\Gamma(n)=(n-1)!$ になる.

$$f_T(t) = \binom{n}{t} \frac{1}{B(\alpha,\beta)} \int_0^1 \theta^{t+\alpha-1}(1-\theta)^{n-t+\beta-1} d\theta$$
$$= \binom{n}{t} \frac{B(t+\alpha, n-t+\beta)}{B(\alpha,\beta)} \quad (t=0,1,\ldots,n;\ (\alpha,\beta) \in \mathbf{R}_+^2)$$

になり，これは**ベータ2項分布** (beta-binomial distribution) と呼ばれている．よって，T を与えたときの θ の事後分布はベータ分布 $\mathrm{Be}(t+\alpha, n-t+\beta)$ になるから，(1.2.7) より θ のベイズ推定量は

$$\widehat{\theta}_B = E(\theta|T) = \frac{T+\alpha}{\alpha+\beta+n} \tag{1.2.11}$$

になる．また，上記のことから，ベータ分布族は2項分布族に対して共役事前分布族になっている．

1.3　不偏性の概念と偏り補正

前節からわかるように，様々な推定量が存在するので，それらを何らかの意味での良さを比較する際には，推定量のクラスを制限せざるをえない．そのときに**偏り**（または**バイアス**）(bias) がないという**不偏性** (unbiasedness) の概念が有用になる．

1.3.1　平均不偏性

いま，$g(\theta)$ の推定量 $\widehat{g} = \widehat{g}(\boldsymbol{X})$ について，分布 P_θ の下でのその期待値が

$$E_\theta[\widehat{g}(\boldsymbol{X})] = g(\theta) + b(\theta), \quad \theta \in \Theta \tag{1.3.1}$$

となるとき，$b(\theta)$ を $\widehat{g}$ の（$g(\theta)$ に対する）偏りまたはバイアスという．特に，$b(\theta) \equiv 0$ となるとき，すなわち，任意の $\theta \in \Theta$ について

$$E_\theta[\widehat{g}(\boldsymbol{X})] = g(\theta) \tag{1.3.2}$$

となるとき，$\widehat{g}$ を $g(\theta)$ の**平均不偏推定量** (mean unbiased estimator) という．このことは，$\widehat{g} = \widehat{g}(\boldsymbol{X})$ は分布 P_θ によって確率変動するが，$\widehat{g}(\boldsymbol{X})$ は平均的には $g(\theta)$ に近いことを意味する．なお，単に**不偏推定量**といえば，平均不偏推定量を指す．

【例 1.2.1（続 1）】 $X_1, \ldots, X_n$ を平均 μ, 分散 σ^2 をもつ分布 $P(\mu, \sigma^2)$ からの無作為標本とする．このとき，μ のモーメント推定量は $\widehat{\mu} = \overline{X}$ で，任意の (μ, σ^2) について $E_{\mu, \sigma^2}(\overline{X}) = \mu$ となるから $\overline{X}$ は μ の不偏推定量になる．特に，1.2 節の例 1.1.1（続 1）において μ の MLE は $\overline{X}$ になるので，MLE が μ の不偏推定量になる．

次に，σ^2 の推定において，まず，μ が既知のときにその推定量として

$$S^2(\mu) = \frac{1}{n} \sum_{i=1}^{n} (X_i - \mu)^2$$

をとれば，任意の σ^2 について $E_{\sigma^2}[S^2(\mu)] = \sigma^2$ となるから $S^2(\mu)$ は σ^2 の不偏推定量になる．一方，μ が未知のときには，σ^2 のモーメント推定量は

$$\widehat{\sigma}^2 = S^2 = \frac{1}{n} \sum_{i=1}^{n} (X_i - \overline{X})^2 = \frac{1}{n} \sum_{i=1}^{n} (X_i - \mu)^2 - (\overline{X} - \mu)^2$$

であるから，任意の μ, σ^2 について

$$E_{\mu, \sigma^2}(S^2) = \left(1 - \frac{1}{n}\right) \sigma^2 \tag{1.3.3}$$

となり，S^2 は σ^2 の不偏推定量でない．このとき，(1.3.1), (1.3.3) より S^2 の偏りは $b(\sigma^2) = -\sigma^2/n$ になる．そこで，

$$S_0^2 = \frac{n}{n-1} S^2 = \frac{1}{n-1} \sum_{i=1}^{n} (X_i - \overline{X})^2$$

とすれば，S_0^2 は σ^2 の不偏推定量になるので，これを**不偏分散** (unbiased variance) ともいう．また，1.2 節の例 1.1.1（続 1）において σ^2 の MLE

$\widehat{\sigma}_{\mathrm{ML}}^2$ は S^2 になるので，それは σ^2 の不偏推定量ではないが，$\widehat{\sigma}_{\mathrm{ML}}^2$ を偏り（バイアス）補正して

$$\widehat{\sigma}_{\mathrm{ML}}^{2*} = \left(1 + \frac{1}{n-1}\right)\widehat{\sigma}_{\mathrm{ML}}^2$$

とすれば，$\widehat{\sigma}_{\mathrm{ML}}^{2*}$ は σ^2 の不偏推定量になる．

【例 1.1.2（続 4）】 $X_1,\ldots,X_n$ をベルヌーイ分布 $\mathrm{Ber}(\theta)$ ($\theta \in \Theta = (0,1)$) からの無作為標本とすると，1.2 節の例 1.1.2（続 1），例 1.1.2（続 2）より θ のモーメント推定量，MLE はともに $\overline{X}$ になる．よって，これらは θ の不偏推定量になる．また，1.2 節の例 1.1.2（続 3）より，θ の事前分布としてベータ分布 $\mathrm{Be}(\alpha,\beta)$ をとると，θ のベイズ推定量 $\widehat{\theta}_{\mathrm{B}}$ は (1.2.11) となり θ の不偏推定量ではない．そこで，$\widehat{\theta}_{\mathrm{B}}$ を偏り補正して

$$\widehat{\theta}_{\mathrm{B}}^* = \left(1 + \frac{\alpha+\beta}{n}\right)\widehat{\theta}_{\mathrm{B}} - \frac{\alpha}{n}$$

とすれば，$\widehat{\theta}_{\mathrm{B}}^*$ は θ の不偏推定量になる．

さらに，ベルヌーイ分布 $\mathrm{Ber}(\theta)$ の分散は $\theta(1-\theta)$ であるから，$g(\theta) = \theta(1-\theta)$ として分散 $g(\theta)$ の推定問題を考える．いま，$g(\theta)$ の推定量として $\widehat{g}(\boldsymbol{X}) = \overline{X}(1-\overline{X})$ をとると，

$$E_\theta[\widehat{g}(\boldsymbol{X})] = E_\theta(\overline{X}) - E_\theta(\overline{X}^2) = \left(1 - \frac{1}{n}\right)\theta(1-\theta) \tag{1.3.4}$$

となるから，$\widehat{g}$ は $g(\theta)$ の不偏推定量ではない．このとき，(1.3.1), (1.3.4) より $\widehat{g}$ の偏りは $b(\theta) = -\theta(1-\theta)/n$ となる．そこで，

$$\widehat{g}^*(\boldsymbol{X}) = \frac{n}{n-1}\overline{X}(1-\overline{X})$$

とすれば，$\widehat{g}^*$ は $g(\theta)$ の不偏推定量，すなわち任意の $\theta \in \Theta$ について $E_\theta[\widehat{g}^*(\boldsymbol{X})] = g(\theta)$ になる．

次に，例 1.1.2 より $T = \sum_{i=1}^n X_i$ は 2 項分布 $B(n,\theta)$ に従う．このとき，$g(\theta) = 1/\theta$ とすると，$g(\theta)$ の T に基づく不偏推定量 $\widehat{g} = \widehat{g}(T)$，すなわち任意の $\theta \in \Theta$ について $E_\theta[\widehat{g}(T)] = g(\theta)$ となる $\widehat{g}$ が存在しないことを示そう．もし，$\widehat{g}$ が $g(\theta)$ の不偏推定量であるとすれば，任意の $\theta \in \Theta$

について

$$\sum_{t=0}^{n} \widehat{g}(t)\binom{n}{t}\theta^{t+1}(1-\theta)^{n-t} = 1$$

となるから

$$1 = \sum_{t=1}^{n+1} \widehat{g}(t-1)\binom{n}{t-1}\theta^{t}(1-\theta)^{n-t+1} = \sum_{k=1}^{n+1} c_k \theta^k \quad (1.3.5)$$

に変形される．ただし，各 $k = 1,\ldots,n+1$ について c_k は $\widehat{g}(0), \widehat{g}(1),\ldots,$ $\widehat{g}(k-1)$ に依存する．ここで，(1.3.5) の右辺は θ の高々 $(n+1)$ 次の多項式で，任意の $\theta \in \Theta$ について，(1.3.5) が成り立つような $c_1, \ldots, c_{k+1}$ は存在しないので，$g(\theta) = 1/\theta$ の不偏推定量は存在しない．

【例 1.2.2（続 1）】 $X_1, \ldots, X_n$ を一様分布 $U(\theta - (1/2), \theta + (1/2))$ $(\theta \in \Theta = \mathbf{R}^1)$ からの無作為標本とする．この分布の平均は θ であるから，任意の $\theta \in \Theta$ について $E_\theta(\overline{X}) = \theta$ になり，$\overline{X}$ は θ の不偏推定量である．次に，X_1 の p.d.f. が $p(x;\theta) = \chi_{[\theta-(1/2),\theta+(1/2)]}(x)$ であるから[6]，$\boldsymbol{X} = (X_1,\ldots,X_n)$ に基づく順序統計量 $X_{(1)} \leq \cdots \leq X_{(n)}$ について，$(X_{(1)}, X_{(n)})$ の j.p.d.f. は

$$f_{X_{(1)},X_{(n)}}(x_{(1)},x_{(n)};\theta)$$
$$= \begin{cases} n(n-1)(x_{(n)}-x_{(1)})^{n-2} & \left(\theta - \frac{1}{2} \leq x_{(1)} \leq x_{(n)} \leq \theta + \frac{1}{2}\right), \\ 0 & (\text{その他}) \end{cases}$$
$$(1.3.6)$$

となる．ここで，$T = (X_{(1)} + X_{(n)})/2$, $U = X_{(n)} - X_{(1)}$ とおくと，

---

[6] 一般に，集合 A について

$$\chi_A(x) = \begin{cases} 1 & (x \in A), \\ 0 & (x \notin A) \end{cases}$$

となる関数を A の定義関数 (indicator function) という．

(1.3.6) より (T,U) の j.p.d.f. は

$$f_{T,U}(t,u;\theta) = \begin{cases} n(n-1)u^{n-2} & \left(\theta - \frac{1}{2}(1-u) \leq t \leq \theta + \frac{1}{2}(1-u),\right. \\ & \left. 0 \leq u \leq 1\right), \\ 0 & (その他) \end{cases}$$

になり，T の**周辺** (m.)p.d.f. は

$$f_T(t;\theta) = \begin{cases} n(1-2|t-\theta|)^{n-1} & \left(|t-\theta| \leq \frac{1}{2}\right), \\ 0 & (その他) \end{cases}$$

になる．よって，$f_T(t;\theta)$ は $t-\theta$ の対称関数であり，$E_\theta[|T-\theta|] < \infty$ であるから，任意の θ について $E_\theta(T-\theta) = 0$ となり，T は θ の不偏推定量になる．また，(1.2.10) より T はピットマン推定量でもある（問 1.2.4 参照）．

さらに，$g(\theta) = \theta^2$ とするとき，$g(\theta)$ の推定量として $\widehat{g}(\boldsymbol{X}) = \overline{X}^2$ をとると，任意の θ について

$$E_\theta[\widehat{g}(\boldsymbol{X})] = E_\theta[\overline{X}^2] = \theta^2 + \frac{1}{12n} \tag{1.3.7}$$

となり，$\widehat{g}$ は $g(\theta) = \theta^2$ の不偏推定量ではない．このとき，(1.3.1)，(1.3.7) より $\widehat{g}$ の偏り $1/(12n)$ は θ に無関係である．そこで

$$\widehat{g}^*(\boldsymbol{X}) = \overline{X}^2 - \frac{1}{12n}$$

と偏り補正すれば，$\widehat{g}^*$ は $g(\theta) = \theta^2$ の不偏推定量になる．

次に，もっと一般に決定論的観点から不偏性を考えてみよう．

1.3.2 リスク不偏性

いま，$g(\theta)$ $(\theta \in \Theta)$ を推定値 d で推定するとき，その推定誤差を $L(\theta, d)$ で表し，任意の $\theta \in \Theta$ と任意の $d \in g(\Theta) = \{g(\theta) | \ \theta \in \Theta\}$ について $L(\theta, d) \geq 0$ とし，任意の $\theta \in \Theta$ について $L(\theta, g(\theta)) = 0$ とする．

このとき，$L(\theta, d)$ を d の**損失関数** (loss function) という．また，$g(\theta)$ の推定量 $\widehat{g}(\boldsymbol{X})$ の分布 P_θ の下での期待値

$$R(\theta, \widehat{g}) = E_\theta[L(\theta, \widehat{g}(\boldsymbol{X}))] \tag{1.3.8}$$

を $\widehat{g}$ の**リスク関数** (risk function) という．特に，損失関数 L を 2 乗損失，すなわち $L(\theta, d) = (d - g(\theta))^2$ とするとき，$\widehat{g}$ のリスク関数を $\widehat{g}$ の**平均 2 乗誤差** (mean squared error，略して MSE) といって，$\mathrm{MSE}_\theta(\widehat{g}) = E_\theta[\{\widehat{g}(\boldsymbol{X}) - g(\theta)\}^2]$ で表し，$\widehat{g}$ が $g(\theta)$ の不偏推定量，すなわち任意の $\theta \in \Theta$ について $E_\theta[\widehat{g}(\boldsymbol{X})] = g(\theta)$ であるとき，$\mathrm{MSE}_\theta(\widehat{g})$ を $\widehat{g}$ の**分散** (variance) といい，$V_\theta(\widehat{g})$ で表す．いま，任意の $\theta \in \Theta$ について，リスク(関数)を最小にする推定量が望ましい．ここで，$g(\theta)$ の推定量 $\widehat{g}$ が，任意の $\theta \in \Theta$ と $\vartheta \neq \theta$ となる任意の $\vartheta \in \Theta$ について

$$E_\theta[L(\theta, \widehat{g}(\boldsymbol{X}))] \leq E_\theta[L(\vartheta, \widehat{g}(\boldsymbol{X}))] \tag{1.3.9}$$

を満たすとき，$\widehat{g}$ を $g(\theta)$ の**リスク不偏** (risk unbiased) であるという．これは，$\widehat{g}$ が分布 P_θ の下で平均的には真でない $g(\vartheta)$ よりも真の $g(\theta)$ により近いことを意味する．

いま，損失関数 L を 2 乗損失とすれば，(1.3.9) は (1.3.8) より，任意の $\theta \in \Theta$ と $\vartheta \neq \theta$ となる任意の $\vartheta \in \Theta$ について

$$E_\theta\left[\{\widehat{g}(\boldsymbol{X}) - g(\theta)\}^2\right] \leq E_\theta\left[\{\widehat{g}(\boldsymbol{X}) - g(\vartheta)\}^2\right] \tag{1.3.10}$$

となる．ここで，$E_\theta\left[\{\widehat{g}(\boldsymbol{X})\}^2\right] < \infty$ $(\theta \in \Theta)$ とし，任意の $\theta \in \Theta$ について $E_\theta[\widehat{g}(\boldsymbol{X})] \in g(\Theta)$ とすれば，

$$E_\theta\left[\{\widehat{g}(\boldsymbol{X}) - g(\vartheta)\}^2\right] = \{g(\vartheta) - E_\theta(\widehat{g})\}^2 + V_\theta(\widehat{g}) \tag{1.3.11}$$

より，これは $g(\vartheta) = E_\theta(\widehat{g})$ のとき最小になり，(1.3.10)，(1.3.11) から，任意の $\theta \in \Theta$ について $E_\theta(\widehat{g}) = g(\theta)$ になり，$\widehat{g}$ は $g(\theta)$ の不偏推定量になる．したがって，2 乗損失の下では，リスク不偏性 (risk unbiasedness) から平均不偏性 (mean unbiasedness) が導出される．

次に，損失関数 L を絶対損失，すなわち $L(\theta, d) = |d - g(\theta)|$ とすれば，

(1.3.9) は，任意の $\theta \in \Theta$ と $\vartheta \neq \theta$ となる任意の $\vartheta \in \Theta$ について

$$E_\theta[|\widehat{g}(\boldsymbol{X}) - g(\theta)|] \leq E_\theta[|\widehat{g}(\boldsymbol{X}) - g(\vartheta)|] \tag{1.3.12}$$

となる．ここで，$E_\theta[|\widehat{g}(\boldsymbol{X})|] < \infty$ $(\theta \in \Theta)$ とし，任意の $\theta \in \Theta$ について $E_\theta[\widehat{g}(\boldsymbol{X})] \in g(\Theta)$ とすれば，(1.3.12) の右辺は $\widehat{g}(\boldsymbol{X})$ の**中央値** (median)，すなわち

$$P_\theta\{\widehat{g}(\boldsymbol{X}) \leq m\} \geq \frac{1}{2}, \quad P_\theta\{\widehat{g}(\boldsymbol{X}) \geq m\} \geq \frac{1}{2} \tag{1.3.13}$$

を満たす m によって最小化される．そして，$m = g(\theta)$ のときに $\widehat{g}(\boldsymbol{X})$ を $g(\theta)$ の**中央値不偏** (median unbiased，略して MU) **推定量**という．なお，(1.3.13) は

$$P_\theta\{\widehat{g}(\boldsymbol{X}) < m\} \leq 1/2 \leq P_\theta\{\widehat{g}(\boldsymbol{X}) \leq m\}$$

とも表せる．ここで，$\widehat{g}(\boldsymbol{X})$ の中央値は，一般に一意的に定まらない．実際，$g(\theta)$ を θ の実数値関数とし，

$$\begin{aligned} m_0(\theta) &= \inf\left\{m \in \mathbf{R}^1 \,\Big|\, P_\theta\{\widehat{g}(\boldsymbol{X}) \leq m\} \geq \frac{1}{2}\right\}, \\ m_1(\theta) &= \sup\left\{m \in \mathbf{R}^1 \,\Big|\, P_\theta\{\widehat{g}(\boldsymbol{X}) \geq m\} \geq \frac{1}{2}\right\} \end{aligned} \tag{1.3.14}$$

とすれば，$\widehat{g}(\boldsymbol{X})$ の中央値は閉区間 $[m_0(\theta), m_1(\theta)]$ 上の任意の点 $m(\theta)$ になる．たとえば $m(\theta)$ として

$$m(\theta) = \frac{1}{2}\{m_0(\theta) + m_1(\theta)\}$$

をとることも多い．なお，$\boldsymbol{X}$ を連続型確率ベクトルとし，$\widehat{g}(\boldsymbol{X})$ の p.d.f. を $f_{\widehat{g}}(t;\theta)$ とすれば，$\widehat{g}(\boldsymbol{X})$ の中央値は

$$\int_{-\infty}^m f_{\widehat{g}}(t;\theta)dt = \int_m^\infty f_{\widehat{g}}(t;\theta)dt = \frac{1}{2} \tag{1.3.15}$$

を満たす m になる．

問 1.3.1 (1.3.12) の右辺が $\widehat{g}(\boldsymbol{X})$ の中央値によって最小化されることを示せ．

【例 1.1.1】(続 3) $X_1,\ldots,X_n$ を正規分布 $N(\mu,\sigma^2)$ からの無作為標本とし，$\boldsymbol{\theta}=(\mu,\sigma^2)$ として $g(\boldsymbol{\theta})=\mu$ とする．このとき，$\overline{X}=(1/n)\sum_{i=1}^{n}X_i$ は正規分布 $N(\mu,\sigma^2/n)$ に従うから，(1.3.15) より $\overline{X}$ は μ の MU 推定量になる．

【例 1.2.2】(続 2) $X_1,\ldots,X_n$ を一様分布 $U(\theta-(1/2),\theta+(1/2))$ $(\theta\in\Theta=\mathbf{R}^1)$ からの無作為標本とする．このとき，$X_{(1)}=\min_{1\le i\le n}X_i$ の p.d.f. は

$$f_{X_{(1)}}(t;\theta)=\begin{cases}n\left(\theta+\dfrac{1}{2}-t\right)^{n-1} & \left(\theta-\dfrac{1}{2}\le t\le \theta+\dfrac{1}{2}\right),\\ 0 & (\text{その他})\end{cases}$$

になるから，$\theta\le m\le \theta+1$ について

$$P_\theta\left\{X_{(1)}+\frac{1}{2}\le m\right\}=1-(1+\theta-m)^n \qquad (1.3.16)$$

となり，これが $1/2$ となる m は $m=1+\theta-2^{-1/n}$ となる．よって，(1.3.16) より

$$P_\theta\left\{X_{(1)}-\frac{1}{2}+\frac{1}{2^{1/n}}\le \theta\right\}=\frac{1}{2}$$

になるから，(1.3.15) より $\widehat{\theta}(\boldsymbol{X})=X_{(1)}-(1/2)+(1/2^{1/n})$ は θ の MU 推定量になる．

【例 1.3.1】(幾何分布) 確率変数 X を p.m.f.

$$p(x;\theta)=\theta^x(1-\theta)\quad (x=0,1,2,\ldots;\ \theta\in\Theta=(0,1))$$

をもつ**幾何分布** (geometric distribution) に従うとし，$g(\theta)=[-\log 2/(\log\theta)]$ とする．ただし，$[a]$ は**ガウス (Gauss) の記号**，すなわち a 以下の最大の整数とする．このとき

$$\frac{1}{2}\le P_\theta\{X\ge m\}=\sum_{x=m}^{\infty}\theta^x(1-\theta)=\theta^m$$

となる m の最大値は $m_1(\theta) = [-\log 2/(\log \theta)] = g(\theta)$ となるから，(1.3.13)，(1.3.14) より X は $g(\theta)$ の MU 推定量になる．

1.3.3 モード不偏性

確率ベクトル $\boldsymbol{X} = (X_1, \ldots, X_n)$ の j.p.d.f. を $f_{\boldsymbol{X}}(\boldsymbol{x}; \theta)$ $(\theta \in \Theta \subset \mathbf{R}^1)$ とする．いま，θ の推定量 $\widehat{\theta}(\boldsymbol{X})$ が p.d.f. $f_{\widehat{\theta}}(t; \theta)$ をもつとき，$\widehat{\theta}(\boldsymbol{X})$ の分布が**単峰形** (unimodal)[7]，すなわち，$f_{\widehat{\theta}}(t; \theta)$ を最大にする $t = t_0$ が一意的に定まるとする．このとき，この t_0 を $\widehat{\theta}(\boldsymbol{X})$ の**モード** (mode, **最頻値**) という．ここで，$\widehat{\theta}(\boldsymbol{X})$ のモードを $m(\theta)$ とすると，任意の $\theta \in \Theta$ について $m(\theta) = \theta$ となるとき，$\widehat{\theta}(\boldsymbol{X})$ は θ の**モード不偏** (mode unbiased) **推定量**という．

【例 1.1.1（続 4）】 $X_1, \ldots, X_n$ を正規分布 $N(\mu, \sigma^2)$ からの無作為標本として μ の推定問題を考える．まず，$\overline{X} = (1/n)\sum_{i=1}^{n} X_i$ は $N(\mu, \sigma^2/n)$ に従うので，$\overline{X}$ の分布は単峰形であり，その p.d.f. $f_{\overline{X}}(t; \mu)$ は $t = \mu$ で唯一の最大値をとる．よって，$\overline{X}$ のモードは，$m(\mu) = \mu$ になる．よって，$\overline{X}$ は μ のモード不偏推定量になる．

【例 1.2.2（続 3）】 $X_1, \ldots, X_n$ を p.d.f. $p(x; \theta) = (1/\theta)\chi_{[0,\theta]}(x)$ をもつ一様分布 $U(0, \theta)$ からの無作為標本とする．ただし，$\theta \in \Theta = \mathbf{R}_+$ とする．このとき $X_{(n)} = \max_{1 \leq i \leq n} X_i$ の p.d.f. は $f_{X_{(n)}}(t; \theta) = (nt^{n-1}/\theta^n)\chi_{[0,\theta]}(t)$ となり，$t = \theta$ で唯一の最大値をとる．よって，$X_{(n)}$ のモードは $m(\theta) = \theta$ となるから，$X_{(n)}$ は θ のモード不偏推定量になる．

---

[7] たとえば，2 項分布，ポアソン分布は単峰形である．一般に，$Y = \widehat{\theta}(\boldsymbol{X})$ の**累積分布関数**（cumulative distribution function，略して c.d.f.）$F(y) = P\{Y \leq y\}$ をもつ分布が点 a をモードとする狭義の単峰形であるとは，$F(y)$ が $y > a$ で凹，$y < a$ で凸であることをいう．

【例 1.3.2】（指数モデル） $X_1, \ldots, X_n$ を p.d.f. $p(x; \theta) = (1/\theta)e^{-x/\theta}\chi_{(0,\infty)}(x)$ をもつ**指数分布** (exponential distribution) $\mathrm{Exp}(\theta)$ からの無作為標本とする．ただし，$\theta \in \Theta = \mathbf{R}_+$ とする．このとき，$X_{(n)}$ の p.d.f. は

$$f_{X_{(n)}}(t; \theta) = \begin{cases} \dfrac{n}{\theta}\left(1 - e^{-t/\theta}\right)^{n-1} e^{-t/\theta} & (t \geq 0), \\ 0 & (t < 0) \end{cases} \quad (1.3.17)$$

になる．ここで，$n \geq 2$ について

$$T_n = \frac{X_{(n)}}{\log n}$$

とおくと，(1.3.17) より T_n の p.d.f. は

$$f_{T_n}(t; \theta) = \begin{cases} \dfrac{n \log n}{\theta}\left\{1 - \left(n^{-1/\theta}\right)^t\right\}^{n-1} \left(n^{-1/\theta}\right)^t & (t \geq 0), \\ 0 & (t < 0) \end{cases}$$

になるから，$f_{T_n}(t; \theta)$ は $t = \theta$ において唯一の最大値をとる．よって，T_n のモードは $m(\theta) = \theta$ になり，T_n は θ のモード不偏推定量になる．

また，θ の推定量として

$$\widehat{\theta}_n = \frac{1}{n-1}\sum_{i=1}^n X_i$$

を考えると，$\widehat{\theta}_n$ の p.d.f. は

$$f_{\widehat{\theta}_n}(t; \theta) = \begin{cases} \dfrac{(n-1)^n t^{n-1}}{\Gamma(n)\theta^n} e^{-(n-1)t/\theta} & (t \geq 0), \\ 0 & (t < 0) \end{cases}$$

になり (1.5 節の脚注[28] 参照)，$f_{\widehat{\theta}_n}(t; \theta)$ は $t = \theta$ で唯一の最大値をとる．よって，$\widehat{\theta}_n$ のモードは $m(\theta) = \theta$ となり，$\widehat{\theta}_n$ は θ のモード不偏推定量になる．

コラム：有限母集団

本書では，実際の観測値が無限に測定を繰り返したときに得られると考えられる無限の大きさの測定値の集団から無作為に抽出された値であると見なして，**無限母集団** (infinite population) からの大きさ n の無作為標本に基づいて論じている．一方，母集団の構成要素の数が有限の場合に**有限母集団** (finite population) といい，それを $\pi_N = \{a_1, \ldots, a_N\}$ とし，$a_1, \ldots, a_N$ はすべて相異なるものとする．ただし，母集団の構成要素を値とし，重複があるときには番号付けをする．このとき，π_N から大きさ n の標本を無作為に非復元抽出し，それを $X_1, \ldots, X_n$ とする．このとき，$P\{X_i = X_j\} = 0 \ (i \neq j)$ になり，また，$x_1, \ldots, x_n \in \pi_N,\ x_i \neq x_j$ $(i \neq j)$ について

$$P\{X_1 = x_1, \ldots, X_n = x_n\} = \frac{1}{N(N-1)\cdots(N-n+1)} = \frac{(N-n)!}{N!}$$

になる．ここで，$X_1, \ldots, X_n$ は非復元抽出によって得られた標本であるから，たがいに独立でないことに注意．いま，母集団 π_N の平均，分散をそれぞれ $\mu = (1/N)\sum_{\alpha=1}^{N} a_\alpha$, $\sigma^2 = (1/N)\sum_{\alpha=1}^{N}(a_\alpha - \mu)^2$ によって定義する．このとき，各 $i = 1, \ldots, n$ について

$$P\{X_i = a_\alpha\} = \frac{1 \cdot (N-1)\cdots(N-n+1)}{N(N-1)\cdots(N-n+1)} = \frac{1}{N} \quad (\alpha = 1, \ldots, N) \tag{1.3.18}$$

となるから，各 i について

$$E(X_i) = \sum_{\alpha=1}^{N} a_\alpha P\{X_i = a_\alpha\} = \frac{1}{N}\sum_{\alpha=1}^{N} a_\alpha = \mu$$

となるので，$\overline{X} = (1/n)\sum_{i=1}^{n} X_i$ について，$E(\overline{X}) = \mu$ となり $\overline{X}$ は μ の不偏推定量になる．また，(1.3.18) より各 $i = 1, \ldots, n$ について，X_i の分散は

$$V(X_i) = E[(X_i - \mu)^2] = \sum_{\alpha=1}^{N}(a_\alpha - \mu)^2 P\{X_i = a_\alpha\}$$

$$= \frac{1}{N}\sum_{\alpha=1}^{N}(a_\alpha - \mu)^2 = \sigma^2 \tag{1.3.19}$$

となる．そして，各 $i,j=1,\ldots,n$ について

$$P\{X_i = a_\alpha, X_j = a_\beta\} = \frac{1\cdot 1\cdot (N-2)\cdots(N-n+1)}{N(N-1)(N-2)\cdots(N-n+1)}$$
$$= \frac{1}{N(N-1)} \quad (\alpha \neq \beta)$$

となるから，X_i, X_j の**共分散** (covariance)[8] は

$$\mathrm{Cov}(X_i, X_j) = E[(X_i - \mu)(X_j - \mu)]$$
$$= \frac{1}{N(N-1)}\sum_{\alpha \neq \beta}\sum (a_\alpha - \mu)(a_\beta - \mu) = -\frac{\sigma^2}{N-1} \quad (1.3.20)$$

になる．よって，(1.3.19), (1.3.20) より，$\overline{X}$ の分散は

$$V(\overline{X}) = \frac{1}{n^2}\sum_{i=1}^n V(X_i) + \frac{1}{n^2}\sum_{i\neq j}\sum \mathrm{Cov}(X_i, X_j) = \frac{N-n}{N-1}\cdot\frac{\sigma^2}{n}$$
$$(1.3.21)$$

になり，これは無限母集団の場合と異なる．ここで，(1.3.21) における $(N-n)/(N-1)$ を**有限母集団修正** (finite population correction) という．また，$S_0^2 = \sum_{i=1}^n (X_i - \overline{X})^2/(n-1)$ の期待値は

$$E(S_0^2) = \frac{1}{n-1}\sum_{i=1}^n V(X_i) - \frac{n}{n-1}V(\overline{X}) = \frac{N\sigma^2}{N-1} \quad (1.3.22)$$

となり，S_0^2 は σ^2 の不偏推定量にならないが，$(N-1)S_0^2/N$ は σ^2 の不偏推定量になる．上記において n に比べて N が十分に大きいと，(1.3.21), (1.3.22) より $V(\overline{X}), E(S_0^2)$ の値は無限母集団の場合とほぼ等しくなる．

1.4 十分統計量

分布 P_θ $(\theta \in \Theta)$ から得られた大きさ n の無作為標本を $X_1,\ldots,X_n$ とし，T を $\mathcal{X}$ $(\subset \mathbf{R}^n)$ から $\mathbf{R}^p$ への関数[9]とする．ただし，$1 \leq p \leq n$ とする．ここで，$\boldsymbol{X} = (X_1,\ldots,X_n)$ に基づく $T = T(X_1,\ldots,X_n)$ を（p 次

---

[8] 確率変数 X, Y の共分散は $\mathrm{Cov}(X,Y) = E[\{X - E(X)\}\{Y - E(Y)\}]$．
[9] 厳密には可測関数（1.2 節の脚注 [2] の文献参照）．

元) **統計量** (statistic) といい，これは $\boldsymbol{X}$ のフィルターの役目を果たすので，$\boldsymbol{X}$ がもつ θ に関する情報はフィルター T を通すと，一般にはすべては保存されず，一部は失われてしまう．しかし，適切なフィルターを選ぶと，それは $\boldsymbol{X}$ がもつ θ に関するすべての情報を保存する場合がある．

いま，$f_{\boldsymbol{X},T}(\boldsymbol{x},t;\theta)$ は $(\boldsymbol{X},T)$ の j.p.m.f. または j.p.d.f. とし，$f_T(t;\theta)$ は T の m.p.m.f. または m.p.d.f. とする．

定義 1.4.1

$T = t$ を与えたとき，$\boldsymbol{X}$ の c.p.m.f. または c.p.d.f.

$$f^{\theta}_{\boldsymbol{X}|T}(\boldsymbol{x}|t) = \frac{f_{\boldsymbol{X},T}(\boldsymbol{x},t;\theta)}{f_T(t;\theta)}$$

が θ に無関係であるとき，T は (θ に対する) **十分統計量** (sufficient statistic) という．ただし，$f_T(t;\theta) > 0$ とする．なお，$f_T(t;\theta) = 0$ のときは $f^{\theta}_{\boldsymbol{X}|T}(\boldsymbol{x}|t) = 0$ とする．

【例 1.4.1】（ポアソンモデル） $X_1, \ldots, X_n$ を母数 θ をもつ**ポアソン分布** (Poisson distribution) Po(θ) ($\theta \in \Theta = \mathbf{R}_+$)，すなわち p.m.f.

$$p(x;\theta) = \frac{e^{-\theta}\theta^x}{x!} \quad (x = 0, 1, 2, \ldots) \tag{1.4.1}$$

をもつ分布からの無作為標本とする．このとき，統計量 $T = T(\boldsymbol{X}) = \sum_{i=1}^n X_i$ についてポアソン分布の再生性[10]より，T は Po($n\theta$) に従う．ここで，$T = t$ を与えたときの $\boldsymbol{X}$ の c.p.m.f. を求める．まず，$\sum_{i=1}^n x_i = t$ のとき

$$f^{\theta}_{\boldsymbol{X}|T}(\boldsymbol{x}|t) = \frac{e^{-n\theta}\theta^t}{\prod_{i=1}^n x_i!} \bigg/ \frac{e^{-n\theta}(n\theta)^t}{t!} = \frac{t!}{n^t \prod_{i=1}^n x_i!}$$

になる．ただし，$\boldsymbol{x} = (x_1, \ldots, x_n)$ とする．また，$\sum_{i=1}^n x_i \neq t$ のときには $f^{\theta}_{\boldsymbol{X}|T}(\boldsymbol{x}|t) = 0$ になる．よって，$f^{\theta}_{\boldsymbol{X}|T}(\boldsymbol{x}|t)$ は θ に無関係になるから

---

[10] 一般に，$X_1, \ldots, X_n$ をたがいに独立に，ある型の分布に従う確率変数とするとき，その和 $\sum_{i=1}^n X_i$ の分布もまた，もとと同じ型の分布に従うならば，その分布は**再生性** (reproductivity) をもつという．

$T = \sum_{i=1}^n X_i$ は θ に対する十分統計量である．

【例 1.1.1（続 5）】 $X_1,\ldots,X_n$ を正規分布 $N(\mu,\sigma^2)$ からの無作為標本とし，μ を未知とし，σ^2 を既知とする．このとき，$\boldsymbol{X}=(X_1,\ldots,X_n)$ の j.p.d.f. は

$$f_{\boldsymbol{X}}(\boldsymbol{x};\mu) = (2\pi\sigma^2)^{-n/2}\exp\left\{-\frac{1}{2\sigma^2}\left(\sum_{i=1}^n(x_i-\overline{x})^2 + n(\overline{x}-\mu)^2\right)\right\} \tag{1.4.2}$$

になる．ただし，$\overline{x}=(1/n)\sum_{i=1}^n x_i$ とする．ここで，$T=T(\boldsymbol{X})=\overline{X}=(1/n)\sum_{i=1}^n X_i$ とすれば，T は $N(\mu,\sigma^2/n)$ に従うから

$$f_T(t;\mu) = \left(\frac{2\pi\sigma^2}{n}\right)^{-1/2}\exp\left\{-\frac{n}{2\sigma^2}(t-\mu)^2\right\}$$

になる．よって，$T(\boldsymbol{x})=t$ のとき，

$$\frac{f_{\boldsymbol{X}}(\boldsymbol{x};\mu)}{f_T(T(\boldsymbol{x});\mu)} = n^{-1/2}(2\pi\sigma^2)^{-(n-1)/2}\exp\left\{-\frac{1}{2\sigma^2}\sum_{i=1}^n(x_i-\overline{x})^2\right\}$$

になるから，$T(\boldsymbol{x})=t$ を与えたときの $\boldsymbol{X}$ の c.p.d.f. $f^\mu_{\boldsymbol{X}|T}(\boldsymbol{x}|t)$ は μ に無関係になり，また，$T(\boldsymbol{x})\neq t$ のときには $f^\mu_{\boldsymbol{X}|T}(\boldsymbol{x}|t)=0$ としてよいので，$T=\overline{X}$ は μ に対する十分統計量になる．

次に，十分統計量を求める有用な方法として，ネイマンの因子分解 (Neyman's factorization) が挙げられる．

定理 1.4.1（ネイマンの因子分解定理）
確率ベクトル $\boldsymbol{X}=(X_1,\ldots,X_n)$ の j.p.m.f. または j.p.d.f. を $f_{\boldsymbol{X}}(\boldsymbol{x};\theta)$ $(\boldsymbol{x}\in\mathcal{X},\ \theta\in\Theta)$ とする．このとき，$T=T(X_1,\ldots,X_n)$ が θ に対する十分統計量であるための必要十分条件は，任意の $\theta\in\Theta$ と任意の $\boldsymbol{x}=(x_1,\ldots,x_n)\in\mathcal{X}$ について

1.4 十分統計量

$$f_{\boldsymbol{X}}(\boldsymbol{x};\theta) = g_\theta(T(\boldsymbol{x}))h(\boldsymbol{x}) \tag{1.4.3}$$

である．ただし，$h(\boldsymbol{x})$ は非負値関数で θ に無関係であり，$g_\theta(T(\boldsymbol{x}))$ は T を通しての $\boldsymbol{x}$ の非負値関数で θ に依存する．

証明 (i) $\boldsymbol{X}$ が離散型の場合．（必要性）：T を十分統計量とする．任意の $\theta \in \Theta$ と任意の $\boldsymbol{x} \in \mathcal{X}$ について

$$\begin{aligned} f_{\boldsymbol{X}}(\boldsymbol{x};\theta) &= P^\theta_{\boldsymbol{X}}\{\boldsymbol{X}=\boldsymbol{x}\} = P^\theta_{\boldsymbol{X},T}\{\boldsymbol{X}=\boldsymbol{x}, T(\boldsymbol{X})=T(\boldsymbol{x})\} \\ &= f_T(T(\boldsymbol{x});\theta) f_{\boldsymbol{X}|T}(\boldsymbol{x}|T(\boldsymbol{x})) \end{aligned}$$

になる．ここで，$g_\theta(T(\boldsymbol{x})) = f_T(T(\boldsymbol{x});\theta)$，$h(x) = f_{\boldsymbol{X}|T}(\boldsymbol{x}|T(\boldsymbol{x}))$ とおけば，(1.4.3) が成り立つ．

（十分性）：(1.4.3) が成り立つとする．このとき，t を任意に固定すると

$$\begin{aligned} f_T(t;\theta) &= \sum_{\boldsymbol{x}:\,T(\boldsymbol{x})=t} f_{\boldsymbol{X}}(\boldsymbol{x};\theta) = \sum_{\boldsymbol{x}:\,T(\boldsymbol{x})=t} g_\theta(T(\boldsymbol{x}))h(\boldsymbol{x}) \\ &= g_\theta(t) \sum_{\boldsymbol{x}:\,T(\boldsymbol{x})=t} h(\boldsymbol{x}) \end{aligned}$$

になる．ここで，$f_T(t;\theta) > 0$ となる $\theta \in \Theta$ があるとしてよい[11]．このとき，$T = t$ を与えたときの $\boldsymbol{X}$ の c.p.m.f. は

$$f^\theta_{\boldsymbol{X}|T}(\boldsymbol{x}|t) = \frac{P^\theta_{\boldsymbol{X},T}\{\boldsymbol{X}=\boldsymbol{x}, T=t\}}{f_T(t;\theta)} = \begin{cases} \dfrac{f_{\boldsymbol{X}}(\boldsymbol{x};\theta)}{f_T(t;\theta)} & (T(\boldsymbol{x}) = t \text{ のとき}), \\ 0 & (T(\boldsymbol{x}) \neq t \text{ のとき}) \end{cases} \tag{1.4.4}$$

になる．よって，$T(\boldsymbol{x}) = t$ のとき，(1.4.3) から

$$\frac{f_{\boldsymbol{X}}(\boldsymbol{x};\theta)}{f_T(t;\theta)} = \frac{g_\theta(t)h(\boldsymbol{x})}{g_\theta(t)\sum_{\boldsymbol{y}:\,T(\boldsymbol{y})=t} h(\boldsymbol{y})} = \frac{h(\boldsymbol{x})}{\sum_{\boldsymbol{y}:\,T(\boldsymbol{y})=t} h(\boldsymbol{y})} \tag{1.4.5}$$

---

[11] その理由については，赤平 [A03]『統計解析入門』（森北出版）の注意 A.5.7.1 (p. 210) 参照．

になり，これは θ に無関係になる．したがって，(1.4.4), (1.4.5) より，$f^\theta_{\boldsymbol{X}|T}$ が θ に無関係になるから，T は θ に対する十分統計量である．
(ii) $\boldsymbol{X}$ が連続型の場合[12]．(必要性)：T を十分統計量とする．このとき，c.p.d.f. の定義より，離散型の場合と同様にして (1.4.3) が成り立つ．
(十分性)：(1.4.3) が成り立つとする．いま，$T(\boldsymbol{x}) = t$ のとき

$$\frac{f_{\boldsymbol{X}}(\boldsymbol{x};\theta)}{f_T(t;\theta)} = \frac{f_{\boldsymbol{X}}(\boldsymbol{x};\theta)}{\int_{\{\boldsymbol{x}|T(\boldsymbol{x})=t\}} f_{\boldsymbol{X}}(\boldsymbol{x};\theta)d\boldsymbol{x}} = \frac{h(\boldsymbol{x})}{\int_{\{\boldsymbol{x}|T(\boldsymbol{x})=t\}} h(\boldsymbol{x})d\boldsymbol{x}}$$

となるから，c.p.d.f. $f^\theta_{\boldsymbol{X}|T}(\boldsymbol{x}|t)$ は θ に無関係になり，また，$T(\boldsymbol{x}) \neq t$ のときには $f^\theta_{\boldsymbol{X}|T}(\boldsymbol{x}|t) = 0$ としてよいから，$f^\theta_{\boldsymbol{X}|T}(\boldsymbol{x}|t)$ は θ に無関係になる．よって，T は θ に対して十分統計量になる． □

【例 1.1.1】（続 6）　$X_1, \ldots, X_n$ を正規分布 $N(\mu, \sigma^2)$ からの無作為標本とし，μ, σ^2 はともに未知とし，$\boldsymbol{\theta} = (\mu, \sigma^2)$ とおく．このとき，(1.4.2) より $\boldsymbol{X} = (X_1, \ldots, X_n)$ の j.p.d.f. は

$$f_{\boldsymbol{X}}(\boldsymbol{x};\boldsymbol{\theta}) = (2\pi\sigma^2)^{-n/2} \exp\left\{-\frac{n}{2\sigma^2}\left((\overline{x}-\mu)^2 + \frac{1}{n}\sum_{i=1}^n (x_i - \overline{x})^2\right)\right\},$$
$$(\boldsymbol{x} \in \mathbf{R}^n;\ \boldsymbol{\theta} = (\mu, \sigma^2) \in \mathbf{R}^1 \times \mathbf{R}_+) \quad (1.4.6)$$

となるから，定理 1.4.1 より統計量 $T = (\overline{X}, S^2)$ は $\boldsymbol{\theta}$ に対する十分統計量になる．実際，(1.4.6) の右辺を $g_{\boldsymbol{\theta}}(T(\boldsymbol{x}))$ とし，$h(\boldsymbol{x}) \equiv 1$ とすれば，$f_{\boldsymbol{X}}$ の因子分解 (1.4.3) の形になる．

【例 1.4.2】（離散一様モデル）　$X_1, \ldots, X_n$ を p.m.f.

$$p(x;\theta) = \begin{cases} 1/\theta & (x = 1, \ldots, \theta), \\ 0 & (\text{その他}) \end{cases}$$

---

[12] 測度論による厳密な証明については，鍋谷清治 (1978)．『数理統計学』（共立出版）の pp.70, 71 参照．

をもつ**離散一様分布** (discrete uniform distribution) からの無作為標本とする．ただし，θ は正の整数で未知とする．このとき，$\boldsymbol{X} = (X_1, \ldots, X_n)$ の j.p.m.f. は

$$f_{\boldsymbol{X}}(\boldsymbol{x}; \theta) = \begin{cases} 1/\theta^n & (1 \leq \min_{1 \leq i \leq n} x_i, \ \max_{1 \leq i \leq n} x_i \leq \theta), \\ 0 & (\text{その他}) \end{cases}$$

になる．また，

$$h(\boldsymbol{x}) = \begin{cases} 1 & (1 \leq \min_{1 \leq i \leq n} x_i), \\ 0 & (\text{その他}), \end{cases}$$

$$g_\theta(t) = \begin{cases} 1/\theta^n & (t \leq \theta), \\ 0 & (\text{その他}) \end{cases}$$

とし，$T = T(\boldsymbol{X}) = \max_{1 \leq i \leq n} X_i$ とすれば

$$f_{\boldsymbol{X}}(\boldsymbol{x}; \theta) = g_\theta(T(\boldsymbol{x}))h(\boldsymbol{x})$$

と因子分解できるから，定理 1.4.1 より T は θ に対する十分統計量になる．

【例 1.2.2（続 4）】 $X_1, \ldots, X_n$ を p.d.f. $p(x; \theta) = \chi_{[\theta, \theta+1]}(x)$ をもつ一様分布 $U(\theta, \theta+1)$ $(\theta \in \Theta = \mathbf{R}^1)$ からの無作為標本とする．このとき，$\boldsymbol{X} = (X_1, \ldots, X_n)$ の j.p.d.f. は

$$f_{\boldsymbol{X}}(\boldsymbol{x}; \theta) = \begin{cases} 1 & (x_{(n)} - 1 \leq \theta \leq x_{(1)}), \\ 0 & (\text{その他}) \end{cases}$$

になる．ただし，$x_{(1)} = \min_{1 \leq i \leq n} x_i$，$x_{(n)} = \max_{1 \leq i \leq n} x_i$ とする．よって，ネイマンの因子分解定理（定理 1.4.1）より $T = (X_{(1)}, X_{(n)})$ は θ に対する十分統計量になる．

【例 1.4.3】（指数型分布族） 確率ベクトル $\boldsymbol{X} = (X_1, \ldots, X_n)$ が k 母数**指数型分布族** (exponential family of distributions)[13]の j.p.m.f. または j.p.d.f.

$$f_{\boldsymbol{X}}(\boldsymbol{x};\boldsymbol{\theta}) = \exp\left\{\sum_{j=1}^{k} Q_j(\boldsymbol{\theta})T_j(\boldsymbol{x}) + C(\boldsymbol{\theta}) + S(\boldsymbol{x})\right\} \quad (\boldsymbol{x} \in \mathcal{X}) \quad (1.4.7)$$

をもつとする.ただし,$\boldsymbol{\theta} = (\theta_1, \ldots, \theta_k) \in \Theta$ で Θ を $\mathbf{R}^k$ の開区間[14]とし,$\mathcal{X}$ は $\boldsymbol{\theta}$ に無関係で,$T_1, \ldots, T_k$ と S は $\mathcal{X}$ 上で定義される実数値関数とし,$Q_1, \ldots, Q_k$ と C は Θ 上の実数値関数とし,$k \leq n$ とする.このとき,ネイマンの因子分解定理（定理 1.4.1）より $T = (T_1, \ldots, T_k)$ は $\boldsymbol{\theta}$ に対する十分統計量になる.

> **注意 1.4.1**
> (1.4.7) において,$\eta_j = Q_j(\boldsymbol{\theta})$ $(j = 1, \ldots, k)$ とすれば,それは $\exp\{\sum_{j=1}^{k}\eta_j T_j(\boldsymbol{x}) + D(\boldsymbol{\eta}) + S(\boldsymbol{x})\}$ の形になり,このとき $\boldsymbol{\eta} = (\eta_1, \ldots, \eta_k)$ をこの指数型分布族の**自然母数** (natural parameter) という.
>
> **注意 1.4.2**
> 一般に,T が θ に対する十分統計量であれば,T の 1-1 （1 対 1）関数[15]もまた θ に対する十分統計量になる[16].たとえば,例 1.2.2 （続 4）において,$T = (X_{(1)}, X_{(n)})$ の他に $(X_{(n)} - X_{(1)}, (X_{(1)} + X_{(n)})/2)$ も θ に対する十分統計量になる.

いま,$\boldsymbol{X} = (X_1, \ldots, X_n)$ の j.p.m.f. または j.p.d.f. を $f_{\boldsymbol{X}}(\boldsymbol{x};\theta)$ とすると $\boldsymbol{X}$ それ自身も θ に対する十分統計量であり,一般に多くの十分統計量が存在する.

---

[13] 一般に,$\boldsymbol{\theta}$ の次元に関係なく $Q = (Q_1, \ldots, Q_k)$ の次元で k 母数指数型分布族を定義する場合もある.

[14] $\mathbf{R}^k$ の開区間を $\{\boldsymbol{x} \mid a_i < x_i < b_i, i = 1, \ldots, k\}$ とする.ただし,$-\infty \leq a_i < b_i \leq \infty$ とする.

[15] 関数 h について,$x_1 \neq x_2$ ならば $h(x_1) \neq h(x_2)$ であるとき,h は 1-1 （1 対 1）関数という.

[16] 赤平 [A03] の注意 A.5.7.2 (p.210) 参照.

1.4 十分統計量

定義 1.4.2

十分統計量 $T^* = T^*(\boldsymbol{X})$ が存在して，任意の他の十分統計量 $T = T(\boldsymbol{X})$ に対して，$T^*(\boldsymbol{x})$ が $T(\boldsymbol{x})$ の関数であるとき，T^* を**最小十分統計量** (minimal sufficient statistic) という．

ここで，$T^*(\boldsymbol{x})$ が $T(\boldsymbol{x})$ の関数であるとは，$T(\boldsymbol{x}) = T(\boldsymbol{y})$ ならば，$T^*(\boldsymbol{x}) = T^*(\boldsymbol{y})$ であることを意味することに注意．ただし，$\boldsymbol{y} = (y_1, \ldots, y_n)$ とする．また，統計量 $T_1 = T_1(\boldsymbol{X})$ が統計量 $T_2 = T_2(\boldsymbol{X})$ の関数になるとき，T_1 は T_2 の**縮約** (reduction) という．定義 1.4.2 より十分統計量 $T^*(\boldsymbol{X})$ が任意の他の十分統計量 $T = T(\boldsymbol{X})$ の縮約になるという意味で T^* が $\boldsymbol{X}$ の**最大縮約**をもつとき，T^* が最小十分統計量である．

【例 1.1.1（続 7）】 $X_1, \ldots, X_n$ を正規分布 $N(\mu, \sigma^2)$ からの無作為標本とする．いま，μ が未知で σ^2 が既知とすると，例 1.1.1（続 5）より $T_1 = \overline{X}$ は μ に対する十分統計量である．また，(1.4.2) よりネイマンの因子分解定理（定理 1.4.1）から $T_2 = (\overline{X}, S^2)$ も μ に対する十分統計量であることがわかる．T_1 から S^2 を導くことはできないので，T_1 は T_2 の縮約になる，すなわち関数 $u(x,y) = x$ について $T_1 = u(T_2)$ となる．一方，μ, σ^2 がともに未知として $\boldsymbol{\theta} = (\mu, \sigma^2)$ とすれば，例 1.1.1（続 6）より T_1 は $\boldsymbol{\theta}$ に対する十分統計量ではなく，T_2 は $\boldsymbol{\theta}$ に対する十分統計量になる．

最小十分統計量を定義 1.4.2 から直接求めるより，次の定理を用いる方が容易になる．

定理 1.4.2

確率ベクトル $\boldsymbol{X} = (X_1, \ldots, X_n)$ の j.p.m.f. または j.p.d.f. を $f_{\boldsymbol{X}}(\boldsymbol{x}; \theta)$ ($\boldsymbol{x} \in \mathcal{X}, \theta \in \Theta$) とし，後者の場合には $\Theta \subset \mathbf{R}^k$ で各 $\boldsymbol{x} \in \mathcal{X}$ について $f_{\boldsymbol{X}}(\boldsymbol{x}; \theta)$ は θ に関して連続であるとする．ある関数 $T(\boldsymbol{x})$ が存在して，任意に固定した $\boldsymbol{x}, \boldsymbol{y} \in \mathcal{X}$ について，$T(\boldsymbol{x}) = T(\boldsymbol{y})$ であることが，θ に無関係なある正の定数 C について $f_{\boldsymbol{X}}(\boldsymbol{x}; \theta) = C f_{\boldsymbol{X}}(\boldsymbol{y}; \theta)$ であることと同値であるとする．このとき，$T(\boldsymbol{X})$ は θ に対する最小十分統計量である．

証明 簡単のために，任意の $\boldsymbol{x} \in \mathcal{X}, \theta \in \Theta$ について $f_{\boldsymbol{X}}(\boldsymbol{x};\theta) > 0$ とする．まず，T が十分統計量であることを示す．いま，$\mathcal{T} = \{T(\boldsymbol{x}) \mid \boldsymbol{x} \in \mathcal{X}\}$ として，各 $t \in \mathcal{T}$ について $A_t = \{\boldsymbol{x} \mid T(\boldsymbol{x}) = t\}$ とする．ここで，各 A_t について $\boldsymbol{x}_t (\in A_t)$ を選んで固定する．任意の $\boldsymbol{x} \in \mathcal{X}$ について，$t \in \mathcal{T}$ が存在して，$\boldsymbol{x} \in A_t$ になるから，$\boldsymbol{x}, \boldsymbol{x}_{T(\boldsymbol{x})} \in A_t$ となり，$T(\boldsymbol{x}) = T(\boldsymbol{x}_{T(\boldsymbol{x})})$ となる．このとき，定理の条件より $f(\boldsymbol{x};\theta)/f(\boldsymbol{x}_{T(\boldsymbol{x})};\theta)$ は θ に無関係になるので，$h(\boldsymbol{x}) = f_{\boldsymbol{X}}(\boldsymbol{x};\theta)/f_{\boldsymbol{X}}(\boldsymbol{x}_{T(\boldsymbol{x})};\theta)$ とおく．そこで，$\mathcal{T}$ 上の関数を $g_\theta(t) = f(\boldsymbol{x}_t;\theta)$ と定義すれば，任意の $\boldsymbol{x} \in \mathcal{X}$ について

$$f_{\boldsymbol{X}}(\boldsymbol{x};\theta) = \frac{f(\boldsymbol{x}_{T(\boldsymbol{x})};\theta) f_{\boldsymbol{X}}(\boldsymbol{x};\theta)}{f(\boldsymbol{x}_{T(\boldsymbol{x})};\theta)} = g_\theta(T(\boldsymbol{x})) h(\boldsymbol{x})$$

となるから，ネイマンの因子分解定理（定理 1.4.1）より T は θ に対する十分統計量になる．次に，T が最小であることを示す．いま，$T^* = T^*(\boldsymbol{X})$ を他の任意の十分統計量とするとネイマンの因子分解定理より $f_{\boldsymbol{X}}(\boldsymbol{x};\theta) = g_\theta^*(T^*(\boldsymbol{x})) h^*(\boldsymbol{x})$ となる g_θ^*, h^* が存在する．ここで，$T^*(\boldsymbol{x}) = T^*(\boldsymbol{y})$ となる任意の $\boldsymbol{x}, \boldsymbol{y} \in \mathcal{X}$ について

$$\frac{f_{\boldsymbol{X}}(\boldsymbol{x};\theta)}{f_{\boldsymbol{X}}(\boldsymbol{y};\theta)} = \frac{g_\theta^*(T^*(\boldsymbol{x})) h(\boldsymbol{x})}{g_\theta^*(T^*(\boldsymbol{y})) h(\boldsymbol{y})} = \frac{h(\boldsymbol{x})}{h(\boldsymbol{y})}$$

となり，これは θ に無関係であるから，定理の条件より $T(\boldsymbol{x}) = T(\boldsymbol{y})$ となる．よって，$T(\boldsymbol{x})$ は $T^*(\boldsymbol{x})$ の関数になるから T は最小十分統計量になる． □

注意 1.4.3
定理 1.4.2 については j.p.d.f. $f_{\boldsymbol{X}}(\boldsymbol{x};\theta)$ の θ の連続性に関する何らかの条件は必要で，それを仮定しないときの反例も含めて Barndorff-Nielsen, O. et al.(1976). *Scand. J. Statist.*, 3; Sato, M.(1996). *Scand. J. Statist.*, 23 において論じられている．

【例 1.4.4】（レイリーモデル）$X_1, \ldots, X_n$ を p.d.f.

$$p(x;\theta) = \frac{x}{\theta} \left\{ \exp\left(-\frac{x^2}{2\theta}\right) \right\} \chi_{(0,\infty)}(x) \tag{1.4.8}$$

をもつ**レイリー分布** (Rayleigh distribution) $\mathrm{Ray}(\theta)$ [17]からの無作為標本とする．ただし，$\theta \in \Theta = \mathbf{R}_+$ とする．このとき，$\boldsymbol{X} = (X_1, \ldots, X_n)$ の j.p.d.f. は

$$f_{\boldsymbol{X}}(\boldsymbol{x};\theta) = \frac{1}{\theta^n}\left(\prod_{i=1}^n x_i\right)\left\{\exp\left(-\frac{1}{2\theta}\sum_{i=1}^n x_i^2\right)\right\}\chi_{\mathbf{R}_+^n}(\boldsymbol{x})$$

になるから，ネイマンの因子分解定理（定理 1.4.1）より $T(\boldsymbol{X}) = \sum_{i=1}^n X_i^2$ は θ に対する十分統計量になる．ただし，$\mathbf{R}_+^n$ は $\mathbf{R}_+$ の n 個の直積とする．ここで，任意の $\boldsymbol{x}, \boldsymbol{y} \in \mathbf{R}_+^n$ について

$$\frac{f_{\boldsymbol{X}}(\boldsymbol{x};\theta)}{f_{\boldsymbol{X}}(\boldsymbol{y};\theta)} = \left(\prod_{i=1}^n \frac{x_i}{y_i}\right)\left[\exp\left\{-\frac{1}{2\theta}\left(\sum_{i=1}^n x_i^2 - \sum_{i=1}^n y_i^2\right)\right\}\right]$$

が θ に無関係になるための必要十分条件は $\sum_{i=1}^n x_i^2 = \sum_{i=1}^n y_i^2$ となるから，定理 1.4.2 より $T(\boldsymbol{X})$ は θ に対する最小十分統計量になる．

問 1.4.1 $X_1, \ldots, X_n$ を正規分布 $N(\mu, \sigma^2)$ からの無作為標本とし，μ, σ^2 は未知とする．このとき，$T = (\overline{X}, S_0^2)$ が $\boldsymbol{\theta} = (\mu, \sigma^2)$ に対する最小十分統計量であることを示せ．ただし，$S_0^2 = (1/(n-1))\sum_{i=1}^n (X_i - \overline{X})^2$ とする．

問 1.4.2 $X_1, \ldots, X_n$ をベルヌーイ分布 $\mathrm{Ber}(\theta)$ $(\theta \in \Theta = (0,1))$ からの無作為標本とする．このとき，θ に対する最小十分統計量を求めよ．

注意 1.4.4
最小十分統計量は一意的に定まらない．なぜなら，注意 1.4.2 と同様に最小十分統計量の 1-1 関数もまた最小十分統計量になる．実際，上記の問 1.4.1（または，例 1.2.1（続 1））における最小十分統計量 $T = (\overline{X}, S_0^2)$ の他に $T^* = (\sum_{i=1}^n X_i, \sum_{i=1}^n X_i^2)$ もまた $\boldsymbol{\theta} = (\mu, \sigma^2)$ に対する最小十分統計量になる．

【例 1.4.5】（ロジットモデル）$X_1, \ldots, X_m$ をたがいに独立に，各 $i = 1, \ldots, m$ について X_i が 2 項分布 $B(n_i, p_i)$ $(0 < p_i < 1)$ に従うとすると，

---

[17] レイリー分布は数理物理学等でよく用いられ，確率変数 X が例 1.3.2 における指数分布 $\mathrm{Exp}(2\theta)$ に従うとき $Y = \sqrt{X}$ は p.d.f.(1.4.8) をもつレイリー分布に従う．

$\boldsymbol{X} = (X_1, \ldots, X_m)$ の j.p.m.f. は

$$f_{\boldsymbol{X}}(\boldsymbol{x};\boldsymbol{p}) = \prod_{i=1}^{m} \binom{n_i}{x_i} p_i^{x_i}(1-p_i)^{n_i-x_i} \quad (x_i = 0, 1, \ldots, n_i;\ i = 1, \ldots, m)$$

になる.このとき,注意 1.4.1 より

$$f_{\boldsymbol{X}}(\boldsymbol{x};\boldsymbol{p}) = \left\{\prod_{i=1}^{n} \binom{n_i}{x_i}(1-p_i)^{n_i}\right\} \exp\left(\sum_{i=1}^{m} x_i \log \frac{p_i}{1-p_i}\right)$$

は自然母数 $\eta_i = \log(p_i/(1-p_i))$ $(i = 1, \ldots, m)$ をもつ m 母数指数型分布族になる.ただし,$\boldsymbol{X} = (X_1, \ldots, X_m)$, $\boldsymbol{p} = (p_1, \ldots, p_m)$ とする.なお,$\eta_1, \ldots, \eta_m$ は**ロジット** (logit) と呼ばれている.ここで,定理 1.4.2 より $\boldsymbol{X} = (X_1, \ldots, X_m)$ は $\boldsymbol{p}$ に対する最小十分統計量になる.

【例 1.4.6】(**用量反応** (dose-response) モデル) 2種類の薬物 A, B をそれぞれ n_1 匹,n_2 匹の動物に,用量水準を d_1, d_2 で与えるとする.ただし,$d_1 < d_2$ とする.各動物の反応は 0 か 1 のいずれかとし,他の動物の反応とは無関係とする.そして,反応が 1 である確率を $p_i = \eta_\theta(d_i)$ $(i = 1, 2)$ とする.いま,反応ベクトル $\boldsymbol{X} = (X_1, X_2)$ の j.p.m.f. を

$$f_{\boldsymbol{X}}(\boldsymbol{x};\theta) = \prod_{i=1}^{2} \binom{n_i}{x_i} \{\eta_\theta(d_i)\}^{x_i}\{1-\eta_\theta(d_i)\}^{n_i-x_i}$$

$$(x_i = 0, 1, \ldots, n_i;\ i = 1, 2) \quad (1.4.9)$$

とする.ただし,$\boldsymbol{x} = (x_1, x_2)$ とする.このとき,定理 1.4.2 より $\boldsymbol{X} = (X_1, X_2)$ は θ に対する最小十分統計量になる.

1.5 補助統計量と完備性

前節でもとのデータ $\boldsymbol{X}$ がもつ θ に関するすべての情報を保存する統計量として十分統計量をとらえたが,本節では前節と同じ設定の下で,それとは逆に θ に関する情報を全くもたない統計量について考えよう.

定義 1.5.1

統計量 $T = T(\boldsymbol{X})$ の分布が θ に無関係であるとき，T を θ に対する**補助統計量** (ancillary statistic) という．

一見，補助統計量は θ に関して無情報であることから価値がないように思われるが，実は他の統計量と組み合わせることによって重要な情報をもたらすことがある．

【例 1.2.2（続 5）】 $X_1, \ldots, X_n$ を p.d.f. $p(x, \theta) = \chi_{[\theta, \theta+1]}(x)$ をもつ一様分布 $U(\theta, \theta+1)$ からの無作為標本とする．このとき，$X_{(1)} \leq \cdots \leq X_{(n)}$ を $(X_1, \ldots, X_n)$ の順序統計量とすると，**範囲** (range) $R = X_{(n)} - X_{(1)}$ は補助統計量になる．ただし，$n \geq 2$ とする．実際，$(X_{(1)}, X_{(n)})$ の j.p.d.f. は

$$f_{X_{(1)}, X_{(n)}}(x_{(1)}, x_{(n)}; \theta)
= \begin{cases} n(n-1)(x_{(n)} - x_{(1)})^{n-2} & (\theta \leq x_{(1)} \leq x_{(n)} \leq \theta + 1), \\ 0 & (\text{その他}) \end{cases} \quad (1.5.1)$$

になる[18]．ここで，$T = (X_{(1)} + X_{(n)})/2$ とおいて，(R, T) の j.p.d.f. を (1.5.1) から変数変換によって求めると

$$f_{R,T}(r, t; \theta) = \begin{cases} n(n-1)r^{n-2} & \left(0 \leq r \leq 1,\ \theta + \dfrac{r}{2} \leq t \leq \theta + 1 - \dfrac{r}{2}\right), \\ 0 & (\text{その他}) \end{cases}$$

になるから，R の m.p.d.f. は

$$f_R(r; \theta) = \begin{cases} n(n-1)r^{n-2}(1-r) & (0 \leq r \leq 1), \\ 0 & (\text{その他}) \end{cases} \quad (1.5.2)$$

---

[18] 順序統計量の j.p.d.f. については，赤平 [A03] の定理 A 5.6.1 (p.206) 参照．

になる[19]．これは，θ に無関係であるから，R は θ に対する補助統計量になる．確かに R は θ に関して無情報であるが，注意 1.4.2 のように T を取り込んで統計量 $S = (R, T)$ をつくれば，S は θ に対する十分統計量になる．

次に，もとのデータ $\boldsymbol{X}$ がもつ θ に関するすべての情報を保存する（最小）十分統計量と無情報の補助統計量は独立ではないかと見込まれるが果たしてそうであろうか．このことを考えるために完備性の概念を導入する．

定義 1.5.2

統計量 $T = T(\boldsymbol{X})$ について，T の p.d.f. または p.m.f. の族を $\mathbb{F} = \{f_T(t; \theta) \mid \theta \in \Theta\}$ とする．T の関数 $h(T)$ が，任意の $\theta \in \Theta$ に対して $E_\theta[h(T)] = 0$ であるならば，任意の $\theta \in \Theta$ について $P_\theta\{h(T) = 0\} = 1$ になるとき，$\mathbb{F}$ は**完備** (complete) であるという．また，T は（$\mathbb{F}$ に対して）完備であるともいう．

【例 1.1.2（続 5）】 $X_1, \ldots, X_n$ をベルヌーイ分布 $\mathrm{Ber}(\theta)$ ($\theta \in \Theta = (0, 1)$) からの無作為標本とする．このとき，ネイマンの因子分解定理（定理 1.4.1）より統計量 $T = \sum_{i=1}^n X_i$ は θ に対する十分統計量であり，これは 2 項分布 $B(n, \theta)$ に従う．いま，任意の $\theta \in \Theta$ について

$$E_\theta[h(T)] = \sum_{t=0}^n h(t) \binom{n}{t} \theta^t (1-\theta)^{n-t}$$
$$= (1-\theta)^n \sum_{t=0}^n h(t) \binom{n}{t} \left(\frac{\theta}{1-\theta}\right)^t = 0,$$

すなわち $\theta/(1-\theta)$ の n 次多項式が 0 になるので，すべての係数は 0 になり，$h(t)\binom{n}{t} = 0$ ($t = 0, 1, \ldots, n$) となる．よって，$h(t) = 0$ ($t = 0, 1, \ldots, n$) になるから，任意の $\theta \in \Theta$ について $P_\theta\{h(T) = 0\} = 1$ に

---

[19] p.d.f. (1.5.2) をもつ分布は 1.2 節の例 1.1.2（続 3）におけるベータ分布 $\mathrm{Be}(\alpha, \beta)$ において $\alpha = n - 1$, $\beta = 2$ のときである．

なる．ゆえに，T は完備になる．

【例 1.2.2（続 6）】 $X_1, \ldots, X_n$ を一様分布 $U(0, \theta)$ $(\theta \in \Theta = \mathbf{R}_+)$ からの無作為標本とする．例 1.4.2 と同様にして，$T = T(\boldsymbol{X}) = \max_{1 \leq i \leq n} X_i$ が θ に対して十分統計量になり，この p.d.f. は

$$f_T(t; \theta) = \frac{nt^{n-1}}{\theta^n} \chi_{[0,\theta]}(t) \tag{1.5.3}$$

になる．いま，連続関数 $h(t)$ が存在して，任意の $\theta \in \Theta$ について

$$E_\theta[h(T)] = \frac{1}{\theta^n} \int_0^\theta h(t) nt^{n-1} dt = 0$$

とすると，

$$\int_0^\theta h(t) nt^{n-1} dt = 0$$

となるから，この両辺を θ について微分すると，任意の $\theta \in \Theta$ について $h(\theta) n\theta^{n-1} = 0$ となるから，$h(t) = 0$ になる[20]．よって，任意の $\theta \in \Theta$ について $P_\theta\{h(T) = 0\} = 1$ になるから，T は完備である．

【例 1.4.1（続 1）】 $X_1, \ldots, X_n$ をポアソン分布 $\mathrm{Po}(\theta)$ $(\theta \in \Theta = \mathbf{R}_+)$ からの無作為標本とする．このとき，例 1.4.1 より $T = \sum_{i=1}^n X_i$ は θ に対する十分統計量になり，T はポアソン分布 $\mathrm{Po}(n\theta)$ に従うので，任意の $\theta \in \Theta$ について

$$E_\theta[h(T)] = \sum_{t=0}^\infty h(t) \frac{(n\theta)^t e^{-n\theta}}{t!} = 0$$

とすると，

$$\frac{1}{t!} h(t) n^t = 0 \quad (t = 0, 1, 2, \ldots)$$

となるから $h(t) = 0$ $(t = 0, 1, 2, \ldots)$ となり，任意の $\theta \in \Theta$ について $P_\theta\{h(T) = 0\} = 1$ になる．よって，T は完備になる．

---

[20] このことは $h(t)$ を可測関数としても成り立つ（鶴見茂 (1971)．『測度と積分』（理工学社）の p.96 の補助定理 12.4 参照）．

【例 1.4.3 (続 1)】 確率ベクトル $\boldsymbol{X} = (X_1, \ldots, X_n)$ が k 母数指数型分布族の j.p.d.f. (または j.p.m.f.) (1.4.7) をもつとする. このとき, $Q = (Q_1, \ldots, Q_k)$ の値域が $\mathbf{R}^k$ の開区間を含むならば, $\boldsymbol{\theta} = (\theta_1, \ldots, \theta_k)$ に対する十分統計量 $T(\boldsymbol{X}) = (T_1(\boldsymbol{X}), \ldots, T_k(\boldsymbol{X}))$ は完備である[21]).

【例 1.1.1 (続 8)】 $X_1, \ldots, X_n$ を正規分布 $N(\mu, \sigma^2)$ からの無作為標本とし, μ, σ^2 は未知とし, $\boldsymbol{\theta} = (\mu, \sigma^2)$ とおく. このとき, $\boldsymbol{X} = (X_1, \ldots, X_n)$ の j.p.d.f. は

$$f_{\boldsymbol{X}}(\boldsymbol{x}; \boldsymbol{\theta}) = \exp\left\{ \frac{\mu}{\sigma^2} \sum_{i=1}^n x_i - \frac{1}{2\sigma^2} \sum_{i=1}^n x_i^2 - \frac{n}{2}\left(\frac{\mu^2}{\sigma^2} - \log(2\pi\sigma^2)\right)\right\},$$
$$(\boldsymbol{x} \in \mathbf{R}^n; \boldsymbol{\theta} = (\mu, \sigma^2) \in \mathbf{R}^1 \times \mathbf{R}_+)$$

となるから, $Q_1(\boldsymbol{\theta}) = \mu/\sigma^2$, $Q_2(\boldsymbol{\theta}) = -1/(2\sigma^2)$, $T_1(\boldsymbol{x}) = \sum_{i=1}^n x_i$, $T_2(\boldsymbol{x}) = \sum_{i=1}^n x_i^2$, $C(\boldsymbol{\theta}) = -(n/2)\{(\mu^2/\sigma^2) - \log(2\pi\sigma^2)\}$, $S(\boldsymbol{x}) \equiv 0$, $\mathcal{X} = \mathbf{R}^n$ とすれば, (1.4.7) より $\boldsymbol{X}$ は 2 母数指数型分布族の j.p.d.f. をもつ. そして, $Q = (Q_1, Q_2)$ の値域は $\mathbf{R}^1 \times \mathbf{R}_-$ となり, これは $\mathbf{R}^2$ の開区間を含むので, 例 1.4.3 (続 1) より, 十分統計量 $T(\boldsymbol{X}) = (T_1(\boldsymbol{X}), T_2(\boldsymbol{X})) = (\sum_{i=1}^n X_i, \sum_{i=1}^n X_i^2)$ は完備になる. ただし, $\mathbf{R}_- = (-\infty, 0)$ とする. また, 1.4 節の例 1.1.1 (続 6), 注意 1.4.2 より $(\overline{X}, S^2)$, $(\overline{X}, S_0^2)$ も十分統計量であり, これらも完備になる[22]).

【例 1.2.2 (続 7)】 $X_1, \ldots, X_n$ を一様分布 $U(\theta-(1/2), \theta+(1/2))$ ($\theta \in \Theta = \mathbf{R}^1$) からの無作為標本とすると, X_1 の p.d.f. は $p(x; \theta) = \chi_{[\theta-(1/2), \theta+(1/2)]}(x)$ であるから $\boldsymbol{X} = (X_1, \ldots, X_n)$ の j.p.d.f. は

$$f_{\boldsymbol{X}}(\boldsymbol{x}; \theta) = \chi_{[x_{(n)}-(1/2), x_{(1)}+(1/2)]}(\theta)$$

となる. ただし, $x_{(1)} = \min_{1 \leq i \leq n} x_i$, $x_{(n)} = \max_{1 \leq i \leq n} x_i$ とする. このとき, ネイマンの因子分解定理 (定理 1.4.1) より $T(\boldsymbol{X}) = (X_{(1)}, X_{(n)})$

---

[21]) 証明については, E. L. レーマン [L59] 『統計的検定論』 (渋谷・竹内訳) 岩波書店の pp.149-150 参照.
[22]) 注意 1.4.2 と同様に, 完備統計量の 1-1 関数もまた完備である.

は θ に対する十分統計量になる．ただし，$X_{(1)} = \min_{1 \le i \le n} X_i$, $X_{(n)} = \max_{1 \le i \le n} X_i$ とする．ここで，任意の $\theta \in \Theta$ について $E_\theta[X_{(n)} - X_{(1)} - \{(n-1)/(n+1)\}] = 0$ となるから，$T(\boldsymbol{X}) = (X_{(1)}, X_{(n)})$ は完備ではない．なぜなら，$Z_i = 2(X_i - \theta)$ $(i = 1, \ldots, n)$ とおいて，$Z_{(i)} = 2(X_{(i)} - \theta)$ $(i = 1, \ldots, n)$ とすれば，$R = Z_{(n)} - Z_{(1)}$ とおくと R の p.d.f. は $f_R(r) = \{n(n-1)/2^n\} r^{n-2}(2-r)\chi_{(0,2)}(r)$ となるから上の期待値が 0 となることが示される[23)]．ただし，$X_{(1)} \le \cdots \le X_{(n)}$ を $X_1, \ldots, X_n$ の順序統計量とする．

【例 1.5.1】 確率変数 $X_1, \ldots, X_n$ を p.m.f.

$$p(x; \theta) = \begin{cases} \theta & (x = -1), \\ (1-\theta)^2 \theta^x & (x = 0, 1, 2, \ldots) \end{cases} \quad (1.5.4)$$

をもつ分布からの無作為標本とする．ただし，$\theta \in \Theta = (0, 1)$ とする．このとき，$\mathcal{X} = \{-1, 0, 1, 2, \ldots\}$ とし，$A = \{-1\}$ とすれば，(1.5.4) より $\boldsymbol{X} = (X_1, \ldots, X_n)$ の j.p.m.f. は

$$f_{\boldsymbol{X}}(\boldsymbol{x}; \theta) = \theta^{\sum_{i=1}^n \chi_A(x_i)} (1-\theta)^{2 \sum_{i=1}^n \chi_{A^c}(x_i)} \theta^{\sum_{i=1}^n x_i \chi_{A^c}(x_i)} \quad (1.5.5)$$

になる．ただし，$\boldsymbol{x} = (x_1, \ldots, x_n)$ とする．ここで，$T_1(\boldsymbol{x}) = \sum_{i=1}^n \chi_A(x_i)$, $T_2(\boldsymbol{x}) = \sum_{i=1}^n x_i \chi_{A^c}(x_i)$ とすれば，(1.5.5) からネイマンの因子分解定理（定理 1.4.1）より $T(\boldsymbol{X}) = (T_1(\boldsymbol{X}), T_2(\boldsymbol{X}))$ は θ に対する十分統計量になる．また，定理 1.4.2 より $T(\boldsymbol{X})$ は最小性をもつ．ここで，

$$\sum_{i=1}^n X_i = \sum_{i=1}^n X_i(\chi_A(X_i) + \chi_{A^c}(X_i)) = -\sum_{i=1}^n \chi_A(X_i) + \sum_{i=1}^n X_i \chi_{A^c}(X_i)$$
$$= T_2(\boldsymbol{X}) - T_1(\boldsymbol{X})$$

となるから，$h(T) = T_2 - T_1$ とすれば，任意の $\theta \in \Theta$ について

[23)] 詳しくは，赤平 [A03] の補遺の例 A.5.6.2(pp.207, 208) 参照．

$$E_\theta[h(T)] = E_\theta[T_2(\boldsymbol{X}) - T_1(\boldsymbol{X})]$$
$$= E_\theta\left[\sum_{i=1}^n X_i\right] = \sum_{i=1}^n \left\{-\theta + \sum_{x=0}^\infty x(1-\theta)^2 \theta^x\right\} = 0$$

になるが,$P_\theta\{h(T) = 0\} = P_\theta\{T_1(\boldsymbol{X}) = T_2(\boldsymbol{X})\} < 1$ となる.よって,$T = (T_1, T_2)$ は完備ではない.

注意 1.5.1
例 1.5.1 において,(1.5.5) より,$Q_1(\theta) = \log\theta - 2\log(1-\theta)$,$Q_2(\theta) = \log\theta$,$T_1(\boldsymbol{x}) = \sum_{i=1}^n \chi_A(x_i)$,$T_2(\boldsymbol{x}) = \sum_{i=1}^n x_i \chi_A(x_i)$,$C(\theta) = 2n\log(1-\theta)$,$S(\boldsymbol{x}) \equiv 0$ とすると,$f_{\boldsymbol{X}}(\boldsymbol{x}, \theta)$ は (1.4.7) の類似形にはなるが,θ は 1 次元で,$Q = (Q_1, Q_2)$ は 2 次元なので例 1.4.3 の意味での 2 母数指数型分布族になっていない.よって,例 1.4.3(続 1)の結果を適用できない.

【例 1.4.6(続 1)】 反応ベクトル $\boldsymbol{X} = (X_1, X_2)$ の j.p.m.f. を (1.4.9) とするとき,$\theta > 0$ とし,

$$\eta_\theta(d_i) = 1 - e^{-\theta d_i} \ (i = 1, 2), \quad d_1 = 1, d_2 = 2, n_1 = 2, n_2 = 1 \quad (1.5.6)$$

とすると,$\boldsymbol{X}$ は最小十分統計量ではあるが,完備ではない.なぜなら

$$h(\boldsymbol{x}) = \chi_{\{0\}}(x_1) - \chi_{\{0\}}(x_2)$$

とすると

$$E_\theta[h(\boldsymbol{X})] = P_\theta\{X_1 = 0\} - P_\theta\{X_2 = 0\} = e^{-2\theta} - e^{-2\theta} = 0$$

となるので,$\boldsymbol{X}$ は完備ではない.しかし,(1.5.6) の代わりに

$$\eta_\theta(d_i) = 1 - e^{-\theta d_i - \theta d_i^2} \quad (i = 1, 2)$$

とし,d_1/d_2 を無理数とすれば,$\boldsymbol{X}$ は完備(でかつ)十分統計量になる[24].

---

[24] Messig, M. A. and Strawderman, W. E. (1993). Minimal sufficiency and completeness for dichotomous quantal response models. *Ann. Statist.*, **21**, 2141-2157 参照.

1.5 補助統計量と完備性

問 1.5.1 問 1.4.2 において求めた θ に対する最小十分統計量が完備であるかどうか調べよ.

注意 1.5.2
統計量 T を完備とするとき, T に基づく θ の関数 $g(\theta)$ の任意の 2 つの不偏推定量を $\widehat{g}_1(T), \widehat{g}_2(T)$ とする. このとき, 任意の $\theta \in \Theta$ について
$$E_\theta[\widehat{g}_1(T)] = E_\theta[\widehat{g}_2(T)] = g(\theta)$$
になるから, $h(T) = \widehat{g}_1(T) - \widehat{g}_2(T)$ とおくと $E_\theta[h(T)] = 0$ となる. よって, T が完備であるから任意の $\theta \in \Theta$ について $P_\theta\{h(T) = 0\} = P_\theta\{\widehat{g}_1(T) = \widehat{g}_2(T)\} = 1$ となり, T に基づく $g(\theta)$ の不偏推定量は確率 1 で一意になる.

問 1.5.2 $T = T(\boldsymbol{X})$ を完備十分統計量とし, 最小十分統計量 $S = S(\boldsymbol{X})$ が存在すると仮定する. このとき, T は最小十分統計量で, S は完備であることを示せ.

次に, 完備性が, (最小)十分統計量が補助統計量と独立になるための十分条件であることを示す.

定理 1.5.1 (バスー (Basu) の定理)
$T = T(\boldsymbol{X})$ が完備十分統計量ならば, T は任意の補助統計量に独立である.

証明 離散型の場合. $S = S(\boldsymbol{X})$ を任意の補助統計量とすると, S の p.m.f. f_S は θ に無関係になる. また, T が十分統計量であるから, $T = t$ を与えたとき S の c.p.m.f. は $f_{S|T}(s|t)$ も θ に無関係である. いま, T の値域を $\mathcal{T}$ とし, T の p.m.f. を $f_T(t;\theta)$ とすれば
$$f_S(s) = \sum_{t \in \mathcal{T}} f_{S|T}(s|t) f_T(t;\theta)$$
になる. ここで, $h(t) = f_{S|T}(s|t) - f_S(s)$ とおくと, $\sum_{t \in \mathcal{T}} f_T(t;\theta) = 1$ より, 任意の θ について

$$E_\theta[h(T)] = \sum_{t \in \mathcal{T}} \{f_{S|T}(s|t) - f_S(s)\} f_T(t;\theta) = 0$$

となる．T は完備であるから，任意の $t \in \mathcal{T}$ について $f_{S|T}(s|t) = f_S(s)$ となり，T は S と独立になる．連続型の場合も同様に示される．□

【例 1.3.2（続 1）】 X_1, X_2 をたがいに独立に，いずれも指数分布 $\mathrm{Exp}(\theta)$ ($\theta \in \Theta = \mathbf{R}_+$) に従う確率変数とする．このとき，$\boldsymbol{X} = (X_1, X_2)$ の j.p.d.f. は

$$f_{\boldsymbol{X}}(\boldsymbol{x};\theta) = \frac{1}{\theta^2} \exp\left\{-\frac{1}{\theta}(x_1 + x_2)\right\} \quad ((x_1, x_2) \in \mathbf{R}_+^2) \quad (1.5.7)$$

となるから，ネイマンの因子分解定理（定理 1.4.1）より $T = X_1 + X_2$ が θ に対する十分統計量になる．ここで，(1.5.7) より T の p.d.f. は $f_T(t;\theta) = (t/\theta^2)e^{-t/\theta}\chi_{(0,\infty)}(t)$ となるから，任意の $\theta \in \Theta$ について $E_\theta[g(T)] = 0$ とすれば，逆ラプラス変換[25]によって，ほとんどすべての $t > 0$ について $g(t) = 0$ となる．よって，任意の $\theta \in \Theta$ について $P_\theta\{g(T) = 0\} = 1$ となるから，T は完備になる．一方，$S = X_1/(X_1 + X_2)$ の c.d.f. $F_S^\theta(s)$ は，$0 < s < 1$ について

$$\begin{aligned}F_S^\theta(s) &= P_\theta\{S \leq s\} = P_\theta\{X_1/(X_1 + X_2) \leq s\} \\ &= P_\theta\{(1-s)X_1 - sX_2 \leq 0\} \\ &= \int_0^\infty \frac{1}{\theta} e^{-x_2/\theta} \left\{\int_0^{sx_2/(1-s)} \frac{1}{\theta} e^{-x_1/\theta} dx_1\right\} dx_2 = s\end{aligned}$$

になる．また，$s \leq 0$ について $F_S^\theta(s) = 0$，$s \geq 1$ について $F_S^\theta(s) = 1$ となる．よって，S の分布は一様分布 $U(0,1)$ になるので，θ に無関係になるから，S は補助統計量になり，バスーの定理（定理 1.5.1）より T は S に独立になる．

---

[25] 関数 $f(t)$ の**ラプラス (Laplace) 変換**を $F(s) = \int_0^\infty e^{-st} f(t) dt$ とするとき，$f(t)$ を $F(s)$ の**逆ラプラス変換**という．$f(t) = 0$ のとき $F(s) = 0$ である．たとえば國分雅敏 (2012)．『ラプラス変換』（共立出版）およびその巻末の関連図書参照．

1.5 補助統計量と完備性

> **コラム：条件付化**
>
> 一般に，確率ベクトル (X, Y) について
>
> $$V(E(Y|X)) + E[V(Y|X)] = V(Y) \tag{1.5.8}$$
>
> が成り立つことが知られている[26]．ただし，$E(Y|X), V(Y|X)$ はそれぞれ X を与えたときの Y の条件付平均（期待値），条件付分散とする．いま，$X_1, \ldots, X_n$ を p.d.f. または p.m.f. $p(x; \theta)$ $(\theta \in \Theta \subset \mathbf{R}^1)$ をもつ分布からの無作為標本とする．このとき，$\boldsymbol{X} = (X_1, \ldots, X_n)$ に基づく θ の関数 $g(\theta)$ の不偏推定量を $\hat{g} = \hat{g}(\boldsymbol{X})$ とし，任意の統計量を $T = T(\boldsymbol{X})$ とする．ここで，$U_\theta = U_\theta(\boldsymbol{X}) = E_\theta(\hat{g}|T)$ とすると $E_\theta(U_\theta) = g(\theta)$ となるので，不偏推定量 $\hat{g}$ と U_θ の分散を比較してみよう．まず，(1.5.8) において X を T，Y を $\hat{\theta}$ とおくと，任意の $\theta \in \Theta$ について
>
> $$V_\theta(\hat{g}) = V_\theta(E_\theta(\hat{g}|T)) + E_\theta[V_\theta(\hat{g}|T)] \geq V_\theta(U_\theta) \tag{1.5.9}$$
>
> が成り立つ．また，不等式 (1.5.9) において等号が成り立つのは $\hat{g} = U_\theta$ であるときに限る．すなわち，$\hat{g}$ の T による条件付期待値の分散は $\hat{g}$ の分散より大きくならないことを示している．一般に U_θ は θ に依存するが，T が十分統計量であれば，U_θ は θ に無関係なので $\hat{g}$ を十分統計量で条件付期待値 $U = E(\hat{g}|T)$ をつくって，2 つの不偏推定量 $\hat{g}$ と U を分散で比較すると，任意の $\theta \in \Theta$ について
>
> $$V_\theta(\hat{g}) \geq V_\theta(U) = V_\theta(E(\hat{g}|T)) \tag{1.5.10}$$
>
> となり，$\hat{g}$ を T で**条件付化** (conditioning) を行えば，$\hat{g}$ の分散の大きさ以下になる分散をもつ不偏推定量 U を求めることができる．

【例 1.3.2（続 2）】 $X_1, \ldots X_n$ を指数分布 $\mathrm{Exp}(\theta)$ $(\theta \in \Theta = \mathbf{R}_+)$ からの無作為標本とし，θ の関数として

$$R_\theta(\lambda) = P_\theta\{X_n > \lambda\} = e^{-\lambda/\theta} \tag{1.5.11}$$

をとる．ただし，λ は正値で所与とする．なお，一般に，確率変数 X に

---

[26] たとえば，赤平 [A03] の演習問題 5-6 (p.90) およびその略解参照．

ついて $R_\theta(\lambda) = P_\theta\{X > \lambda\}$ は**信頼度関数** (reliability function) と呼ばれている[27]．ここで，ネイマンの因子分解定理（定理1.4.1）より $T_n = \sum_{i=1}^n X_i$ は θ に対する十分統計量になる．いま，$R_\theta(\lambda)$ の推定量として定義関数 $\widehat{R}_{X_n}(\lambda) = \chi_{(\lambda,\infty)}(X_n)$ をとると，任意の $\theta \in \Theta$ について

$$E_\theta[\widehat{R}_{X_n}(\lambda)] = P_\theta\{X_n > \lambda\} = e^{-\lambda/\theta} = R_\theta(\lambda)$$

となるから，$\widehat{R}_{X_n}(\lambda)$ は $R_\theta(\lambda)$ の不偏推定量になる．次に，$\widehat{R}_{X_n}(\lambda)$ を T_n で条件付化すると，

$$\begin{aligned}\widehat{R}_{T_n}(\lambda) &= E[\widehat{R}_{X_n}(\lambda)|T_n] \\ &= P\{X_n > \lambda \mid T_n\} = \left(1 - \frac{\lambda}{T_n}\right)^{n-1} \chi_{(\lambda,\infty)}(T_n)\end{aligned} \quad (1.5.12)$$

になり，具体的に表現される．ただし，$n > 1$ とする．なお，(1.5.12) の最後の等号を示すためには，T_n を与えたときの X_n の c.p.d.f. が必要である．そこで，まず，X_n と $T_{n-1} = \sum_{i=1}^{n-1} X_i$ はたがいに独立であり，T_{n-1} はガンマ分布 $G(n-1, \theta)$[28] に従うので，(X_n, T_{n-1}) の j.p.d.f. は

$$f_{X_n, T_{n-1}}(x, t; \theta) = \begin{cases} \dfrac{1}{\theta} e^{-x/\theta} \dfrac{t^{n-2} e^{-t/\theta}}{\theta^{n-1}(n-2)!} & (x > 0,\ t > 0), \\ 0 & (\text{その他}) \end{cases}$$

---

[27] 信頼度関数 $R_\theta(t) = P_\theta\{X > t\}$ は時間 t を超えて故障しない確率として，信頼性工学でよく用いられている．また，生存時間分析では，$R_\theta(t)$ は**生存関数** (survival function) と呼ばれ，時間 t を超えて生存する確率として知られている．

[28] 一般に，**ガンマ分布** (gamma distribution) $G(\alpha, \beta)$ は p.d.f.

$$p(x; \alpha, \beta) = \frac{1}{\beta \Gamma(\alpha)} \left(\frac{x}{\beta}\right)^{\alpha - 1} e^{-x/\beta} \chi_{(0,\infty)}(x), \quad (\alpha, \beta) \in \mathbf{R}_+^2$$

をもち，特に，$G(1, \lambda)$ は指数分布 $\mathrm{Exp}(\lambda)$ になり，$G(n/2, 2)$ は自由度 n のカイ 2 乗分布（χ_n^2 分布）になる．また，$X_1, \ldots, X_n$ がたがいに独立で各 $i = 1, \ldots, n$ について X_i が $G(\alpha_i, \beta)$ に従うとき $\sum_{i=1}^n X_i$ は $G(\sum_{i=1}^n \alpha_i, \beta)$ に従う（再生性）（赤平 [A03] の補遺 A.4.4(p.196) および演習問題 A-6(pp.235, 236) およびその略解参照）．

となり，X_n と $T_n(=T_{n-1}+X_n)$ の j.p.d.f. は

$$f_{X_n,T_n}(x,t;\theta) = \frac{1}{\theta^n \Gamma(n-1)}(t-x)^{n-2}e^{-t/\theta}\chi_{(0,t)}(x) \quad (1.5.13)$$

となる．また，T_n の分布はガンマ分布 $G(n,\theta)$ になるから，その p.d.f. は

$$f_{T_n}(t;\theta) = \frac{1}{\theta^n \Gamma(n)}t^{n-1}e^{-t/\theta}\chi_{(0,\infty)}(t)$$

となり，(1.5.13) より $T_n=t$ を与えたときの X_n の c.p.d.f. は

$$f_{X_n|T_n}(x|t) = \begin{cases} \dfrac{(n-1)(t-x)^{n-2}}{t^{n-1}} & (0<x<t), \\ 0 & (その他) \end{cases}$$

となる．これから，(1.5.12) の最後の等号が示される．

よって，$\widehat{R}_{T_n}(\lambda)$ も $R_\theta(\lambda)$ の不偏推定量になり，(1.5.10) から任意の $\theta \in \Theta$ について $V_\theta(\widehat{R}_{X_n}(\lambda)) \geq V_\theta(\widehat{R}_{T_n}(\lambda))$ になる．

コラム：平均 2 乗誤差に関わるパラドックス

$X_1,\ldots,X_n$ を正規分布 $N(\mu,\sigma^2)$ からの無作為標本とする．ただし，$n \geq 2$ とする．まず，1.3 節の例 1.2.1（続 1）より $\mu=\mu_0$ が既知であるとき，$S^2(\mu_0)=(1/n)\sum_{i=1}^n (X_i-\mu_0)^2$ は σ^2 の不偏推定量になり，また μ が未知であるとき $S^2=(1/n)\sum_{i=1}^n(X_i-\overline{X})^2$ とすると，任意の μ,σ^2 について $E_{\mu,\sigma^2}(S^2)=(n-1)\sigma^2/n$ となり，S^2 は σ^2 の不偏推定量ではない．

そこで，一般にいわれているように，偏りが異なる 2 つの推定量 $S^2(\mu_0)$ と S^2 の比較に平均 2 乗誤差 (MSE) を用いてみよう．いま，$nS^2(\mu_0)/\sigma^2$，nS^2/σ^2 がそれぞれ自由度 n のカイ 2 乗分布（χ_n^2 分布）[29]，χ_{n-1}^2 分布に

---

[29] 一般に，自由度 ν の**カイ 2 乗分布**（略して，χ_ν^2 分布）(chi-square distribution with ν degrees of freedom) の p.d.f. は

$$p(x;\nu) = \frac{1}{2^{\nu/2}\Gamma(\nu/2)}x^{(\nu/2)-1}e^{-x/2}\chi_{(0,\infty)}(x) \quad (\nu \in \mathbf{R}_+)$$

である．

従うことに注意すれば[30]

$$\mathrm{MSE}_{\mu_0,\sigma^2}(S^2(\mu_0)) = \frac{2\sigma^4}{n}, \quad \mathrm{MSE}_{\mu,\sigma^2}(S^2) = \frac{2\sigma^4}{n} - \frac{\sigma^4}{n^2}$$

を得る.よって

$$\mathrm{MSE}_{\mu_0,\sigma^2}(S^2(\mu_0)) > \mathrm{MSE}_{\mu,\sigma^2}(S^2)$$

となり,σ^2 の推定量としては S^2 の方が $S^2(\mu_0)$ より良いことを示している.しかし,$\mu = \mu_0$ が既知のときの $S^2(\mu_0)$ は,μ が未知のときの S^2 より良いはずなのに,そうならないのでこれは矛盾である.これを解消するために,S^2 を偏り補正して $\tilde{S}^2 = nS^2/(n-1)$ とすると $\tilde{S}^2 = (1/(n-1))\sum_{i=1}^n (X_i - \overline{X})^2 = S_0^2$ となって,これは σ^2 の不偏推定量になる.また,$\mathrm{MSE}_{\mu,\sigma^2}(\tilde{S}^2) = V_{\mu,\sigma^2}(S_0^2) = 2\sigma^4/(n-1)$ になるから

$$\mathrm{MSE}_{\mu_0,\sigma^2}(S^2(\mu_0)) < \mathrm{MSE}_{\mu,\sigma^2}(\tilde{S}^2)$$

となり,矛盾は解消される.上記のことは,偏りをもつ推定量を MSE で単純に比較することは必ずしも万全ではないことを示している.そして,2つの推定量を比較する際には,一方がもつ偏りと同じ偏りをもつようにもう一方を偏り補正してから行った方が良いことを示唆している.

---

[30] 確率変数 X が正規分布 $N(0,1)$ に従うとき,X^2 は χ_1^2 分布に従い,またカイ 2 乗分布は再生性をもつことから示される(赤平 [A03] の例 5.5.3(p.83),補遺の演習問題 A-6(pp.235,236) 参照).

第 2 章

最良不偏推定

一般に，多くの不偏推定量が存在するので，何らかの意味で最良の不偏推定量が望ましい．しかし，一般には最良の不偏推定量は存在しないが，適当な条件の下では存在することもある．本章では，前章の十分統計量に基づいて一様に分散を最小にする不偏推定量を求める方法や情報不等式を用いてそれを求める方法等について考える．また，中央値不偏推定量の集中確率の上界とその達成についても論じる．

2.1 十分統計量に基づく最良不偏推定

確率ベクトル $\boldsymbol{X} = (X_1, \ldots, X_n)$ の j.p.d.f. または j.p.m.f. を $f_{\boldsymbol{X}}(\boldsymbol{x}, \theta)$ ($\theta \in \Theta$) とする．そして，θ の関数 $g(\theta)$ の不偏推定量 $\widehat{g}(\boldsymbol{X})$ の分散を θ について一様に最小にする推定量，すなわち $g(\theta)$ のある不偏推定量 $\widehat{g}^*(\boldsymbol{X})$ が存在して，任意の $\theta \in \Theta$ について

$$\min_{\widehat{g} \in \mathcal{U}_g} V_\theta(\widehat{g}) = V_\theta(\widehat{g}^*) \qquad (2.1.1)$$

となるとき，$\widehat{g}^*$ を $g(\theta)$ の**一様最小分散不偏**（uniformly minimum variance unbiased，略して UMVU）**推定量**という．ただし，$\mathcal{U}_g$ を $g(\theta)$ の不偏推定量全体のクラスとする．また，ある $\theta_0 \in \Theta$ について (2.1.1) が成り立つ不偏推定量を**局所最小分散不偏** (locally(L)MVU) **推定量**という．

まず，完備十分統計量が存在する場合に，それに基づいて $g(\theta)$ の

UMVU 推定量を求める方法について考える．そこで等式 (1.5.8) を拡張すると，次の等式が成り立つ．

補題 2.1.1
(X, Y) を確率ベクトル，c を定数とするとき

$$E[\{E(Y|X) - c\}^2] + E[E[\{Y - E(Y|X)\}^2|X]] = E[(Y - c)^2] \tag{2.1.2}$$

が成り立つ．

証明は容易なので省略する．等式 (1.5.8) は，(2.1.2) において $c = E(Y)$ の場合である．

定理 2.1.1 （ラオ・ブラックウェル (Rao-Blackwell) の定理）
母数 θ に対する十分統計量を $T = T(\boldsymbol{X})$ とする．このとき，$g(\theta)$ の任意の推定量 $\widehat{g} = \widehat{g}(\boldsymbol{X})$ に対して T に基づく $g(\theta)$ の推定量 $\widehat{g}^* = \widehat{g}^*(T)$ が存在して，任意の $\theta \in \Theta$ について

$$E_\theta[\widehat{g}^*(T)] = E_\theta[\widehat{g}(\boldsymbol{X})], \tag{2.1.3}$$

$$\mathrm{MSE}_\theta(\widehat{g}^*) \leq \mathrm{MSE}_\theta(\widehat{g}) \tag{2.1.4}$$

が成り立つ．

証明 T は十分統計量であるから，T を与えたときの $\widehat{g} = \widehat{g}(\boldsymbol{X})$ の条件付期待値は θ に無関係なので

$$\widehat{g}^*(T) = E[\widehat{g}(X)|T]$$

を $g(\theta)$ の推定量とすれば，その期待値は $\widehat{g}$ のそれと同じになる．よって (2.1.3) は成り立つ．また，等式 (2.1.2) において，X, Y, c をそれぞれ T，$\widehat{g}, g(\theta)$ とすると，任意の $\theta \in \Theta$ について

$$E_\theta[\{E(\widehat{g}|T) - g(\theta)\}^2] + E_\theta[E_\theta[\{\widehat{g} - E(\widehat{g}|T)\}^2|T]] = E_\theta[\{\widehat{g} - g(\theta)\}^2]$$

となるから

$$\mathrm{MSE}_\theta(\widehat{g}^*) \leq \mathrm{MSE}_\theta(\widehat{g}^*) + E_\theta[E_\theta[(\widehat{g}-\widehat{g}^*)^2|T]] = \mathrm{MSE}_\theta(\widehat{g})$$

になる．よって，(2.1.4) が成り立つ． □

定理 2.1.2 （レーマン・シェッフェ (Lehmann-Scheffé) の定理）
母数 θ に対する完備十分統計量を $T = T(\boldsymbol{X})$ とする．このとき，$g(\theta)$ の不偏推定量が存在すれば，T に基づく $g(\theta)$ の唯一つ[1]の不偏推定量 $\widehat{g}^* = \widehat{g}^*(T)$ が存在して，任意の $\widehat{g} = \widehat{g}(\boldsymbol{X}) \in \mathcal{U}_g$ と任意の $\theta \in \Theta$ について

$$V_\theta(\widehat{g}^*) \leq V_\theta(\widehat{g})$$

が成り立つ．

証明 ラオ・ブラックウェルの定理（定理 2.1.1）より，任意の $\widehat{g} \in \mathcal{U}_g$ に対して，$\widehat{g}^* = \widehat{g}^*(T) = E[\widehat{g}(\boldsymbol{X})|T] \in \mathcal{U}_g$ が存在して，任意の $\theta \in \Theta$ について $V_\theta(\widehat{g}^*) \leq V_\theta(\widehat{g})$ になる．また，注意 1.5.2 より T の完備性から，T に基づく $g(\theta)$ の不偏推定量の確率 1 での一意性が成り立つ． □

系 2.1.1
母数 θ に対する完備十分統計量を $T = T(\boldsymbol{X})$ とする．このとき，T に基づく $g(\theta)$ の不偏推定量 $\widehat{g}^*(T)$ は $g(\theta)$ の唯一の UMVU 推定量である．

証明はレーマン・シェッフェの定理（定理 2.1.2）より明らか．この系から，$\mathcal{U}_g$ に属する T の関数を求めればそれが $g(\theta)$ の唯一の UMVU 推定量になる．また，$\widehat{g}(\boldsymbol{X}) \in \mathcal{U}_g$ を一つ見つければ，$\widehat{g}^*(T) = E[\widehat{g}|T]$ が $g(\theta)$ の唯一の UMVU 推定量になることもわかり，これらが完備十分統計量で条件付化して UMVU 推定量を求める方法である．なお，$g(\theta)$ の任意の不偏推定量 $\widehat{g}$ について，十分統計量 T による条件付期待値 $E[\widehat{g}|T]$ を求め

---
[1] 厳密には「確率 1 で唯一つ」という意味である（注意 1.5.2 参照）．

ることを**ラオ・ブラックウェル化** (Rao-Blackwellization) ともいう.

【例 1.1.2】（続 6）　$X_1,\ldots,X_n$ をベルヌーイ分布 $\mathrm{Ber}(\theta)$ $(\theta\in\Theta=(0,1))$ からの無作為標本とする．このとき，$\boldsymbol{X}=(X_1,\ldots,X_n)$ の j.p.m.f. は

$$f_{\boldsymbol{X}}(\boldsymbol{x};\theta)=\theta^{\sum_{i=1}^n x_i}(1-\theta)^{n-\sum_{i=1}^n x_i}$$
$$=\exp\left\{\left(\sum_{i=1}^n x_i\right)\log\frac{\theta}{1-\theta}+n\log(1-\theta)\right\}$$
$$(x_i=0,1;i=1,\ldots,n)$$

になるから，ネイマンの因子分解定理（定理 1.4.1）より $T=\sum_{i=1}^n X_i$ は θ に対する十分統計量であり，1.5 節の例 1.1.2（続 5）より T は 2 項分布 $B(n,\theta)$ に従い，完備である．よって，$E_\theta(T)=n\theta$ より $\widehat{\theta}=T/n=(1/n)\sum_{i=1}^n X_i=\overline{X}$ は完備十分統計量 T の関数で θ の不偏推定量であるから，系 2.1.1 より $\widehat{\theta}=\overline{X}$ は θ の唯一つの UMVU 推定量になる.

【例 1.2.2】（続 8）　$X_1,\ldots,X_n$ を一様分布 $U(0,\theta)$ $(\theta\in\Theta=\mathbf{R}_+)$ からの無作為標本とする．このとき，1.5 節の例 1.2.2（続 6）より $T=T(\boldsymbol{X})=\max_{1\le i\le n}X_i$ は θ に対する完備十分統計量であり，また，(1.5.3) より任意の $\theta\in\Theta$ について $E_\theta(T)=n\theta/(n+1)$ になるから，系 2.1.1 より $\widehat{\theta}=(n+1)T/n$ は θ の唯一つの UMVU 推定量になる.

問 2.1.1　$X_1,\ldots,X_n$ を例 1.4.2 の p.m.f. をもつ離散一様分布からの無作為標本とする．このとき，$r>-n$ について $g(\theta)=\theta^r$ の UMVU 推定量を求めよ.

【例 1.4.1】（続 2）　$X_1,\ldots,X_n$ をポアソン分布 $\mathrm{Po}(\theta)$ $(\theta\in\Theta=\mathbf{R}_+)$ からの無作為標本とする．このとき，1.5 節の例 1.4.1（続 1）より $T=\sum_{i=1}^n X_i$ は θ に対する完備十分統計量で，ポアソン分布 $\mathrm{Po}(n\theta)$ に従うから，任意の $\theta\in\Theta$ について $E_\theta(T)=n\theta$ になる．よって，$\widehat{\theta}=T/n=\overline{X}$ は T の関数で，θ の不偏推定量であるから，系 2.1.1 より $\widehat{\theta}=\overline{X}$ は θ の唯一つの UMVU 推定量になる.

また，$g(\theta)=P_\theta\{X_1=0\}=e^{-\theta}$ の推定問題を考える．まず，$T=t$ を

2.1 十分統計量に基づく最良不偏推定

与えたときの X_1 の条件付分布は 2 項分布 $B(t, 1/n)$ になり，その p.m.f.

$$f_{X_1|T}(x_1|t) = \binom{t}{x_1} \left(\frac{1}{n}\right)^{x_1} \left(1-\frac{1}{n}\right)^{t-x_1} \quad (x_1 = 0, 1, \ldots, t)$$

として，$g(\theta)$ の推定量を

$$\widehat{g}^*(T) = f_{X_1|T}(0|T) = \left(1-\frac{1}{n}\right)^T$$

とすれば，T はポアソン分布 $\mathrm{Po}(n\theta)$ に従うから，任意の $\theta \in \Theta$ について

$$E_\theta[\widehat{g}^*(T)] = \sum_{t=0}^{\infty} \left(1-\frac{1}{n}\right)^t e^{-n\theta} \frac{(n\theta)^t}{t!} = \sum_{t=0}^{\infty} \frac{e^{-n\theta}}{t!}(n\theta - \theta)^t = e^{-\theta}$$

となり，$\widehat{g}^*(T)$ は $g(\theta)$ の不偏推定量であり，T は完備十分統計量であるから系 2.1.1 より $\widehat{g}^*$ は唯一つの $g(\theta)$ の UMVU 推定量になる．

さらに，もっと一般に $g_r(\theta) = \theta^r e^{-k\theta}$ $(k < n;\ r = 0, 1, 2, \ldots)$ の推定問題を考える．ここで，$g_r(\theta)$ の $T = \sum_{i=1}^{n} X_i$ に基づく不偏推定量を $\widehat{g}_r(T)$ とすると，T は $\mathrm{Po}(n\theta)$ に従うので，任意の $\theta \in \Theta$ について

$$\sum_{t=0}^{\infty} \widehat{g}_r(t) \frac{e^{-n\theta}(n\theta)^t}{t!} = \theta^r e^{-k\theta} \qquad (2.1.5)$$

となる．いま，$t < r$ について $\widehat{g}_r(t) = 0$ とすると，(2.1.5) は

$$\sum_{t=r}^{\infty} \frac{\widehat{g}_r(t)(t-r)! n^t}{t!(n-k)^{t-r}} \cdot \frac{e^{-(n-k)\theta}\{(n-k)\theta\}^{t-r}}{(t-r)!} = 1$$

になるから，$j = t - r$ とすると

$$\sum_{j=0}^{\infty} \frac{\widehat{g}_r(j+r) j! n^{j+r}}{(j+r)!(n-k)^j} \cdot \frac{e^{-(n-k)\theta}\{(n-k)\theta\}^j}{j!} = 1 \qquad (2.1.6)$$

となる．ここで，(2.1.6) の左辺において $e^{-(n-k)\theta}\{(n-k)\theta\}^j/j!$ ($j = 0, 1, 2, \ldots$) はポアソン分布 $\mathrm{Po}((n-k)\theta)$ の p.m.f. であるから，(2.1.6) より

$$\widehat{g}_r(j+r) = \frac{(j+r)!(n-k)^j}{j!n^{j+r}} \quad (j=0,1,2,\dots)$$

が成り立つ. よって, $t \geq r$ について

$$\widehat{g}_r(t) = \frac{t!(n-k)^{t-r}}{(t-r)!n^t} = \frac{t!}{(t-r)!}\left(\frac{1}{n}\right)^r \left(1-\frac{k}{n}\right)^{t-r}$$

となるから

$$\widehat{g}_r(T) = \begin{cases} \dfrac{T!}{(T-r)!}\left(\dfrac{1}{n}\right)^r \left(1-\dfrac{k}{n}\right)^{T-r} & (T \geq r), \\ 0 & (T < r) \end{cases}$$

は $g_r(\theta) = \theta^r e^{-k\theta}$ の UMVU 推定量になる.

【例 1.3.2（続 3）】 $X_1,\dots,X_n$ を指数分布 $\mathrm{Exp}(\theta)$ $(\theta \in \Theta = \mathbf{R}_+)$ からの無作為標本とする. このとき, $\boldsymbol{X}=(X_1,\dots,X_n)$ の j.p.d.f. は

$$f_{\boldsymbol{X}}(\boldsymbol{x};\theta) = \begin{cases} \theta^{-n}\exp(-\sum_{i=1}^n x_i/\theta) & (x_{(1)} \geq 0), \\ 0 & (x_{(1)} < 0) \end{cases}$$

であるから, $T = \sum_{i=1}^n X_i$ は θ に対する十分統計量で, また, θ^{-1} の値域 $\mathbf{R}_+$ は $\mathbf{R}^1$ の開区間を含むので, 1.5 節の例 1.4.3（続 1）より T は完備になる. また, 任意の $\theta \in \Theta$ について $E_\theta(\overline{X}) = E_\theta(T/n) = \theta$ となるから $\overline{X}$ は θ の UMVU 推定量になる. 次に, $\lambda > 0$ について (1.5.11) の $R_\theta(\lambda) = P_\theta\{X_1 > \lambda\} = e^{-\lambda/\theta}$ の不偏推定量 $\widehat{R}_{X_1}(\lambda) = \chi_{(\lambda,\infty)}(X_1)$ を T で条件付化すると (1.5.12) より

$$\widehat{R}_T(\lambda) = E[\widehat{R}_{X_1}(\lambda)|T] = \left(1-\frac{\lambda}{T}\right)^{n-1}\chi_{(\lambda,\infty)}(T)$$

となり, 系 2.1.1 より $\widehat{R}_T(\lambda)$ は $g(\theta)$ の唯一つの UMVU 推定量になる（図 2.1.1 参照）. ただし, $n > 1$ とする.

【例 1.1.1（続 9）】 $X_1,\dots,X_n$ を正規分布 $N(\mu,\sigma^2)$ からの無作為標本とする.
(i) σ^2 が既知の場合. 例 1.1.1（続 8）と同様にして $\overline{X}$ は μ に対する完備

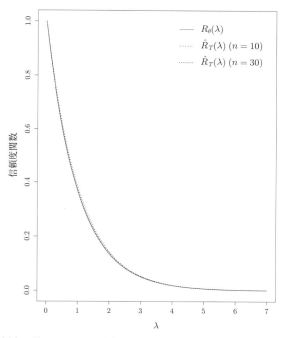

図 2.1.1 信頼度関数 $R_\theta(\lambda) = e^{-\lambda/\theta}$ とその $T = \sum_{i=1}^n X_i$ に基づく UMVU 推定量 $\widehat{R}_T(\lambda)$ のグラフ．ただし，$\theta = 1$ で反復回数は 100．

十分統計量になる．よって，$E_\mu(\overline{X}) = \mu$ となるから，系 2.1.1 より $\overline{X}$ は μ の唯一つの UMVU 推定量になる．1.2 節の例 1.1.1（続 2）より $\overline{X}$ は μ の GBE やピットマン推定量でもあることに注意．一般に，$g(\mu)$ を**不偏推定可能な関数**，すなわち $g(\mu)$ の不偏推定量が存在するとすれば，系 2.1.1 より $\overline{X}$ に基づく $g(\mu)$ の唯一つの UMVU 推定量 $\widehat{g}^*(\overline{X})$ が存在する．特に，$\sigma = 1$ の場合に $\widehat{p} = \chi_{(-\infty, u]}(X_1)$ が $p = P\{X_1 \leq u\} = \Phi(u - \mu)$ の不偏推定量になる．ただし，$\Phi(\cdot)$ を $N(0, 1)$ の c.d.f. とする．また，$\overline{X}$ は μ に対する完備十分統計量であるから，系 2.1.1 より

$$\widehat{p}^* = E[\widehat{p}|\overline{X}] = P\{X_1 \leq u|\overline{X}\} \tag{2.1.7}$$

は p の UMVU 推定量になる．ここで，$X_1 - \overline{X}$ は $N(0, 1 - (1/n))$ に従い，この分布は μ に無関係であるから，これは μ に対して補助統計量に

なるので，バスーの定理（定理 1.5.1）より $\overline{X}$ は $X_1 - \overline{X}$ に独立になる．ただし，$n > 1$ とする．よって，(2.1.7) から

$$E[\widehat{p}|\overline{x}] = P\{X_1 - \overline{X} \leq u - \overline{X}|\overline{x}\} = P\{X_1 - \overline{X} \leq u - \overline{x}\}$$
$$= \Phi\left(\sqrt{\frac{n}{n-1}}(u - \overline{x})\right)$$

となるから

$$\widehat{p}^* = \Phi\left(\sqrt{\frac{n}{n-1}}(u - \overline{X})\right)$$

が p の UMVU 推定量になる．

(ii) μ が既知の場合．1.5 節の例 1.1.1（続 8）と同様にして，$S^2(\mu) = (1/n)\sum_{i=1}^n (X_i - \mu)^2$ は σ^2 に対する完備十分統計量になる．このとき，$nS^2(\mu)/\sigma^2$ は χ_n^2 分布[2]に従い，この分布は σ^2 に依存していないので，$E_{\sigma^2}[(\sqrt{n}S(\mu))^r/\sigma^r] = 1/c_{n,r}$ となる．ただし，

$$c_{n,r} = \frac{\Gamma\left(\frac{n}{2}\right)}{2^{r/2}\Gamma\left(\frac{n+r}{2}\right)} \quad (n > -r),$$

$S(\mu) = \sqrt{S^2(\mu)}$，$\sigma = \sqrt{\sigma^2}$ とする．このとき，$c_{n,r}(\sqrt{n}S(\mu))^r$ は完備十分統計量 $S(\mu)$ に基づく σ^r の唯一つの UMVU 推定量になる．特に，$r = 2$ とすると $c_{n,2} = 1/n$ となり，$S^2(\mu)$ は σ^2 の唯一つの UMVU 推定量になる．

(iii) μ, σ^2 がともに未知の場合．1.5 節の例 1.1.1（続 8）より $(\overline{X}, S^2)$ は (μ, σ^2) に対する完備十分統計量になるから，$\overline{X}$ は μ の唯一つの UMVU 推定量になる．また，nS^2/σ^2 は χ_{n-1}^2 分布に従うから，上記と同様にして $c_{n-1,r}(\sqrt{n}S)^r$ は σ^r の唯一つの UMVU 推定量になる．ただし，$S = \sqrt{S^2}$，$n > \max\{1, 1-r\}$ とする．特に，$r = 2$ とすると，$c_{n-1,2} = 1/(n-1)$ となり，$nS^2/(n-1) = \sum_{i=1}^n (X_i - \overline{X})^2/(n-1)$ が σ^2 の唯一つの UMVU 推定量になる．ここで，$\boldsymbol{\theta} = (\mu, \sigma^2)$ とおいて，$g(\boldsymbol{\theta}) = \mu/\sigma$ と

---

[2] χ_n^2 分布の p.d.f. については 1.5 節の脚注[29] 参照．

する．いま，$\overline{X}$ は μ の UMVU 推定量になり，$c_{n-1,-1}/(\sqrt{n}S)$ は σ^{-1} の UMVU 推定量になる．ただし，$n>2$ とする．そして，$\overline{X}$ と S はたがいに独立であるから[3]，$c_{n-1,-1}\overline{X}/(\sqrt{n}S)$ は μ/σ の不偏推定量となり，これは完備十分統計量 $(\overline{X}, S^2)$ に基づく $g(\boldsymbol{\theta})=\mu/\sigma$ の唯一つの UMVU 推定量になる．

さらに，正規分布 $N(\mu,\sigma^2)$ の上側 $100(1-\alpha)\%$ 点 v_α，すなわち $P_{\boldsymbol{\theta}}\{X_1>v_\alpha\}=1-\alpha$ となる v_α の推定問題を考える．そこで，

$$\alpha=P_{\boldsymbol{\theta}}\{X_1\leq v_\alpha\}=\Phi\left(\frac{v_\alpha-\mu}{\sigma}\right)$$

より，$v_\alpha=\mu+\sigma\Phi^{-1}(\alpha)$ となるから，これを $g(\boldsymbol{\theta})$ とする．よって，上記と同様にして，$\widehat{g}(\overline{X},S)=\overline{X}+c_{n-1,1}\sqrt{n}S\Phi^{-1}(\alpha)$ は完備十分統計量 $(\overline{X},S)$ に基づく $g(\boldsymbol{\theta})$ の唯一つの UMVU 推定量になる．

次に，UMVU 推定量は存在しないが，LMVU 推定量が存在する例を挙げる．

【例 1.2.2（続 9）】 $X_1,\ldots,X_n$ を一様分布 $U(\theta-(1/2),\theta+(1/2))$ ($\theta\in\Theta=\mathbf{R}^1$) からの無作為標本とする．このとき，任意に $\theta_0(\in\Theta)$ を固定して，θ の推定量

$$\widehat{\theta}_0(\boldsymbol{X})=\frac{1}{n}\sum_{i=1}^n\left[X_i-\theta_0+\frac{1}{2}\right]+\theta_0$$

を考える．ただし，$[\cdot]$ はガウスの記号とする．このとき，任意の $\theta\in\Theta$ について $E_\theta(\widehat{\theta}_0)=\theta$，$V_{\theta_0}(\widehat{\theta}_0)=0$ となり，$\widehat{\theta}_0$ は分散 0 をもつ θ の LMVU 推定量になる[4]．しかし，θ の UMVU 推定量は存在しない．なぜなら，もし θ の UMVU 推定量 $\widehat{\theta}^*=\widehat{\theta}^*(\boldsymbol{X})$ が存在すれば，任意の $\theta\in\Theta$ について $V_\theta(\widehat{\theta}^*)=0$ となるから $\widehat{\theta}^*(\boldsymbol{x})=\theta$ となり，$\widehat{\theta}^*$ は θ に依存するので，$\widehat{\theta}^*$ が θ の UMVU 推定量であることに矛盾する．また，1.3 節の例 1.2.2

---

[3] 赤平 [A03] の例 A.5.5.1 (p.203) 参照．
[4] 赤平 [A03] の演習問題 7-13 (p.132) およびその略解参照．

(続 1) より $T = (X_{(1)} + X_{(n)})/2$ は θ のピットマン推定量で θ の不偏推定量でもあるが，上記のことから T は θ の UMVU 推定量ではないことがわかる．したがって，ピットマン推定量は必ずしも UMVU 推定量であるとは限らない．

ところで，完備十分統計量が存在しないときに，次のことは有用になる．

補題 2.1.2

$\widehat{g}_0 = \widehat{g}_0(\boldsymbol{X})$ を $g(\theta)$ の任意の不偏推定量とし，0 の不偏推定量，すなわち任意の $\theta \in \Theta$ について $E_\theta[U(\boldsymbol{X})] = 0$ となる $U = U(\boldsymbol{X})$ の全体のクラスを $\mathcal{U}$ とする．このとき，$g(\theta)$ の不偏推定量全体のクラス $\mathcal{C}$ は $\mathcal{G} = \{\widehat{g}_0 + U \mid U \in \mathcal{U}\}$ に一致する．

証明は，$\mathcal{C} = \mathcal{G}$ を示せばよく，簡単なので省略．

定理 2.1.3

推定量 $\widehat{g} = \widehat{g}(\boldsymbol{X})$ が $E_\theta(\widehat{g})$ の UMVU 推定量であるための必要十分条件は，任意の $U \in \mathcal{U}$ と任意の $\theta \in \Theta$ について $\mathrm{Cov}_\theta(\widehat{g}, U) = 0$ である．

証明 （必要性）：$\widehat{g}$ を $g(\theta) = E_\theta(\widehat{g})$ の UMVU 推定量とする．このとき，任意の $\theta \in \Theta$ について $V_\theta(U) = 0$ ならば，$\{\mathrm{Cov}_\theta(\widehat{g}, U)\}^2 \leq V_\theta(\widehat{g}) V_\theta(U)$ より $\mathrm{Cov}_\theta(\widehat{g}, U) = 0$ となる．そこで，ある $\theta \in \Theta$ について $V_\theta(U) > 0$ となる $U \in \mathcal{U}$ をとると，任意の $\lambda \in \mathbf{R}^1$ について $\widehat{g}_\lambda = \widehat{g} + \lambda U$ とするとき，$\widehat{g}_\lambda$ は $g(\theta)$ の不偏推定量になる．そして，任意の $\lambda \in \mathbf{R}^1$ について

$$V_\theta(\widehat{g}) \leq V_\theta(\widehat{g}_\lambda) = V_\theta(\widehat{g}) + 2\lambda \mathrm{Cov}_\theta(\widehat{g}, U) + \lambda^2 V_\theta(U)$$

より

$$\lambda^2 V_\theta(U) + 2\lambda \mathrm{Cov}_\theta(\widehat{g}, U) \geq 0$$

となるから，$\mathrm{Cov}_\theta(\widehat{g}, U) = 0$ になる．よって，任意の $U \in \mathcal{U}$ と任意の $\theta \in \Theta$ について $\mathrm{Cov}_\theta(\widehat{g}, U) = 0$ になる．

2.1 十分統計量に基づく最良不偏推定　　　　　57

（十分性）：任意の $U \in \mathcal{U}$ と任意の $\theta \in \Theta$ について $\mathrm{Cov}_\theta(\widehat{g}, U) = 0$ とする．$g(\theta) = E_\theta(\widehat{g})$ の任意の不偏推定量を $\widehat{g}^* = \widehat{g}^*(\boldsymbol{X})$ とすると，補題 2.1.2 より $\widehat{g}^* = \widehat{g} + U$ となる $U \in \mathcal{U}$ が存在する．よって，任意の $\theta \in \Theta$ について

$$V_\theta(\widehat{g}^*) = V_\theta(\widehat{g}) + 2\mathrm{Cov}_\theta(\widehat{g}, U) + V_\theta(U) = V_\theta(\widehat{g}) + V_\theta(U) \geq V_\theta(\widehat{g})$$

となるから，$\widehat{g}$ は $g(\theta)$ の UMVU 推定量になる． □

【例 1.1.2（続 7）】 $X_1, X_2, \ldots, X_n, \ldots$ をたがいに独立に，いずれもベルヌーイ分布 $\mathrm{Ber}(\theta)$ に従う確率変数列とする．このとき，各 $i = 1, 2, \ldots$ について X_i の p.m.f. は $p(x, \theta) = \theta^x (1-\theta)^{1-x}$ $(x = 0, 1; \theta \in \Theta = (0, 1))$ となる．いま，$\{X_i\}$ を 1 枚のコイン投げの試行の結果の列と見なし，$X_i = 1$ を表，$X_i = 0$ を裏が出た結果とする．そこで，

$$Y = \begin{cases} 1 & (X_1 = 1), \\ 2\text{ 回裏が出るまで必要となる試行の回数} & (\text{その他}) \end{cases}$$

とすれば，Y の p.m.f. は

$$f_Y(y; \theta) = \begin{cases} \theta & (y = 1), \\ \theta^{y-2}(1-\theta)^2 & (y = 2, 3, \ldots) \end{cases}$$

となる．ここで，Y に基づく θ の推定量 $\widehat{\theta} = \widehat{\theta}(Y)$ を

$$\widehat{\theta}(Y) = \begin{cases} 1 & (Y = 1), \\ 0 & (\text{その他}) \end{cases}$$

と定義すると，$\widehat{\theta}$ は θ の不偏推定量になる．また，$U(Y)$ を任意の $\theta \in \Theta$ について $E_\theta[U(Y)] = 0$ とすると

$$E_\theta[U(Y)] = U(1)\theta + \sum_{y=2}^\infty \theta^{y-2}(1-\theta)^2 U(y)$$
$$= U(2) + \sum_{k=1}^\infty \theta^k \{U(k) - 2U(k+1) + U(k+2)\} = 0$$

であるための必要十分条件は，$U(2) = 0, U(k) = -(k-2)U(1) \ (k \geq 3)$ になる．ここで，$\mathcal{U}$ を

$$\mathcal{U} = \{U_t \mid U_t(1) = -t, \ U_t(y) = (y-2)t \ (y = 2, 3, \dots)\}$$

と表現でき，このとき，θ の任意の不偏推定量は，ある t について $\widehat{\theta}_t = \widehat{\theta}_t(Y) = \widehat{\theta}(Y) + U_t(Y)$ になり，$\widehat{\theta}_t$ が UMVU 推定量になるためには，定理 2.1.3 より任意の $U_s \in \mathcal{U}$ との共分散が 0 にならなければならない．すなわち，任意の s と任意の θ について

$$0 = \sum_{y=1}^{\infty} f_Y(y; \theta) \widehat{\theta}_t(y) U_s(y) = -\theta s(1-t) + (1-\theta)^2 ts \sum_{y=2}^{\infty} \theta^{y-2}(y-2)^2$$

になる．よって，任意の $\theta \in \Theta$ について

$$s(1-t) \frac{\theta}{(1-\theta)^2} = ts \sum_{y=2}^{\infty} \theta^{y-2}(y-2)^2$$

となり，

$$s(1-t) \sum_{k=1}^{\infty} k\theta^k = ts \sum_{k=1}^{\infty} k^2 \theta^k$$

になるから，任意の s, k について $s(1-t) = tsk$ になるが，これは不可能である．ゆえに，θ の UMVU 推定量は存在しない．

そこで，

$$V_\theta(\widehat{\theta}_t) = E_\theta(\widehat{\theta}_t^2) - \theta^2$$

より，任意に固定した $\theta_0 \in \Theta$ について

$$E_{\theta_0}(\widehat{\theta}_t^2) = E_{\theta_0}[(\widehat{\theta} + U_t)^2] = \theta_0(1-t)^2 + (1-\theta_0)^2 t^2 \sum_{y=2}^{\infty} \theta_0^{y-2}(y-2)^2$$

より，これを最小にする t を求めれば θ_0 で最小分散をもつ θ の LMVU 推定量が得られる．ここで，上記の式は t の 2 次式で t^2 の係数は正なので

$$t = t_0 = \left\{ 1 + (1-\theta_0)^2 \sum_{k=1}^{\infty} k^2 \theta_0^{k-1} \right\}^{-1}$$

で最小値をとるから, $\widehat{\theta}_{t_0}$ は θ の LMVU 推定量になる.

2.2 情報不等式——1 母数の場合

確率ベクトル $\boldsymbol{X} = (X_1, \ldots, X_n)$ の j.p.d.f. または j.p.m.f. を $f_{\boldsymbol{X}}(\boldsymbol{x};\theta)$ とする. ただし, $\boldsymbol{x} = (x_1, \ldots, x_n)$, $\theta \in \Theta \subset \mathbf{R}^1$ とし, Θ は開区間とする. また, $g(\theta)$ を微分可能な実数値関数で定数関数ではないとする. ここで, $f_{\boldsymbol{X}}$ について次のような**正則条件** (regularity conditions) を仮定する.

(A1) $f_{\boldsymbol{X}}$ の**台** (support) $\mathcal{X} = \{\boldsymbol{x} | f_{\boldsymbol{X}}(\boldsymbol{x};\theta) > 0\}$ は θ に無関係である.

(A2) 各 $\boldsymbol{x} \in \mathcal{X}$ について, $f_{\boldsymbol{X}}(\boldsymbol{x};\theta)$ は θ に関して微分可能である.

(A3) 任意の $\theta \in \Theta$ について, 正数 δ と $\boldsymbol{x}$ の非負値関数 $G(\boldsymbol{x}, \theta)$ が存在して, 任意の $\eta \in (\theta - \delta, \theta + \delta)$ について

$$\left| \frac{f_{\boldsymbol{X}}(\boldsymbol{x}; \eta) - f_{\boldsymbol{X}}(\boldsymbol{x}; \theta)}{\eta - \theta} \right| \leq G(\boldsymbol{x}, \theta), \quad \boldsymbol{x} \in \mathcal{X},$$

$E_\theta[G(\boldsymbol{X}, \theta)] < \infty$

である.

(A4) 任意の $\theta \in \Theta$ について, 正数 Δ と $\boldsymbol{x}$ の非負値関数 $H(\boldsymbol{x}, \theta)$ が存在して, 任意の $\lambda \in (\theta - \Delta, \theta + \Delta)$ について

$$\left| \frac{f_{\boldsymbol{X}}(\boldsymbol{x}; \lambda) - f_{\boldsymbol{X}}(\boldsymbol{x}; \theta)}{(\lambda - \theta) f_{\boldsymbol{X}}(\boldsymbol{x}; \theta)} - \frac{\partial}{\partial \theta} \log f_{\boldsymbol{X}}(\boldsymbol{x}; \theta) \right| \leq H(\boldsymbol{x}, \theta), \quad \boldsymbol{x} \in \mathcal{X},$$

$E_\theta[\{H(\boldsymbol{X}, \theta)\}^2] < \infty$

である.

(A5) $0 < I_{\boldsymbol{X}}(\theta) = E_\theta[\{(\partial/\partial\theta)\log f_{\boldsymbol{X}}(\boldsymbol{X};\theta)\}^2] < \infty$. ここで，$I_{\boldsymbol{X}}(\theta)$ は**フィッシャー情報量** (Fisher's information amount) と呼ばれ，$\boldsymbol{X}$ の（もつ θ に関する）情報量を表す．ここでは **F 情報量**という．

通常は，条件 (A3), (A4) の代わりに次の条件を仮定することが多い．

(A3)′ $\int_\mathcal{X} f_{\boldsymbol{X}}(\boldsymbol{x};\theta)d\boldsymbol{x}$ または $\sum_{\boldsymbol{x}\in\mathcal{X}} f_{\boldsymbol{X}}(\boldsymbol{x};\theta)$ は，積分記号または無限和の記号の下で θ に関して微分可能である．

(A4)′ $g(\theta)$ の任意の不偏推定量 $\hat{g} = \hat{g}(\boldsymbol{X})$ について，$\int_\mathcal{X} \hat{g}(\boldsymbol{x})f_{\boldsymbol{X}}(\boldsymbol{x};\theta)d\boldsymbol{x}$ または $\sum_{\boldsymbol{x}\in\mathcal{X}} \hat{g}(\boldsymbol{x})f_{\boldsymbol{X}}(\boldsymbol{x};\theta)$ は積分記号または無限和の記号の下で θ に関して微分可能である．

条件 (A3)′ が成り立つための十分条件が (A3) である．また，条件 (A4)′ は不偏推定量 $\hat{g}$ にも関する条件であるが，(A4) は $\hat{g}$ に無関係であることに注意．

条件 (A3)′ において θ に関して 2 回微分可能ならば，あるいは条件 (A3) についても類似の形にすれば

$$I_{\boldsymbol{X}}(\theta) = -E_\theta\left[\frac{\partial^2}{\partial\theta^2}\log f_{\boldsymbol{X}}(\boldsymbol{X};\theta)\right]$$

になる．

特に，$X_1,\ldots,X_n$ を p.d.f. または p.m.f. $p(x;\theta)$ をもつ分布からの無作為標本とすると，$p(x;\theta)$ に関して条件 (A1)〜(A3) の下で，$I_{\boldsymbol{X}}(\theta) = nI_{X_1}(\theta)$ となる．ただし，

$$I_{X_1}(\theta) = E_\theta\left[\left\{\frac{\partial}{\partial\theta}\log p(X_1;\theta)\right\}^2\right]$$

とする．

上記の正則条件の下で，$g(\theta)$ の不偏推定量 $\hat{g}$ の分散の下界を与える**情報不等式**を求めよう．

2.2 情報不等式——1母数の場合

定理 2.2.1 （クラメール・ラオ (Cramér-Rao) の不等式）
正則条件 (A1)〜(A5) の下で，$g(\theta)$ の任意の不偏推定量 $\widehat{g} = \widehat{g}(\boldsymbol{X})$ について

$$V_\theta(\widehat{g}) \geq \frac{\{g'(\theta)\}^2}{I_{\boldsymbol{X}}(\theta)}, \quad \theta \in \Theta \tag{2.2.1}$$

が成り立つ．ここで，等号が成立するのは

$$\frac{\partial}{\partial \theta} \log f_{\boldsymbol{X}}(\boldsymbol{x}; \theta) = I_{\boldsymbol{X}}(\theta) \frac{\widehat{g}(\boldsymbol{x}) - g(\theta)}{g'(\theta)} \tag{2.2.2}$$

となるときに限る．

注意 2.2.1
情報不等式 (2.2.1) を**クラメール・ラオ (Cramér-Rao(C-R)) の不等式**といい，(2.2.1) の右辺を C-R の**下界** (lower bound) という．また，ある $\theta_0 \in \Theta$ で分散が C-R の下界に一致する不偏推定量を θ_0 における**有効推定量** (efficient estimator) といい，これは LMVU 推定量になる．実際，θ の不偏推定量とスコア関数を用いて，LMVU 推定量をつくることができる ([A03] の p.132 参照)．任意の $\theta \in \Theta$ について分散が C-R の下界に一致する不偏推定量は UMVU 推定量になる．さらに C-R の下界は，不偏推定量の分散がそれより小さくはなりえないという意味で重要である．

証明 $\boldsymbol{X}$ が連続型の場合．まず，$V_\theta(\widehat{g}) = \infty$ のときは不等式 (2.2.1) が成り立つことは明らかなので，$V_\theta(\widehat{g}) < \infty$ とする．次に，条件 (A3) の下で $f_{\boldsymbol{X}}(\boldsymbol{x}; \theta)$ は積分記号の下で θ に関して微分可能であるから[5]，任意の $\theta \in \Theta$ について $E_\theta[(\partial/\partial\theta) \log f_{\boldsymbol{X}}(\boldsymbol{X}; \theta)] = 0$ になる．いま，$\widehat{g} = \widehat{g}(\boldsymbol{X})$ を $g(\theta)$ の任意の不偏推定量として，$(\partial/\partial\theta) \log f_{\boldsymbol{X}}(\boldsymbol{X}; \theta)$ と $\widehat{g}$ の共分散が

$$\begin{aligned}\operatorname{Cov}_\theta\left(\frac{\partial}{\partial \theta} \log f_{\boldsymbol{X}}(\boldsymbol{X}; \theta), \widehat{g}(\boldsymbol{X})\right) &= E_\theta\left[\left\{\frac{\partial}{\partial \theta} \log f_{\boldsymbol{X}}(\boldsymbol{X}; \theta)\right\} \widehat{g}(\boldsymbol{X})\right] \\ &= \int_\mathcal{X} \left\{\frac{\partial}{\partial \theta} \log f_{\boldsymbol{X}}(\boldsymbol{x}; \theta)\right\} \widehat{g}(\boldsymbol{x}) f_{\boldsymbol{X}}(\boldsymbol{x}; \theta) d\boldsymbol{x}\end{aligned} \tag{2.2.3}$$

---

[5] **ルベーグ (Lebesgue) の収束定理**による（1.1 節の脚注[2]，1.5 節の脚注[20]の文献参照）．

となる[6]．ここで，条件 (A4) の下で**シュワルツの不等式** (Schwarz's inequality) によって

$$\left[\int_\mathcal{X} \widehat{g}(\boldsymbol{x})\sqrt{f_{\mathbf{X}}(\boldsymbol{x};\theta)}\left\{\frac{f_{\mathbf{X}}(\boldsymbol{x};\theta+\xi)-f_{\mathbf{X}}(\boldsymbol{x};\theta)}{\xi f_{\mathbf{X}}(\boldsymbol{x};\theta)}-\frac{(\partial/\partial\theta)f_{\mathbf{X}}(\boldsymbol{x};\theta)}{f_{\mathbf{X}}(\boldsymbol{x};\theta)}\right\}\cdot\sqrt{f_{\mathbf{X}}(\boldsymbol{x};\theta)}d\boldsymbol{x}\right]^2$$

$$\leq \int_\mathcal{X}\{\widehat{g}(\boldsymbol{x})\}^2 f_{\mathbf{X}}(\boldsymbol{x};\theta)d\boldsymbol{x}$$
$$\cdot\int_\mathcal{X}\left\{\frac{f_{\mathbf{X}}(\boldsymbol{x};\theta+\xi)-f_{\mathbf{X}}(\boldsymbol{x};\theta)}{\xi f_{\mathbf{X}}(\boldsymbol{x};\theta)}-\frac{(\partial/\partial\theta)f_{\mathbf{X}}(\boldsymbol{x};\theta)}{f_{\mathbf{X}}(\boldsymbol{x};\theta)}\right\}^2 f_{\mathbf{X}}(\boldsymbol{x};\theta)d\boldsymbol{x}$$
(2.2.4)

となり，(A4) より積分記号の下で極限をとれるから

$$\lim_{\xi\to 0}\int_\mathcal{X}\left\{\frac{f_{\mathbf{X}}(\boldsymbol{x};\theta+\xi)-f_{\mathbf{X}}(\boldsymbol{x};\theta)}{\xi f_{\mathbf{X}}(\boldsymbol{x};\theta)}-\frac{(\partial/\partial\theta)f_{\mathbf{X}}(\boldsymbol{x};\theta)}{f_{\mathbf{X}}(\boldsymbol{x};\theta)}\right\}^2 f_{\mathbf{X}}(\boldsymbol{x};\theta)d\boldsymbol{x}$$
$$=0$$

になる．そこで，$V_\theta(\widehat{g})<\infty$ であるから (2.2.4) より

$$0=\lim_{\xi\to 0}\int_\mathcal{X}\widehat{g}(\boldsymbol{x})\frac{f_{\mathbf{X}}(\boldsymbol{x};\theta+\xi)-f_{\mathbf{X}}(\boldsymbol{x};\theta)}{\xi f_{\mathbf{X}}(\boldsymbol{x};\theta)}f_{\mathbf{X}}(\boldsymbol{x};\theta)d\boldsymbol{x}$$
$$-\int_\mathcal{X}\widehat{g}(\boldsymbol{x})\left\{\frac{\partial}{\partial\theta}\log f_{\mathbf{X}}(\boldsymbol{x};\theta)\right\}f_{\mathbf{X}}(\boldsymbol{x};\theta)d\boldsymbol{x}$$
$$=\frac{d}{d\theta}\int_\mathcal{X}\widehat{g}(\boldsymbol{x})f_{\mathbf{X}}(\boldsymbol{x};\theta)d\boldsymbol{x}$$
$$-\int_\mathcal{X}\widehat{g}(\boldsymbol{x})\left\{\frac{\partial}{\partial\theta}\log f_{\mathbf{X}}(\boldsymbol{x};\theta)\right\}f_{\mathbf{X}}(\boldsymbol{x};\theta)d\boldsymbol{x}$$

となる．よって

---

[6] $\int_\mathcal{X}\left\{\frac{\partial}{\partial\theta}\log f_{\mathbf{X}}(\boldsymbol{x};\theta)\right\}\widehat{g}(\boldsymbol{x})f_{\mathbf{X}}(\boldsymbol{x};\theta)d\boldsymbol{x}$ は $\int\cdots\int_\mathcal{X}\left\{\frac{\partial}{\partial\theta}\log f_{\mathbf{X}}(\boldsymbol{x};\theta)\right\}\widehat{g}(\boldsymbol{x})f_{\mathbf{X}}(\boldsymbol{x};\theta)$ $dx_1\cdots dx_n$ を意味する．

2.2 情報不等式——1母数の場合

$$g'(\theta) = \frac{d}{d\theta} \int_{\mathcal{X}} \widehat{g}(\boldsymbol{x}) f_{\boldsymbol{X}}(\boldsymbol{x};\theta) d\boldsymbol{x}$$
$$= \int_{\mathcal{X}} \widehat{g}(\boldsymbol{x}) \left\{ \frac{\partial}{\partial \theta} \log f_{\boldsymbol{X}}(\boldsymbol{x};\theta) \right\} f_{\boldsymbol{X}}(\boldsymbol{x};\theta) d\boldsymbol{x}$$

となるから，(2.2.3) より

$$g'(\theta) = \mathrm{Cov}_{\theta} \left(\frac{\partial}{\partial \theta} \log f_{\boldsymbol{X}}(\boldsymbol{X};\theta), \widehat{g}(\boldsymbol{X}) \right)$$
$$= E_{\theta} \left[\{\widehat{g}(\boldsymbol{X}) - g(\theta)\} \left\{ \frac{\partial}{\partial \theta} \log f_{\boldsymbol{X}}(\boldsymbol{X};\theta) \right\} \right] \quad (2.2.5)$$

になる．また，条件 (A5) とシュワルツの不等式より

$$\left\{ \mathrm{Cov}_{\theta} \left(\frac{\partial}{\partial \theta} \log f_{\boldsymbol{X}}(\boldsymbol{X};\theta), \widehat{g}(\boldsymbol{X}) \right) \right\}^2$$
$$\leq V_{\theta} \left(\frac{\partial}{\partial \theta} \log f_{\boldsymbol{X}}(\boldsymbol{X};\theta) \right) V_{\theta}(\widehat{g}(\boldsymbol{X})) \quad (2.2.6)$$

となるから，(2.2.5) から

$$V_{\theta}(\widehat{g}) \geq \frac{\{g'(\theta)\}^2}{I_{\boldsymbol{X}}(\theta)}$$

となり，(2.2.1) が成り立つ．ここで，等号が成立するためには (2.2.6) においてシュワルツの不等式の等号成立条件より

$$\frac{\partial}{\partial \theta} \log f_{\boldsymbol{X}}(\boldsymbol{x};\theta) = K(\theta)\{\widehat{g}(\boldsymbol{x}) - g(\theta)\} \quad (2.2.7)$$

となる $K(\theta)$ が存在するときに限るか，または $\widehat{g}(\boldsymbol{x}) - g(\theta) = 0$ であるが，後者のときは $V_{\theta}(\widehat{g}) = 0$ となり矛盾．そこで，前者のときに (2.2.7) の辺々を2乗して期待値をとると

$$I_{\boldsymbol{X}}(\theta) = \{K(\theta)\}^2 V_{\theta}(\widehat{g})$$

となり，C-R の不等式の等号が成り立つので (2.2.1) より

$$\{I_{\boldsymbol{X}}(\theta)\}^2 = \{K(\theta)\}^2 \{g'(\theta)\}^2$$

となる．よって

$$K(\theta) = \pm \frac{I_{\boldsymbol{X}}(\theta)}{g'(\theta)}$$

となるから，(2.2.7) を (2.2.5) に代入すれば $K(\theta)$ と $g'(\theta)$ は同符号であることがわかるので，$I_{\boldsymbol{X}}(\theta) > 0$ より，$K(\theta) = I_{\boldsymbol{X}}(\theta)/g'(\theta)$ となり，(2.2.7) より (2.2.1) で等号が成立するのは (2.2.2) となるときに限る．また，$\boldsymbol{X}$ が離散型の場合も同様に証明される． □

ここで，例 1.4.3 において $k = 1$ として，$\boldsymbol{X}$ が 1 母数指数型分布族の j.p.d.f. または j.p.m.f. (1.4.7) をもつとき $Q_1(\theta)$ が 1-1 関数ならば条件 (A3)$'$, (A4)$'$ が成り立つ[7]．

系 2.2.1

$X_1, \ldots, X_n$ を p.d.f. または p.m.f. $p(x;\theta)$ をもつ分布からの無作為標本とし，$p(x;\theta)$ に関する正則条件 (A1)〜(A5) の下で $g(\theta)$ の任意の不偏推定量 $\widehat{g} = \widehat{g}(\boldsymbol{X})$ について

$$V_\theta(\widehat{g}) \geq \frac{\{g'(\theta)\}^2}{n I_{X_1}(\theta)}, \quad \theta \in \Theta \tag{2.2.8}$$

が成り立つ．ここで，等号が成立するのは

$$\sum_{j=1}^n \frac{\partial}{\partial \theta} \log p(x_j;\theta) = n I_{X_1}(\theta) \frac{\widehat{g}(\boldsymbol{x}) - g(\theta)}{g'(\theta)} \tag{2.2.9}$$

となるときに限る．

証明は，定理 2.2.1 において $I_{\boldsymbol{X}}(\theta) = n I_{X_1}(\theta)$ とすればよい．ここで，θ について一様に C-R の下界に一致する分散をもつ不偏推定量は UMVU 推定量になる．

【例 1.1.2（続 8）】 $X_1, \ldots, X_n$ をベルヌーイ分布 $\mathrm{Ber}(\theta)$ ($\theta \in \Theta = (0,1)$) からの無作為標本とする．このとき，$X_1$ の F 情報量は $I_{X_1}(\theta) =$

---

[7] 鍋谷清治 (1978)．『数理統計学』（共立出版）の p.37 参照．

$1/\{\theta(1-\theta)\}$ になる．ここで，

$$\sum_{i=1}^{n}\frac{\partial}{\partial\theta}\log p(X_i;\theta)=\frac{n(\overline{X}-\theta)}{\theta(1-\theta)} \tag{2.2.10}$$

となるから，$g(\theta)=\theta$ とすれば，(2.2.9), (2.2.10) より $\widehat{\theta}(\boldsymbol{X})=\overline{X}=(1/n)\sum_{i=1}^{n}X_i$ が C-R の不等式の等号成立条件 (2.2.9) を満たす．よって，$\overline{X}$ は θ の UMVU 推定量になる．

【例 1.4.1（続 3）】 $X_1,\ldots,X_n$ を p.m.f. (1.4.1) をもつポアソン分布 $\mathrm{Po}(\theta)$ $(\theta\in\Theta=\mathbf{R}_+)$ からの無作為標本とする．このとき，X_1 の F 情報量は $I_{X_1}(\theta)=1/\theta$ になる．ここで，

$$\sum_{i=1}^{n}\frac{\partial}{\partial\theta}\log p(X_i;\theta)=\frac{n}{\theta}(\overline{X}-\theta) \tag{2.2.11}$$

より，X_1 の F 情報量は $I_{X_1}(\theta)=1/\theta$ となるから，$g(\theta)=\theta$ とすれば，(2.2.9), (2.2.11) より $\widehat{\theta}(\boldsymbol{X})=\overline{X}$ は C-R の不等式の等号成立条件 (2.2.9) を満たす．よって，$\overline{X}$ は θ の UMVU 推定量になる．

次に，$g(\theta)=P_\theta\{X_1=0\}=e^{-\theta}$ の推定問題を考えると，$g'(\theta)=-e^{-\theta}$ となるから系 2.2.1 より $g(\theta)$ の任意の不偏推定量について

$$V_\theta(\widehat{g})\geq\frac{\theta e^{-2\theta}}{n}$$

となる．一方，$T=\sum_{i=1}^{n}X_i$ として 2.1 節の例 1.4.1（続 2）より $g(\theta)$ の UMVU 推定量は $\widehat{g}^*(T)=(1-(1/n))^T$ となり，T がポアソン分布 $\mathrm{Po}(n\theta)$ に従うことから $\widehat{g}^*$ の分散は $V_\theta(\widehat{g}^*)=e^{-2\theta}(e^{\theta/n}-1)$ になる．よって，任意の $\theta\in\Theta$ について

$$V_\theta(\widehat{g}^*)>\frac{\theta e^{-2\theta}}{n}$$

となり，$g(\theta)$ の UMVU 推定量 $\widehat{g}^*$ は C-R の下界を達成しないことがわかる．

【例 1.1.1（続 10）】 $X_1,\ldots,X_n$ を正規分布 $N(\mu,\sigma^2)$ $(\boldsymbol{\theta}=(\mu,\sigma^2)\in\Theta=\mathbf{R}^1\times\mathbf{R}_+)$ からの無作為標本とする．

(i) μ, σ^2 が未知の場合. このとき, X_1 の F 情報量は $I_{X_1}(\mu) = 1/\sigma^2$ になる. ここで,

$$\sum_{i=1}^{n} \frac{\partial}{\partial \mu} \log p(X_i; \boldsymbol{\theta}) = \frac{n}{\sigma^2}(\overline{X} - \mu) \quad (2.2.12)$$

になるから, $g(\boldsymbol{\theta}) = \mu$ とすれば, (2.2.9), (2.2.12) より $\widehat{\mu}(\boldsymbol{X}) = \overline{X}$ が C-R の不等式の等号成立条件 (2.2.9) を満たす. よって, $\overline{X}$ は μ の UMVU 推定量になる. 次に, σ^2 の推定について考える.

(ii) μ が既知, σ^2 が未知の場合. このとき, X_1 の F 情報量は $I_{X_1}(\boldsymbol{\theta}) = 1/(2\sigma^4)$ になる. ここで,

$$\sum_{i=1}^{n} \frac{\partial}{\partial \sigma^2} \log p(X_i; \boldsymbol{\theta}) = \frac{n}{2\sigma^4}\left\{\frac{1}{n}\sum_{i=1}^{n}(X_i - \mu)^2 - \sigma^2\right\} \quad (2.2.13)$$

になるから, $g(\boldsymbol{\theta}) = \sigma^2$ とすれば, (2.2.9), (2.2.13) より

$$S^2(\mu) = \frac{1}{n}\sum_{i=1}^{n}(X_i - \mu)^2$$

が C-R の不等式の等号成立条件 (2.2.9) を満たす. よって, $S^2(\mu)$ は σ^2 の不偏推定量であるから UMVU 推定量になる.

コラム:データが増えれば情報は増大するか?

$\mathbf{R}^2$ 上の確率ベクトル (X_1, X_2) の j.p.d.f. を $f^\theta_{X_1, X_2}(x_1, x_2)$ とする. ただし, $\theta \in \Theta$ で Θ は $\mathbf{R}^1$ の開区間とする. いま, $X_2 = x_2$ を与えたときの X_1 の c.p.d.f. を $f^\theta_{X_1|X_2}(x_1|x_2)$ とし, X_2 の m.p.d.f. を $f^\theta_{X_2}(x_2)$ とする. ここで, $f^\theta_{X_1, X_2}$, $f^\theta_{X_1|X_2}$, $f^\theta_{X_2}$ は θ に関して微分可能とし, $\int_{-\infty}^{\infty}(\partial/\partial\theta)f^\theta_{X_1|X_2}(x_1|x_2)dx_1 = 0$ と仮定する. このとき, (X_1, X_2), X_2 の θ に関する F 情報量をそれぞれ $I_{X_1, X_2}(\theta)$, $I_{X_2}(\theta)$ とし, $X_2 = x_2$ を与えたときの X_1 の条件付 F 情報量を

$$I_{X_1|x_2}(\theta) = \int_{-\infty}^{\infty}\left\{\frac{\partial}{\partial \theta}\log f^\theta_{X_1|X_2}(x_1|x_2)\right\}^2 f^\theta_{X_1|X_2}(x_1|x_2)dx_1 \quad (2.2.14)$$

と定義すると，

$$I_{X_1,X_2}(\theta) = E_\theta^{X_2}[I_{X_1|X_2}(\theta)] + I_{X_2}(\theta), \quad \theta \in \Theta \tag{2.2.15}$$

が成り立つ．ただし，$E_\theta^{X_2}[\cdot]$ は $f_{X_2}^\theta$ による期待値を表す．ここで，X_1 と X_2 がたがいに独立とすれば，$I_{X_1|X_2}(\theta) = I_{X_1}(\theta)$ となるから，(2.2.15) より

$$I_{X_1,X_2}(\theta) = I_{X_1}(\theta) + I_{X_2}(\theta), \quad \theta \in \Theta$$

となり，データが増えれば情報が増大する．

一方，そうはならない例を挙げる[8]．確率ベクトル (X_1, X_2) が j.p.d.f.

$$f_{X_1,X_2}^\theta(x_1, x_2) = \frac{1}{2\pi\sigma_1\sigma_2\sqrt{1-\rho^2}} \exp\left[-\frac{1}{2(1-\rho^2)}\left\{\frac{(x_1-\theta)^2}{\sigma_1^2}\right.\right.$$
$$\left.\left. - 2\rho\frac{(x_1-\theta)(x_2-\theta)}{\sigma_1\sigma_2} + \frac{(x_2-\theta)^2}{\sigma_2^2}\right\}\right]$$

をもつ 2 変量正規分布 $N_2(\theta, \theta, \sigma_1^2, \sigma_2^2, \rho)$ に従うとする．ただし，$(x_1, x_2) \in \mathbf{R}^2$，$\theta \in \Theta = \mathbf{R}^1$，$\sigma_1 \in \mathbf{R}_+$，$\sigma_2 \in \mathbf{R}_+$，$|\rho| < 1$ とする．また，θ を未知とし，σ_1, σ_2, ρ を既知とする．ここで，$X_2 = x_2$ を与えたときの X_1 の条件付分布は正規分布 $N(\theta + (\rho\sigma_1/\sigma_2)(x_2 - \theta), \sigma_1^2(1-\rho^2))$ に従うから，その c.p.d.f. は

$$f_{X_1|X_2}^\theta(x_1|x_2)$$
$$= \frac{1}{\sqrt{2\pi(1-\rho^2)}\sigma_1} \exp\left\{-\frac{1}{2\sigma_1^2(1-\rho^2)}\left(x_1 - \theta - \frac{\rho\sigma_1}{\sigma_2}(x_2-\theta)\right)^2\right\}$$
$$\tag{2.2.16}$$

となり

$$\frac{\partial}{\partial \theta} \log f_{X_1|X_2}^\theta(x_1|x_2) = \frac{1}{\sigma_1^2(1-\rho^2)}\left(1 - \frac{\rho\sigma_1}{\sigma_2}\right)\left(x_1 - \theta - \frac{\rho\sigma_1}{\sigma_2}(x_2-\theta)\right)$$

---

[8] この例について，筑波大でのシンポジウム (2018.11.16-18) における N. Mukhopadhyay の講演では $N_2(\theta, \theta, 4, 2, 1/\sqrt{2})$ の場合が述べられたが，本例のように一般の 2 変量正規分布の場合にして考えた方が構造がより明確になる．

になる.このとき,(2.2.14),(2.2.16) より

$$I_{X_1|X_2}(\theta) = \frac{1}{\sigma_1^2(1-\rho^2)}\left(1 - \frac{\rho\sigma_1}{\sigma_2}\right)^2 \qquad (2.2.17)$$

になり,θ に無関係になる.ここで,条件 $\rho = \sigma_2/\sigma_1$ を仮定する.このとき,(2.2.17) より $I_{X_1|X_2}(\theta) \equiv 0$ になる.よって,(2.2.15) より $I_{X_1,X_2}(\theta) = I_{X_2}(\theta)$ $(\theta \in \Theta)$ となり,これはデータが増えても情報が増大しないことを意味する.なお,定理 1.4.2 より X_2 は θ に対する最小十分統計量になり,また,X_2 は $N(\theta,\sigma_2^2)$ に従うから 1.5 節の例 1.4.3(続 1)より完備性ももつので X_2 は完備最小十分統計量になることに注意.さらに,各 $i = 1,2$ について X_i は $N(\theta,\sigma_i^2)$ に従うので,$I_{X_i}(\theta) = 1/\sigma_i^2$ になり,条件 $\rho^2 = \sigma_2^2/\sigma_1^2 < 1$ より,$\sigma_2^2 < \sigma_1^2$ となるから,$I_{X_1}(\theta) = 1/\sigma_1^2 < 1/\sigma_2^2 = I_{X_2}(\theta) = I_{X_1,X_2}(\theta)$ になる.この例は,大量のデータを扱う際に,データの構造を把握することが重要であることを示唆している.

2.3　情報不等式——多母数の場合

前節の C-R の不等式を多母数の場合に拡張しよう.まず,確率ベクトル $\boldsymbol{X} = (X_1,\ldots,X_n)$ の j.p.d.f. または j.p.m.f. を $f_{\boldsymbol{X}}(\boldsymbol{x};\boldsymbol{\theta})$ とする.ただし,$\boldsymbol{\theta} = (\theta_1,\ldots,\theta_k) \in \Theta \subset \mathbf{R}^k$ とし,Θ は開区間とする[9].また,$g_1(\boldsymbol{\theta}),\ldots,g_r(\boldsymbol{\theta})$ を Θ 上の不偏推定可能で偏導関数 $G_{ij}(\boldsymbol{\theta}) = (\partial/\partial\theta_j)g_i(\boldsymbol{\theta})$ $(i=1,\ldots,r;\ j=1,\ldots,k)$ をもつとし

$$\boldsymbol{G}(\boldsymbol{\theta}) = (G_{ij}(\boldsymbol{\theta}))$$

を偏導関数の $r \times k$ の行列とする.また,$\boldsymbol{g}(\boldsymbol{\theta}) = (g_1(\boldsymbol{\theta}),\ldots,g_r(\boldsymbol{\theta}))^\tau$ とし,$\widehat{\boldsymbol{g}}(\boldsymbol{X}) = (\widehat{g}_1(\boldsymbol{X}),\ldots,\widehat{g}_r(\boldsymbol{X}))^\tau$ を $\boldsymbol{g}(\boldsymbol{\theta})$ の不偏推定量,すなわち各 $i = 1,\ldots,r$ について $\widehat{g}_i(\boldsymbol{X})$ は $g_i(\boldsymbol{\theta})$ の不偏推定量とする.ただし,$\boldsymbol{a}^\tau$ はベクトル $\boldsymbol{a}$ の**転置ベクトル** (transposed vector) を表す.

ここで,$f_{\boldsymbol{X}}$ について前節の 1 母数の場合と同様に正則条件を仮定する.

---

[9] $\mathbf{R}^k$ の開区間の定義は 1.4 節の脚注[14]を参照.

2.3 情報不等式——多母数の場合

(B1) $f_{\boldsymbol{X}}$ の台 $\mathcal{X} = \{\boldsymbol{x}|\ f_{\boldsymbol{X}}(\boldsymbol{x};\boldsymbol{\theta}) > 0\}$ は $\boldsymbol{\theta}$ に無関係である．

(B2) 任意の $\boldsymbol{x} \in \mathcal{X}$ と各 $i = 1,\ldots,k$ について $f_{\boldsymbol{X}}(\boldsymbol{x};\boldsymbol{\theta})$ は θ_i に関して偏微分可能である．

(B3) 各 $i = 1,\ldots,k$ について，$\int_{\mathcal{X}} f_{\boldsymbol{X}}(\boldsymbol{x};\boldsymbol{\theta})d\boldsymbol{x}$ または $\sum_{\boldsymbol{x}\in\mathcal{X}} f_{\boldsymbol{X}}(\boldsymbol{x};\boldsymbol{\theta})$ は，積分記号または無限和の記号の下で θ_i に関して偏微分可能である．

(B4) 各 $i = 1,\ldots,r$ と各 $j = 1,\ldots,k$ について，$g_i(\boldsymbol{\theta})$ の任意の不偏推定量 $\widehat{g}_i(\boldsymbol{X})$ に対して，$\int_{\mathcal{X}} \widehat{g}_i(\boldsymbol{x})f_{\boldsymbol{X}}(\boldsymbol{x};\boldsymbol{\theta})d\boldsymbol{x}$ または $\sum_{\boldsymbol{x}\in\mathcal{X}} \widehat{g}_i(\boldsymbol{x})f_{\boldsymbol{X}}(\boldsymbol{x};\boldsymbol{\theta})$ は積分記号または無限和の記号の下で，θ_j に関して偏微分可能である．

(B5) 各 $l, m = 1,\ldots,k$ について
$$I_{lm}(\boldsymbol{\theta}) = E_{\boldsymbol{\theta}}\left[\left\{\frac{\partial}{\partial\theta_l}\log f_{\boldsymbol{X}}(\boldsymbol{X};\boldsymbol{\theta})\right\}\left\{\frac{\partial}{\partial\theta_m}\log f_{\boldsymbol{X}}(\boldsymbol{X};\boldsymbol{\theta})\right\}\right]$$
とするとき，k 次正方行列 $\boldsymbol{I}_{\boldsymbol{X}}(\boldsymbol{\theta}) = (I_{lm}(\boldsymbol{\theta}))$ は正定値である．ここで，$\boldsymbol{I}_{\boldsymbol{X}}(\boldsymbol{\theta})$ を $\boldsymbol{X}$ の（もつ $\boldsymbol{\theta}$ に関する）**フィッシャー情報行列** (Fisher's information matrix) といい，**F 情報行列**という．

このとき，C-R の不等式の多母数の場合への拡張として，次の定理が成り立つ．

定理 2.3.1
$\boldsymbol{g}(\boldsymbol{\theta})$ の任意の不偏推定量を $\widehat{\boldsymbol{g}} = \widehat{\boldsymbol{g}}(\boldsymbol{X})$ とする．正則条件 (B1)～(B5) の下で，$\widehat{\boldsymbol{g}}(\boldsymbol{X})$ の共分散行列を $\mathrm{Cov}_{\boldsymbol{\theta}}(\widehat{\boldsymbol{g}})$ とすれば，任意の $\boldsymbol{\theta} \in \Theta$ について $\mathrm{Cov}_{\boldsymbol{\theta}}(\widehat{\boldsymbol{g}}) - \boldsymbol{G}(\boldsymbol{\theta})\boldsymbol{I}_{\boldsymbol{X}}(\boldsymbol{\theta})^{-1}\boldsymbol{G}(\boldsymbol{\theta})^{\tau}$ は非負定値である．

証明は 1 母数の場合の定理 2.2.1 のときと同様なので省略する[10]．ここで，いくつかの例を挙げる．

【例 1.1.1（続 11）】 $X_1,\ldots,X_n$ を正規分布 $N(\mu,\sigma^2)$ $(\boldsymbol{\theta} = (\mu,\sigma^2) \in \Theta = \mathbf{R}^1 \times \mathbf{R}_+)$ からの無作為標本とする．ここで，$n > 1$ とし，μ,σ^2 はともに未知とする．このとき，1.5 節の例 1.1.1（続 8）より $(\overline{X}, S^2)$ は (μ,σ^2)

---

[10] Zacks[Z71]．"*The Theory of Statistical Inference*," Wiley の pp.194-196 参照．

に対する完備十分統計量になり，定理 1.4.2 を用いると最小性も示される（問 1.4.1 参照）．また，正規分布 $N(\mu, \sigma^2)$ は 2 母数指数型分布族に属するから，2.2 節の場合と同様に条件 (B1)～(B5) が成り立つ．ここで，$\overline{X}$ と nS^2/σ^2 はたがいに独立で，$\overline{X}$ は $N(\mu, \sigma^2/n)$ に従い，nS^2/σ^2 は χ^2_{n-1} 分布に従う[11]．いま，$T = nS^2$ とおくと，$(\overline{X}, T)$ の j.p.d.f. は

$$f_{\overline{X},T}(x,t;\mu,\sigma^2)$$
$$= \frac{\sqrt{n}}{\sqrt{2\pi} 2^{(n-1)/2} \sigma^n \Gamma((n-1)/2)} t^{(n-3)/2} \exp\left\{-\frac{n}{2\sigma^2}(x-\mu)^2 - \frac{t}{2\sigma^2}\right\}$$
$$((x,t) \in \mathbf{R}^1 \times \mathbf{R}_+)$$

となるから

$$\frac{\partial}{\partial \mu} \log f_{\overline{X},T}(x,t;\mu,\sigma^2) = \frac{n}{\sigma^2}(x-\mu),$$
$$\frac{\partial}{\partial \sigma^2} \log f_{\overline{X},T}(x,t;\mu,\sigma^2) = -\frac{n}{2\sigma^2} + \frac{n}{2\sigma^4}(x-\mu)^2 + \frac{t}{2\sigma^4}$$

となる．よって，$\boldsymbol{\theta} = (\mu, \sigma^2)$ とすると $(\overline{X}, T)$ の F 情報行列は

$$\boldsymbol{I}_{\overline{X},T}(\boldsymbol{\theta}) = \begin{pmatrix} n/\sigma^2 & 0 \\ 0 & n/(2\sigma^4) \end{pmatrix}$$

になる．ここで，$g_1(\boldsymbol{\theta}) = \mu$, $g_2(\boldsymbol{\theta}) = \sigma^2$ とすると 1.5 節の例 1.1.1（続 8）より $\boldsymbol{g}(\boldsymbol{\theta}) = (g_1(\boldsymbol{\theta}), g_2(\boldsymbol{\theta}))^\tau = (\mu, \sigma^2)^\tau$ の UMVU 推定量は

$$\widehat{\boldsymbol{g}}^*(\boldsymbol{X}) = (\overline{X}, nS^2/(n-1))^\tau$$

になる．このとき，$\boldsymbol{g}^*$ の共分散行列は

$$\mathrm{Cov}_{\boldsymbol{\theta}}(\widehat{\boldsymbol{g}}^*) = \begin{pmatrix} V(\overline{X}) & 0 \\ 0 & V(nS^2/(n-1)) \end{pmatrix} = \begin{pmatrix} \sigma^2/n & 0 \\ 0 & 2\sigma^4/(n-1) \end{pmatrix}$$

---

[11] 赤平 [A03] の例 A.5.5.1 (pp.203, 204) 参照．

2.3 情報不等式——多母数の場合

になる.また,$G(\boldsymbol{\theta}) = \boldsymbol{I}$(単位行列)になるから

$$\mathrm{Cov}_{\boldsymbol{\theta}}(\widehat{\boldsymbol{g}}^*) - \boldsymbol{I}_{\overline{X},T}(\boldsymbol{\theta})^{-1} = \begin{pmatrix} 0 & 0 \\ 0 & 2\sigma^4/\{n(n-1)\} \end{pmatrix}$$

となる.よって,定理 2.3.1 より $g(\boldsymbol{\theta})$ の任意の不偏推定量 $\widehat{\boldsymbol{g}} = \widehat{\boldsymbol{g}}(\boldsymbol{X})$ の共分散行列 $\mathrm{Cov}_{\boldsymbol{\theta}}(\widehat{\boldsymbol{g}})$ について $\mathrm{Cov}_{\boldsymbol{\theta}}(\widehat{\boldsymbol{g}}) - \boldsymbol{I}_{\overline{X},T}(\boldsymbol{\theta})^{-1}$ が非負定値であるから,σ^2 の UMVU 推定量 $\widehat{\sigma}^2_{\mathrm{UMVU}} = nS^2/(n-1)$ は C-R の下界 $2\sigma^4/n$ を達成しない.

【例 2.3.1】(対数正規モデル) $X_1,\ldots,X_n$ を p.d.f.

$$p(x;\mu,\sigma^2) = \begin{cases} \dfrac{1}{\sqrt{2\pi}\sigma x} \exp\left\{-\dfrac{1}{2\sigma^2}(\log x - \mu)^2\right\} & (x > 0), \\ 0 & (x \leq 0) \end{cases} \quad (2.3.1)$$

をもつ**対数正規分布** (log-normal distribution) $\mathrm{LN}(\mu,\sigma^2)$ からの無作為標本とする.ただし,$(\mu,\sigma^2) \in \mathbf{R}^1 \times \mathbf{R}_+$ とし,μ,σ^2 はともに未知とする.このとき,$\boldsymbol{\theta} = (\mu,\sigma^2)$ として X_1 の平均,分散はそれぞれ

$$\begin{aligned} m &= E_{\boldsymbol{\theta}}(X_1) = \exp\left(\mu + \frac{\sigma^2}{2}\right), \\ v &= V_{\boldsymbol{\theta}}(X_1) = (e^{\sigma^2} - 1)\exp(2\mu + \sigma^2) = m^2(e^{\sigma^2} - 1) \end{aligned} \quad (2.3.2)$$

になる.

また,例 1.1.1(続 11)と同様にして (2.3.1) より $\boldsymbol{X} = (X_1,\ldots,X_n)$ の F 情報行列を求めると

$$\boldsymbol{I}_{\boldsymbol{X}}(\boldsymbol{\theta}) = \begin{pmatrix} n/\sigma^2 & 0 \\ 0 & n/(2\sigma^4) \end{pmatrix}$$

となるから,定理 2.3.1 より $g(\boldsymbol{\theta}) = g_1(\boldsymbol{\theta}) = m$ の任意の不偏推定量 $\widehat{g} = \widehat{g}(\boldsymbol{X})$ について

$$V_{\boldsymbol{\theta}}(\widehat{\boldsymbol{g}}) \geq m^2 \begin{pmatrix} 1, & 1/2 \end{pmatrix} \begin{pmatrix} \sigma^2/n & 0 \\ 0 & 2\sigma^4/n \end{pmatrix} \begin{pmatrix} 1 \\ 1/2 \end{pmatrix}$$

$$= \frac{m^2}{n} \sigma^2 \left(1 + \frac{\sigma^2}{2}\right) = B(\boldsymbol{\theta}) \tag{2.3.3}$$

となる．ここで，$g(\boldsymbol{\theta}) = m$ の不偏推定量として $\overline{X}$ をとると，(2.3.2) より

$$V_{\boldsymbol{\theta}}(\overline{X}) = \frac{m^2}{n}(e^{\sigma^2} - 1) \tag{2.3.4}$$

になる．ここで，不等式 (2.3.3) による下界 $B(\boldsymbol{\theta})$ と (2.3.4) を比較すると，任意の $\boldsymbol{\theta}$ について，$V_{\boldsymbol{\theta}}(\overline{X}) > B(\boldsymbol{\theta})$ となり，$\overline{X}$ の分散は $B(\boldsymbol{\theta})$ を達成しない．

2.4 情報不等式の精密化

2.2 節の例 1.4.1（続 3）において，ポアソン分布 $\mathrm{Po}(\theta)$ の母数 θ が未知の場合に，その分布から得られた無作為標本 $\boldsymbol{X} = (X_1, \ldots, X_n)$ の関数である完備十分統計量に基づく $g(\theta) = e^{-\theta}$ の UMVU 推定量 $\widehat{g}^*(T) = (1 - (1/n))^T$ の分散 $V_{\theta}(\widehat{g}^*) = e^{-2\theta}(e^{\theta/n} - 1)$ が C-R の下界 $\theta e^{-2\theta}/n$ を達成しないことを示した．このことは，C-R の下界に改善の余地があることを示唆していると考えられる．

まず，確率ベクトル $\boldsymbol{X} = (X_1, \ldots, X_n)$ の j.p.d.f. または j.p.m.f. を $f_{\boldsymbol{X}}(\boldsymbol{x}; \theta)$ とする．ただし，$\boldsymbol{x} = (x_1, \ldots, x_n)$，$\theta \in \Theta \subset \mathbf{R}^1$ とし，Θ は開区間とする．また $g(\theta)$ を Θ 上で k 回微分可能な関数で，定数関数ではないとする．ここで，$f_{\boldsymbol{X}}$ について 2.2 節と同様な正則条件を仮定する．

(A2)' 各 $\boldsymbol{x} \in \mathcal{X}$ について，$f_{\boldsymbol{X}}(\boldsymbol{x}; \theta)$ は θ について k 回微分可能である．

(A3)'' $\int_{\mathcal{X}} f_{\boldsymbol{X}}(\boldsymbol{x}; \theta) d\boldsymbol{x}$ または $\sum_{\boldsymbol{x} \in \mathcal{X}} f_{\boldsymbol{X}}(\boldsymbol{x}; \theta)$ は，積分記号または無限和の記号の下で θ に関して k 回微分可能である．

(A4)″ $g(\theta)$ の任意の不偏推定量 $\widehat{g} = \widehat{g}(\boldsymbol{X})$ について,$\int_{\mathcal{X}} \widehat{g}(\boldsymbol{x}) f_{\boldsymbol{X}}(\boldsymbol{x};\theta) d\boldsymbol{x}$ または $\sum_{\boldsymbol{x} \in \mathcal{X}} \widehat{g}(\boldsymbol{x}) f_{\boldsymbol{X}}(\boldsymbol{x};\theta)$ は積分記号または無限和の記号の下で θ に関して k 回微分可能である.

(A5)′ 各 $i, j = 1, \ldots, k$ について

$$J_{ij}(\theta) = E_\theta \left[\frac{1}{\{f_{\boldsymbol{X}}(\boldsymbol{X};\theta)\}^2} \left\{ \frac{\partial^i}{\partial \theta^i} f_{\boldsymbol{X}}(\boldsymbol{X};\theta) \right\} \left\{ \frac{\partial^j}{\partial \theta^j} f_{\boldsymbol{X}}(\boldsymbol{X};\theta) \right\} \right]$$

とし,$k \times k$ 行列 $\boldsymbol{J}_{\boldsymbol{X}} = (J_{ij}(\theta))$ は正定値である.

定理 2.4.1

$g(\theta)$ の任意の不偏推定量を $\widehat{g} = \widehat{g}(\boldsymbol{X})$ とする.正則条件 (A1), (A2)′, (A3)″, (A4)″, (A5)′ の下で $\boldsymbol{J}_{\boldsymbol{X}}$ が正則ならば,

$$V_\theta(\widehat{g}) \geq (g^{(1)}(\theta), \ldots, g^{(k)}(\theta)) \boldsymbol{J}_{\boldsymbol{X}}(\theta)^{-1} (g^{(1)}(\theta), \ldots, g^{(k)}(\theta))^\tau \quad (2.4.1)$$

が成り立つ.ただし,各 $i = 1, \ldots, k$ について $g^{(i)}(\theta) = (\partial^i/\partial\theta^i) g(\theta)$ とする.

証明 $\boldsymbol{X}$ が連続型の場合.各 $i = 1, \ldots, k$ について,

$$S_i(\boldsymbol{X}, \theta) = \frac{(\partial^i/\partial\theta^i) f_{\boldsymbol{X}}(\boldsymbol{X};\theta)}{f_{\boldsymbol{X}}(\boldsymbol{X};\theta)}$$

とおくと,正則条件の下で $E_\theta[S_i(\boldsymbol{X}, \theta)] = 0$ となり

$$\begin{aligned}
\mathrm{Cov}_\theta(\widehat{g}(\boldsymbol{X}), S_i(\boldsymbol{X}, \theta)) &= E_\theta[\widehat{g}(\boldsymbol{X}) S_i(\boldsymbol{X}, \theta)] \\
&= \int_{\mathcal{X}} \widehat{g}(\boldsymbol{x}) \left\{ \frac{\partial^i}{\partial\theta^i} f_{\boldsymbol{X}}(\boldsymbol{x};\theta) \right\} d\boldsymbol{x} \\
&= \frac{\partial^i}{\partial\theta^i} \int_{\mathcal{X}} \widehat{g}(\boldsymbol{x}) f_{\boldsymbol{X}}(\boldsymbol{x};\theta) d\boldsymbol{x} = g^{(i)}(\theta)
\end{aligned}$$

になる.よって,$(\widehat{g}(\boldsymbol{X}), S_1(\boldsymbol{X}, \theta), \ldots, S_k(\boldsymbol{X}, \theta))$ の共分散行列は

$$\boldsymbol{\Sigma}_\theta = \begin{pmatrix} V_\theta(\widehat{g}) & g^{(1)}(\theta) & \cdots & g^{(k)}(\theta) \\ g^{(1)}(\theta) & J_{11} & \cdots & J_{1k} \\ \vdots & \vdots & \ddots & \vdots \\ g^{(k)}(\theta) & J_{k1} & \cdots & J_{kk} \end{pmatrix}$$

となり対称行列になる．ここで，行列 $\boldsymbol{\Sigma}_\theta$ は非負定値であるから

$|\boldsymbol{\Sigma}_\theta|$
$= |\boldsymbol{J}_{\boldsymbol{X}}(\theta)|\{V_\theta(\widehat{g}) - (g^{(1)}(\theta), \ldots, g^{(k)}(\theta))\boldsymbol{J}_{\boldsymbol{X}}(\theta)^{-1}(g^{(1)}(\theta), \ldots, g^{(k)}(\theta))^\tau\}$
$\geq 0 \tag{2.4.2}$

になる．ただし，$|\boldsymbol{\Sigma}_\theta|, |\boldsymbol{J}_{\boldsymbol{X}}(\theta)|$ はそれぞれ $\boldsymbol{\Sigma}_\theta, \boldsymbol{J}_{\boldsymbol{X}}(\theta)$ の行列式とする．また，条件 (A5)′ より $|\boldsymbol{J}_{\boldsymbol{X}}(\theta)| > 0$ になるから (2.4.2) より不等式 (2.4.1) が成り立つことが示された．また，$\boldsymbol{X}$ が離散型の場合も同様に示される．
□

注意 2.4.1
情報不等式 (2.4.1) は k 次のバッタチャリヤ (Bhattacharyya (Bh)) **の不等式**といい，(2.4.1) の右辺を k 次の Bh の下界といい，$B_k(\theta)$ で表す．特に，$k = 1$ のとき，$B_1(\theta) = J_{11}(\theta) = \{g^{(1)}(\theta)\}^2/I_{\boldsymbol{X}}(\theta)$ となり，C-R の下界と一致する．

注意 2.4.2
$g(\theta) = \theta$ とすると，$g^{(1)}(\theta) = 1, g^{(i)}(\theta) = 0$ $(i = 2, 3, \ldots)$ であるから，定理 2.4.1 の正則条件の下で k 次の Bh の不等式は，θ の任意の不偏推定量 $\widehat{\theta} = \widehat{\theta}(\boldsymbol{X})$ について

$$V_\theta(\widehat{\theta}) \geq \begin{cases} \dfrac{1}{|\boldsymbol{J}_{\boldsymbol{X}}(\theta)|} \begin{vmatrix} J_{22} & \cdots & J_{2k} \\ \vdots & \ddots & \vdots \\ J_{k2} & \cdots & J_{kk} \end{vmatrix} & (k = 2, 3, \ldots), \\ 1/J_{11}(\theta) & (k = 1) \end{cases}$$

になる．ここで，$J_{11}(\theta) = I_{\boldsymbol{X}}(\theta)$ となり，(2.2.1) より 1 次の Bh の不等式は C-R の不等式に一致する．

【例 1.3.2（続 4）】 確率変数 X が指数分布 $\mathrm{Exp}(\theta)$ $(\theta \in \Theta = \mathbf{R}_+)$ に従

うとすると，X の p.d.f. は

$$p_X(x;\theta) = (1/\theta)e^{-x/\theta}\chi_{(0,\infty)}(x)$$

となるから

$$\frac{\partial}{\partial \theta}p_X(x;\theta) = \left(-\frac{1}{\theta} + \frac{x}{\theta^2}\right)p_X(x;\theta),$$

$$\frac{\partial^2}{\partial \theta^2}p_X(x;\theta) = \left(\frac{2}{\theta^2} - \frac{4x}{\theta^3} + \frac{x^2}{\theta^4}\right)p_X(x;\theta)$$

となる．このとき，条件 (A5)' より

$$\boldsymbol{J}_X(\theta) = \begin{pmatrix} 1/\theta^2 & 0 \\ 0 & 4/\theta^4 \end{pmatrix}$$

になる．ここで，$g(\theta) = 2\theta^2$ としてその推定量を $\widehat{g}^*(X) = X^2$ とすると $E_\theta[\widehat{g}^*(X)] = 2\theta^2$，$V_\theta(\widehat{g}^*(X)) = 20\theta^4$ となる．また，定理 2.4.1 より 2 次の Bh の下界は

$$B_2(\theta) = \begin{pmatrix} 4\theta, & 4 \end{pmatrix}\begin{pmatrix} \theta^2 & 0 \\ 0 & \theta^4/4 \end{pmatrix}\begin{pmatrix} 4\theta \\ 4 \end{pmatrix} = 20\theta^4$$

となるから，$\widehat{g}^*$ は 2 次の Bh の下界 $B_2(\theta)$ を達成する．よって，$\widehat{g}^*$ は $g(\theta) = 2\theta^2$ の UMVU 推定量になる．しかし，$\widehat{g}^*$ は 1 次の Bh の下界 $B_1(\theta) = 16\theta^4$ を達成しない，すなわち C-R の下界を達成しない．

【例 2.4.1】（混合正規モデル[12]）　確率変数 X が p.d.f.

$$f_X(x;\theta) = p\phi(x-\theta) + q\phi(x+\theta) \tag{2.4.3}$$

をもつ**混合正規分布**に従うとする．ただし，$\phi(\cdot)$ は標準正規分布 $N(0,1)$ の p.d.f. とし，$\theta \in \Theta = \mathbf{R}^1$，$p+q=1$，$0 \leq p \leq 1$ とする．このとき，

---

[12] この例について，詳しくは Tanaka, H. and Akahira, M. (2003). On a family of distributions attaining the Bhattacharyya bound. *Ann. Inst. Statist. Math.*, **55**, 309-317 参照．

(2.4.3), 定理 2.4.1 の条件 (A5)' より

$$\boldsymbol{J}_X(\theta) = \begin{pmatrix} 1 - K(\theta) & 2\theta K(\theta) \\ 2\theta K(\theta) & 2(1 - 2\theta^2 K(\theta)) \end{pmatrix}$$

になる. ただし,

$$K(\theta) = 4pq E_\theta \left[\left\{ \frac{X}{f_X(X;\theta)} \right\}^2 \phi(X - \theta)\phi(X + \theta) \right]$$

とする. いま, $g(\theta) = \theta^2$ として, その推定量を $\widehat{g}^*(X) = X^2 - 1$ とする. このとき, 定理 2.4.1 より, 2 次の Bh の下界は

$$B_2(\theta) = \frac{1}{|\boldsymbol{J}_X(\theta)|} \begin{pmatrix} 2\theta, & 2 \end{pmatrix} \begin{pmatrix} 2(1 - 2\theta^2 K(\theta)) & -2\theta K(\theta) \\ -2\theta K(\theta) & 1 - K(\theta) \end{pmatrix} \begin{pmatrix} 2\theta \\ 2 \end{pmatrix}$$

$$= 4\theta^2 + 2$$

になる. 一方, $\widehat{g}^*$ は $g(\theta) = \theta^2$ の不偏推定量であり, その分散は

$$V_\theta(\widehat{g}^*) = 4\theta^2 + 2$$

になり, $\widehat{g}^*$ は 2 次の Bh の下界 $B_2(\theta)$ を達成するから, $\widehat{g}^*$ は $g(\theta) = \theta^2$ の UMVU 推定量になる. しかし, $\widehat{g}^*$ は 1 次の Bh の下界 $B_1(\theta) = 4\theta^2/(1 - K(\theta))$, すなわち C-R の下界を達成しない.

【例 1.4.1 (続 4)】 $X_1, \ldots, X_n$ を p.m.f. (1.4.1) をもつポアソン分布 $\mathrm{Po}(\theta)$ ($\theta \in \Theta = \mathbf{R}_+$) からの無作為標本とする. 2.2 節の例 1.4.1 (続 3) において $g(\theta) = e^{-\theta}$ の UMVU 推定量 $\widehat{g}^*(T) = (1 - (1/n))^T$ の分散は $V_\theta(\widehat{g}^*) = e^{-2\theta}(e^{\theta/n} - 1)$ となるが, C-R の下界 $B_1(\theta) = \theta e^{-2\theta}/n$ と比べると, 任意の $\theta \in \Theta$ について $V_\theta(\widehat{g}^*) > B_1(\theta)$ であることを示した. 次に, 2 次の Bh の下界 $B_2(\theta)$ を求めよう. 2.1 節の例 1.4.1 (続 2) より $T = \sum_{i=1}^n X_i$ はポアソン分布 $\mathrm{Po}(n\theta)$ に従うので, T の p.m.f. は

$$f_T(t;\theta) = e^{-n\theta} \frac{(n\theta)^t}{t!} \quad (t = 0, 1, 2, \ldots)$$

2.4 情報不等式の精密化

であるから

$$J_{11}(\theta) = I_T(\theta) = E_\theta\left[\left\{\frac{\partial \log f_T(T;\theta)}{\partial \theta}\right\}^2\right] = \frac{n}{\theta}$$

となり，また

$$\frac{\partial^2}{\partial \theta^2} f_T(t;\theta) = f_T(t;\theta)\left\{\left(\frac{t}{\theta} - n\right)^2 - \frac{t}{\theta^2}\right\}$$

となるから

$$J_{12}(\theta) = E_\theta\left[\left(\frac{T}{\theta} - n\right)\left\{\left(\frac{T}{\theta} - n\right)^2 - \frac{T}{\theta^2}\right\}\right] = 0,$$

$$J_{22}(\theta) = E_\theta\left[\left\{\left(\frac{T}{\theta} - n\right)^2 - \frac{T}{\theta^2}\right\}^2\right] = \frac{2n^2}{\theta^2}$$

になる．よって，(A5)$'$ より

$$\boldsymbol{J_X}(\theta) = \frac{n}{\theta}\begin{pmatrix} 1 & 0 \\ 0 & 2n/\theta \end{pmatrix}$$

となるから，(2.4.1) より 2 次の Bh の下界 $B_2(\theta)$ は

$$B_2(\theta) = \frac{\theta}{n}\begin{pmatrix} -e^{-\theta}, & e^{-\theta} \end{pmatrix}\begin{pmatrix} 1 & 0 \\ 0 & \theta/(2n) \end{pmatrix}\begin{pmatrix} -e^{-\theta} \\ e^{-\theta} \end{pmatrix}$$

$$= \frac{\theta}{n}e^{-2\theta}\left(1 + \frac{\theta}{2n}\right) > B_1(\theta) = \frac{\theta}{n}e^{-2\theta}$$

となる．しかし，$g(\theta)$ の UMVU 推定量 $\widehat{g}^*$ の分散は，任意の $\theta \in \Theta$ について

$$V_\theta(\widehat{g}^*) > B_2(\theta)$$

になり，$\widehat{g}^*$ の分散は 2 次の Bh の下界も達成しない．実は，UMVU 推定

量が Bh の下界を達成する次数 k は存在しない[13]．

2.5　非正則な場合の情報不等式

2.2 節からわかるように，C-R の不等式は正則条件の下で成り立つが，必ずしも正則条件が成り立たないような非正則な場合について考える[14]．

【例 1.2.2（続 10）】　$X_1,\ldots,X_n$ を一様分布 $U(0,\theta)$ $(\theta \in \Theta = \mathbf{R}_+)$ からの無作為標本とする．このとき，$\boldsymbol{X} = (X_1,\ldots,X_n)$ の j.p.d.f. は

$$f_{\boldsymbol{X}}(\boldsymbol{x};\theta) = \begin{cases} 1/\theta^n & (0 \leq x_{(1)},\ x_{(n)} \leq \theta), \\ 0 & (\text{その他}) \end{cases} \quad (2.5.1)$$

になるから，$f_{\boldsymbol{X}}$ の台 $\mathcal{X} = \{\boldsymbol{x}|\ f_{\boldsymbol{X}}(\boldsymbol{x};\theta) > 0\} = \{\boldsymbol{x}|\ 0 \leq x_{(1)},\ x_{(n)} \leq \theta\}$ は θ に依存するので，2.2 節の正則条件 (A1) は成り立たない．ただし，$\boldsymbol{x} = (x_1,\ldots,x_n)$, $x_{(1)} = \min_{1 \leq i \leq n} x_i$, $x_{(n)} = \max_{1 \leq i \leq n} x_i$ とする．ここで，(2.5.1) より

$$\int_{\mathcal{X}} \left\{ \frac{\partial \log f_{\boldsymbol{X}}(\boldsymbol{x};\theta)}{\partial \theta} \right\}^2 f_{\boldsymbol{X}}(\boldsymbol{x};\theta) d\boldsymbol{x} = \frac{n^2}{\theta^2}$$

となるので，$g(\theta) = \theta$ の不偏推定量 $\widehat{\theta}$ の C-R の下界 $B_1(\theta)$ は形式的に θ^2/n^2 になる．しかし，2.1 節の例 1.2.2（続 8）より $T = T(\boldsymbol{X}) = X_{(n)}$ とすると $\widehat{\theta}^* = (n+1)T/n$ が唯一つの UMVU 推定量で，その分散は $V_\theta(\widehat{\theta}^*) = \theta^2/(n(n+2))$ になり，$B_1(\theta) > V_\theta(\widehat{\theta}^*)$ になる．よって，C-R の不等式が成り立たないことがわかる．

ここで，例 1.2.2（続 10）が適用できるような情報不等式を導出しよう．まず，確率ベクトル $\boldsymbol{X} = (X_1,\ldots,X_n)$ の j.p.d.f. または j.p.m.f. を $f_{\boldsymbol{X}}(\boldsymbol{x};\theta)$ とし，$\theta \in \Theta \subset \mathbf{R}^1$ で Θ は開区間とする．また，$f_{\boldsymbol{X}}(\boldsymbol{x};\theta)$ の台

---

[13] Zacks [Z71] の p.192 参照．
[14] 様々な非正則な場合に不偏推定量の分散の下界とその達成について Akahira, M. and Takeuchi, K. [AT95]．"*Non-Regular Statistical Estimation*", Springer において論じられている．

2.5 非正則な場合の情報不等式

を $S(\theta) = \{\boldsymbol{x}|\ f_{\boldsymbol{X}}(\boldsymbol{x};\theta) > 0\}$ とし，$\theta_1 \neq \theta_2$ となる任意の $\theta_1, \theta_2 \in \Theta$ について $f_{\boldsymbol{X}}(\boldsymbol{x};\theta_1) \neq f_{\boldsymbol{X}}(\boldsymbol{x};\theta_2)$ とする．さらに，$0/0 = 0$ とする．

定理 2.5.1 (チャップマン・ロビンス (Chapman-Robbins) の不等式)

任意の $\theta \in \Theta$ について，$S(\theta) \supset S(\vartheta)$ でかつ $\vartheta \neq \theta$ となる $\vartheta \in \Theta$ が存在すると仮定する．このとき，$g(\theta)$ の任意の不偏推定量 $\widehat{g} = \widehat{g}(\boldsymbol{X})$ について

$$V_\theta(\widehat{g}) \geq \sup_{\vartheta: S(\vartheta) \subset S(\theta), \vartheta \neq \theta} \frac{\{g(\vartheta) - g(\theta)\}^2}{V_\theta(f_{\boldsymbol{X}}(\boldsymbol{X};\vartheta)/f_{\boldsymbol{X}}(\boldsymbol{X};\theta))}, \quad \theta \in \Theta \qquad (2.5.2)$$

が成り立つ．

証明 まず，$V_\theta(\widehat{g}) = \infty$ のときは，不等式 (2.5.2) が成り立つことは明らかなので $V_\theta(\widehat{g}) < \infty$ とする．次に，任意の $\theta \in \Theta$ について $E_\theta(\widehat{g}) = g(\theta)$ であるから，定理の条件における $\theta \neq \vartheta$ について

$$\mathrm{Cov}_\theta\left(\widehat{g}(\boldsymbol{X}), \frac{f_{\boldsymbol{X}}(\boldsymbol{X};\vartheta)}{f_{\boldsymbol{X}}(\boldsymbol{X};\theta)} - 1\right) = E_\theta\left[\{\widehat{g}(\boldsymbol{X}) - g(\theta)\}\left\{\frac{f_{\boldsymbol{X}}(\boldsymbol{X};\vartheta)}{f_{\boldsymbol{X}}(\boldsymbol{X};\theta)} - 1\right\}\right]$$
$$= g(\vartheta) - g(\theta) \qquad (2.5.3)$$

となるから，シュワルツの不等式より

$$\left\{\mathrm{Cov}_\theta\left(\widehat{g}(\boldsymbol{X}), \frac{f_{\boldsymbol{X}}(\boldsymbol{X};\vartheta)}{f_{\boldsymbol{X}}(\boldsymbol{X};\theta)} - 1\right)\right\}^2 \leq V_\theta(\widehat{g}) V_\theta\left(\frac{f_{\boldsymbol{X}}(\boldsymbol{X};\vartheta)}{f_{\boldsymbol{X}}(\boldsymbol{X};\theta)} - 1\right)$$
$$= V_\theta(\widehat{g}) V_\theta\left(\frac{f_{\boldsymbol{X}}(\boldsymbol{X};\vartheta)}{f_{\boldsymbol{X}}(\boldsymbol{X};\theta)}\right) \qquad (2.5.4)$$

となる．よって，(2.5.4) に (2.5.3) を代入すれば

$$V_\theta(\widehat{g}) \geq \frac{\{g(\vartheta) - g(\theta)\}^2}{V_\theta(f_{\boldsymbol{X}}(\boldsymbol{X};\vartheta)/f_{\boldsymbol{X}}(\boldsymbol{X};\theta))}$$

が成り立ち，θ に対する ϑ のとり方から不等式 (2.5.1) が成り立つ． □

注意 2.5.1

情報不等式 (2.5.2) は**チャップマン・ロビンス** (Chapman-Robbins (Ch-Ro)) **の不等式**といい，(2.5.2) の右辺を Ch-Ro の下界という．さて，(2.5.2) において，$\vartheta =$

$\theta + \delta$ ($\delta \neq 0$) で, $S(\theta) \supset S(\theta + \delta)$ とし, $g(\theta) = \theta$ とすると, 定理 2.5.1 より θ の任意の不偏推定量 $\widehat{\theta} = \widehat{\theta}(\boldsymbol{X})$ について

$$V_\theta(\widehat{\theta}) \geq \delta^2 \Big/ \inf_{\delta \neq 0} V_\theta \left(\frac{f_{\boldsymbol{X}}(\boldsymbol{X}; \theta + \delta)}{f_{\boldsymbol{X}}(\boldsymbol{X}; \theta)} \right)$$
$$= \delta^2 \Big/ \inf_{\delta \neq 0} E_\theta \left[\left\{ \frac{f_{\boldsymbol{X}}(\boldsymbol{X}; \theta + \delta)}{f_{\boldsymbol{X}}(\boldsymbol{X}; \theta))} - 1 \right\}^2 \right]$$

になる. ここで, 2.2 節と同様な正則条件の下で $\delta \to 0$ とすれば, C-R の不等式が得られる.

【例 2.5.1】（指数分布） $X_1, \ldots, X_n$ を p.d.f.

$$p(x; \theta) = e^{-(x-\theta)} \chi_{[\theta, \infty)}(x) \quad (\theta \in \Theta = \mathbf{R}_+)$$

をもつ分布からの無作為標本とし, $g(\theta) = \theta$ の推定問題を考える. まず, $\boldsymbol{X} = (X_1, \ldots, X_n)$ の j.p.d.f. は

$$f_{\boldsymbol{X}}(\boldsymbol{x}; \theta) = \left\{ \exp\left(-\sum_{i=1}^n x_i + n\theta \right) \right\} \chi_{[\theta, \infty)}(x_{(1)})$$

になる. ただし, $x_{(1)} = \min_{1 \leq i \leq n} x_i$ とする. このとき,

$$S(\theta) = \{\boldsymbol{x} |\, f_{\boldsymbol{X}}(\boldsymbol{x}; \theta) > 0\} = \{\boldsymbol{x} |\, \theta \leq x_{(1)} < \infty\}$$

となるから, 任意の $\theta \in \Theta$ について $\theta < \vartheta$ となる $\vartheta \in \Theta$ をとれば $S(\theta) \supset S(\vartheta)$ になる. ここで,

$$E_\theta \left[\frac{f_{\boldsymbol{X}}(\boldsymbol{X}; \vartheta)}{f_{\boldsymbol{X}}(\boldsymbol{X}; \theta)} \right] = \int_{S(\vartheta)} f_{\boldsymbol{X}}(\boldsymbol{x}; \vartheta) d\boldsymbol{x} = 1,$$
$$E_\theta \left[\left\{ \frac{f_{\boldsymbol{X}}(\boldsymbol{X}; \vartheta)}{f_{\boldsymbol{X}}(\boldsymbol{X}; \theta)} \right\}^2 \right] = \int \cdots \int_{\{\boldsymbol{x} |\, \vartheta \leq x_{(1)} < \infty\}} e^{n(2\vartheta - \theta)} e^{-\sum_{i=1}^n x_i} d\boldsymbol{x}$$
$$= e^{n(\vartheta - \theta)}$$

より

$$V_\theta \left(\frac{f_{\boldsymbol{X}}(\boldsymbol{X}; \vartheta)}{f_{\boldsymbol{X}}(\boldsymbol{X}; \theta)} \right) = e^{n(\vartheta - \theta)} - 1$$

2.5 非正則な場合の情報不等式

となるから，(2.5.2) より θ の任意の不偏推定量 $\widehat{\theta} = \widehat{\theta}(\boldsymbol{X})$ について

$$V_\theta(\widehat{\theta}) \geq \sup_{\vartheta:\theta<\vartheta} \frac{(\vartheta-\theta)^2}{e^{n(\vartheta-\theta)}-1} \approx \frac{0.6476}{n^2} \qquad (2.5.5)$$

となる．一方，$X_{(1)} = \min_{1\leq i\leq n} X_i$ は θ に対する完備十分統計量で，$\widehat{\theta}^* = X_{(1)} - (1/n)$ はその関数で θ の不偏推定量であるから，系 2.1.1 より $\widehat{\theta}^*$ は θ の唯一の UMVU 推定量でその分散は $V_\theta(\widehat{\theta}^*) = 1/n^2$ となり，$\widehat{\theta}^*$ は (2.5.5) の Ch-Ro の下界を達成しない．そのことは，Ch-Ro の不等式の改良の余地を残しているとも考えられる．

【例 1.2.2（続 11）】 $X_1, \ldots, X_n$ を一様分布 $U(0,\theta)$ $(\theta \in \Theta = \boldsymbol{R}_+)$ からの無作為標本とし，$g(\theta) = \theta$ の推定問題を考える．このとき，(2.5.1) より

$$S(\theta) = \{\boldsymbol{x}|\ f_{\boldsymbol{X}}(\boldsymbol{x};\theta) > 0\} = \{\boldsymbol{x}|\ 0 \leq x_{(n)} \leq \theta\}$$

となるから，$\theta > \vartheta$ について $S(\theta) \supset S(\vartheta)$ になる．ここで，

$$E_\theta\left[\frac{f_{\boldsymbol{X}}(\boldsymbol{X};\vartheta)}{f_{\boldsymbol{X}}(\boldsymbol{X};\theta)}\right] = 1,$$

$$E_\theta\left[\left\{\frac{f_{\boldsymbol{X}}(\boldsymbol{X};\vartheta)}{f_{\boldsymbol{X}}(\boldsymbol{X};\theta)}\right\}^2\right] = \int\cdots\int_{\{\boldsymbol{x}|0\leq x_{(n)}\leq \vartheta\}} \left(\frac{\theta}{\vartheta}\right)^{2n} \frac{1}{\theta^n} d\boldsymbol{x} = \left(\frac{\theta}{\vartheta}\right)^n$$

より

$$V_\theta\left(\frac{f_{\boldsymbol{X}}(\boldsymbol{X};\vartheta)}{f_{\boldsymbol{X}}(\boldsymbol{X};\theta)}\right) = (\theta/\vartheta)^n - 1$$

となるから，(2.5.2) より θ の任意の不偏推定量 $\widehat{\theta} = \widehat{\theta}(\boldsymbol{X})$ について

$$V_\theta(\widehat{\theta}) \geq \sup_{\vartheta:0<\vartheta<\theta} \frac{(\vartheta-\theta)^2}{(\theta/\vartheta)^n-1} = \sup_{0<t<1} \frac{\theta^2 t^n (1-t)^2}{1-t^n} = \theta^2 B_n \qquad (2.5.6)$$

となる．ここで，B_n は n の単調減少列になる．一方，2.1 節の例 1.2.2（続 8）より $\widehat{\theta}^* = (n+1)X_{(n)}/n$ は θ の UMVU 推定量であり，その分散は $V_\theta(\widehat{\theta}^*) = \theta^2/\{n(n+2)\}$ となる．特に，$n=1$ とすると，(2.5.6) より Ch-Ro の下界は $\theta^2/4$ となり，$V_\theta(\widehat{\theta}^*) = \theta^2/3$ となるから $\widehat{\theta}^*$ の分散は Ch-Ro の下界よりも大きくなる．なお，表 2.5.1 において Ch-Ro の下界 (2.5.6) の B_n $(n=1,\ldots,5)$ の値が得られている．

表 2.5.1　Ch-Ro の下界 $\theta^2 B_n$ の B_n

n	1	2	3	4	5
B_n	0.25	0.090	0.047	0.029	0.020

問 2.5.1　確率変数 X が例 1.4.2 の離散一様分布に従うとする．このとき，$g(\theta) = \theta$ の推定において Ch-Ro の下界と θ の UMVU 推定量の分散を比較せよ．ただし，$\theta \geq 2$ とする．

2.6　中央値不偏推定量の集中確率の上界と有効性

1.3 節において中央値不偏 (MU) 推定量について述べたが，本節では仮説検定論の最強力検定の手法を用いて MU 推定量の集中確率の上界を求め，その上界の達成について例を挙げる[15]．

まず，$X_1, \ldots, X_n$ を p.d.f. $p(x; \theta)$ $(\theta \in \Theta \subset \mathbf{R}^1)$ をもつ分布からの無作為標本とし，Θ を開区間とする．いま，$g(\theta)$ を θ の実数値関数とし，$\boldsymbol{X} = (X_1, \ldots, X_n)$ に基づく $g(\theta)$ の推定量を $\widehat{g}(\boldsymbol{X})$ とする．このとき，(1.3.15) より $\widehat{g}(\boldsymbol{X})$ が $g(\theta)$ の MU 推定量であることは

$$P_\theta\{\widehat{g}(\boldsymbol{X}) \leq g(\theta)\} = P_\theta\{\widehat{g}(\boldsymbol{X}) \geq g(\theta)\} = 1/2, \quad \theta \in \Theta \qquad (2.6.1)$$

となることと同等になる．ここで，$g(\theta) = \theta$ とし，θ の MU 推定量全体のクラスを $\mathscr{M}$ と表す．

次に，θ_0 を Θ に任意に固定し，仮説 $H^+ : \theta = \theta_0 + a$，対立仮説 $K : \theta = \theta_0$ の（有意）水準 $1/2$ の検定問題を考える．ただし，$a > 0$ とする．そして，$\phi^+(\boldsymbol{X})$ を**最強力検定** (most powerful test) とする．ここで，θ の任意の MU 推定量 $\widehat{\theta} = \widehat{\theta}(\boldsymbol{X})$，すなわち $\widehat{\theta} \in \mathscr{M}$ について

---

[15] ここでの理論展開については大偏差有効性を論じた論文 Akahira, M. (2010). The first- and second-order large-deviation efficiency for an exponential family and certain curved exponential models. *Commun. Statist. – Theory and Methods*, **39**(8-9), 1387-1403 による．

$$A_{\widehat{\theta}} = \{\boldsymbol{x} |\ \widehat{\theta}(\boldsymbol{x}) \leq \theta_0 + a\}$$

とおくと，(2.6.1) より定義関数 $\chi_{A_{\widehat{\theta}}}(\boldsymbol{x})$ は水準 1/2 の検定になる．ただし，$\boldsymbol{x} = (x_1, \ldots, x_n)$ とする．このとき，検出力について

$$E_{\theta_0}(\phi^+) \geq E_{\theta_0}[\chi_{A_{\widehat{\theta}}}] = P_{\theta_0}\{\widehat{\theta}(\boldsymbol{X}) - \theta_0 \leq a\} \qquad (2.6.2)$$

となる．式 (2.6.2) による上界を具体的に求めるためには，**ネイマン・ピアソン (Neyman-Pearson) の基本定理**[16]より，各 $j = 1, \ldots, n$ について $Z_j(\theta) = \log(p(X_j; \theta)/p(X_j; \theta + a))$ とおくと，棄却域

$$\sum_{j=1}^{n} Z_j(\theta_0) > k \qquad (2.6.3)$$

をもつ検定は最強力になるので，それを $\phi^+(\boldsymbol{X})$ として検出力 $E_{\theta_0}(\phi^+) = P_{\theta_0}\{\sum_{j=1}^{n} Z_j(\theta_0) > k\}$ を計算すればよい．ただし，k は検定の水準が 1/2 をもつように決められた定数とする．さらに，$a < 0$ として，仮説 $H^- : \theta = \theta_0 + a$, 対立仮説 $K : \theta = \theta_0$ の水準 1/2 の検定問題において，最強力検定を $\phi^-(\boldsymbol{X})$ とすると，(2.6.1) より $A_{\widehat{\theta}}$ の補集合 $A_{\widehat{\theta}}^c$ の定義関数 $\chi_{A_{\widehat{\theta}}^c}(\boldsymbol{x})$ も水準 1/2 の検定になるから，任意の $\widehat{\theta} \in \mathscr{M}$ について

$$P_{\theta_0}\{\widehat{\theta}(\boldsymbol{X}) - \theta_0 > a\} = E_\theta[\chi_{A_{\widehat{\theta}}^c}] \leq E_{\theta_0}(\phi^-)$$

となり，

$$P_{\theta_0}\{\widehat{\theta}(\boldsymbol{X}) - \theta_0 \leq a\} \geq 1 - E_{\theta_0}(\phi^-) \qquad (2.6.4)$$

になる．ここで，ϕ^+ の場合と同様に，(2.6.3) を棄却域としてもつ検定は最強力検定になるので，それを ϕ^- とする．

いま，

$$\beta_\theta^+(a) = E_\theta(\phi^+)\ (a > 0), \quad \beta_\theta^-(a) = 1 - E_\theta(\phi^-)\ (a < 0) \qquad (2.6.5)$$

---

[16] ネイマン・ピアソンの基本定理については，赤平 [A03] の p.226 の定理 A.9.2.1 参照．

とおくと，θ_0 は任意であるから，(2.6.2), (2.6.4), (2.6.5) より任意の $\widehat{\theta} \in \mathscr{M}$，任意の $\theta \in \Theta$ について

$$P_\theta\{\widehat{\theta}(\boldsymbol{X}) - \theta \leq a\} \leq \beta_\theta^+(a) \quad (a > 0),$$
$$P_\theta\{\widehat{\theta}(\boldsymbol{X}) - \theta \leq a\} \geq \beta_\theta^-(a) \quad (a < 0)$$

となる．ここで，$a = 0$ のときは，$\beta_\theta^+(0) = \beta_\theta^-(0) = 1/2$ とし，$\beta_\theta^+(a)$, $\beta_\theta^-(a)$ を $\widehat{\theta}(\boldsymbol{X}) - \theta$ の c.d.f. の**限界** (bound) または単に $\widehat{\theta}(\boldsymbol{X})$ の分布の限界という．よって，任意の $\widehat{\theta} \in \mathscr{M}$，任意の $\theta \in \Theta$，任意の正数 a, b について

$$P_\theta\{-a \leq \widehat{\theta}(\boldsymbol{X}) - \theta \leq b\} \leq \beta_\theta^+(b) - \beta_\theta^-(-a) \tag{2.6.6}$$

となり，(2.6.6) の左辺を MU 推定量の θ の周りでの**集中確率** (concentration probability) といい，その右辺は**上界** (upper bound) になる．特に，(2.6.6) において $a = b$ とすると

$$P_\theta\{|\widehat{\theta}(\boldsymbol{X}) - \theta| \leq a\} \leq \beta_\theta^+(a) - \beta_\theta^-(-a)$$

となる．そこで，$\widehat{\theta}_n^* (\in \mathscr{M})$ の θ の周りでの集中確率が，任意の $\theta \in \Theta$，任意の正数 a, b について上界（(2.6.6) の右辺）に一致，すなわちその上界を達成するとき，$\widehat{\theta}_n^*$ を $\mathscr{M}$ において θ の**有効推定量**であるという．このとき，$\widehat{\theta}_n^*$ は $\mathscr{M}$ において最大集中確率をもつ．特に，$a = b$ の場合に，$\widehat{\theta}_n^*$ を $\mathscr{M}$ において θ の**対称有効推定量** (symmetrically efficient estimator) ということにすると，$\mathscr{M}$ において θ の有効推定量ならば対称有効推定量になる．

ここで，p.d.f.

$$p(x; \theta) = \exp\{Q(\theta)u(x) + C(\theta) + S(x)\}, \quad x \in \mathcal{X} \tag{2.6.7}$$

をもつ指数型分布族を考える．ただし，$Q(\theta)$ は θ の単調関数とし，$\mathcal{X}(\subset \mathbf{R}^1)$ は θ に無関係とする．このとき，各 $j = 1, \ldots, n$ について

2.6 中央値不偏推定量の集中確率の上界と有効性

$$Z_j(\theta) = \log \frac{p(X_j;\theta)}{p(X_j;\theta+a)}$$
$$= C(\theta) - C(\theta+a) + \{Q(\theta) - Q(\theta+a)\}u(X_j)$$

になる．いま，$\overline{u}(\boldsymbol{X}) = (1/n)\sum_{j=1}^{n} u(X_j)$ とおいて，(2.6.3) より

$$\frac{1}{2} = P_{\theta_0+a}\left\{\sum_{j=1}^{n} Z_j(\theta_0) > k\right\}$$
$$= P_{\theta_0+a}\left\{(Q(\theta_0) - Q(\theta_0+a))\overline{u}(\boldsymbol{X}) > C(\theta_0+a) - C(\theta_0) + \frac{k}{n}\right\} \tag{2.6.8}$$

となる k を求めれば，最強力検定 ϕ^+, ϕ^- を得ることができ，(2.6.5) より $\beta_\theta^+, \beta_\theta^-$ を求めて (2.6.6) の右辺の上界を得ることができる．実際には，

$$K_{\theta_0}(a) = \frac{1}{Q(\theta_0) - Q(\theta_0+a)}\left\{C(\theta_0+a) - C(\theta_0) + \frac{k}{n}\right\} \tag{2.6.9}$$

とおいて，次のように場合分けをして棄却域を単純化してから k を求めればよい．

(i) $Q(\theta)$ が単調増加であるとき，(2.6.3) より棄却域は

$$\begin{cases} \overline{u}(\boldsymbol{X}) < K_{\theta_0}(a) & (a > 0), \\ \overline{u}(\boldsymbol{X}) > K_{\theta_0}(a) & (a < 0) \end{cases} \tag{2.6.10}$$

となる．

(ii) $Q(\theta)$ が単調減少であるとき，(2.6.3) より棄却域は

$$\begin{cases} \overline{u}(\boldsymbol{X}) > K_{\theta_0}(a) & (a > 0), \\ \overline{u}(\boldsymbol{X}) < K_{\theta_0}(a) & (a < 0) \end{cases}$$

となる．

【例 1.1.1（続 12）】 $X_1, \ldots, X_n$ を正規分布 $N(\theta, 1)$ $(\theta \in \Theta = \mathbf{R}^1)$ からの無作為標本とする．このとき，$N(\theta, 1)$ の p.d.f. は $p(x;\theta) =$

$(1/\sqrt{2\pi})e^{-(x-\theta)^2/2}$ $(x \in \mathbf{R}^1)$ となり,(2.6.7) において,$Q(\theta) = \theta, u(x) = x, C(\theta) = -\theta^2/2, S(x) = -(x^2 + \log 2\pi)/2$ になる.ここで,(2.6.9) より

$$K_{\theta_0}(a) = \theta_0 + \frac{a}{2} - \frac{k}{an}$$

となるから,(2.6.8), (2.6.10) より $a > 0$ について

$$\frac{1}{2} = P_{\theta_0+a}\left\{\overline{X} < \theta_0 + \frac{a}{2} - \frac{k}{an}\right\}$$
$$= P_{\theta_0+a}\left\{\sqrt{n}(\overline{X} - \theta_0 - a) < -\sqrt{n}\left(\frac{a}{2} + \frac{k}{an}\right)\right\}$$

となり,$k = k_0 = -a^2n/2$ となる.ただし,$\overline{X} = (1/n)\sum_{j=1}^{n} X_j$ とする.このとき,

$$\beta^+_{\theta_0}(a) = E_{\theta_0}(\phi^+) = P_{\theta_0}\left\{\sum_{j=1}^{n} X_j > k_0\right\}$$
$$= P_{\theta_0}\{\overline{X} - \theta_0 < a\} = P_{\theta_0}\{\sqrt{n}(\overline{X} - \theta_0) < \sqrt{n}a\} \quad (2.6.11)$$

となり,対立仮説 $K : \theta = \theta_0$ の下では $\overline{X}$ は正規分布 $N(\theta_0, 1/n)$ に従うので,Φ を $N(0,1)$ の c.d.f. とすれば,$\beta^+_{\theta_0}(a) = \Phi(\sqrt{n}a)$ になる.また,$a < 0$ についても同様にして

$$\beta^-_{\theta_0}(a) = 1 - E_{\theta_0}(\phi^-)$$
$$= 1 - P_{\theta_0}\{\sqrt{n}(\overline{X} - \theta_0) > \sqrt{n}a\}$$
$$= P_{\theta_0}\{\sqrt{n}(\overline{X} - \theta_0) \leq \sqrt{n}a\} = \Phi(\sqrt{n}a) \quad (2.6.12)$$

になる.よって,(2.6.6), (2.6.11), (2.6.12) より,任意の $\widehat{\theta} \in \mathscr{M}$,任意の $\theta \in \Theta$,任意の正数 a, b について

$$P_\theta\left\{-a \leq \widehat{\theta}(\boldsymbol{X}) - \theta \leq b\right\} \leq \Phi(\sqrt{n}b) + \Phi(\sqrt{n}a) - 1$$

となる.そして (2.6.11), (2.6.12) より,$\overline{X}$ はこの集中確率の上界を達成する MU 推定量になるので,$\mathscr{M}$ において θ の有効推定量になる.一方,2.1 節の例 1.1.1(続 9)より $\overline{X}$ は θ の UMVU 推定量でもある.

2.6 中央値不偏推定量の集中確率の上界と有効性

【例 2.6.1】（ガンマモデル） $X_1,\ldots,X_n$ を p.d.f.

$$p(x;\alpha,\theta) = \frac{1}{\theta\Gamma(\alpha)}\left(\frac{x}{\theta}\right)^{\alpha-1}e^{-x/\theta}\chi_{(0,\infty)}(x), \quad (\alpha,\theta)\in\mathbf{R}_+^2 \quad (2.6.13)$$

をもつガンマ分布 $G(\alpha,\theta)$ からの無作為標本とする．ここで，α を既知とし，θ を未知とする．このとき，ガンマ分布の再生性より $T=\sum_{i=1}^n X_i$ は $G(n\alpha,\theta)$ に従う（1.5 節の脚注[28] 参照）．ここで，

$$\frac{1}{\Gamma(\alpha)}\int_0^{M(\alpha)} x^{\alpha-1}e^{-x}dx = \frac{1}{2} \quad (2.6.14)$$

となる $M(\alpha)$ は存在するから，T の p.d.f.

$$f_T(t;\alpha,\theta) = \frac{1}{\theta\Gamma(n\alpha)}\left(\frac{t}{\theta}\right)^{n\alpha-1}e^{-t/\theta}\chi_{(0,\infty)}(t) \quad (2.6.15)$$

について

$$\frac{1}{2} = \int_0^m f_T(t;\alpha,\theta)dt = \int_0^{m/\theta}\frac{1}{\Gamma(n\alpha)}u^{n\alpha-1}e^{-u}du$$

となる m は $m=\theta M(n\alpha)$ になり，θ に比例する．このことから，$\widehat{\theta}_{\mathrm{MU}} = T/M(n\alpha)$ は θ の MU 推定量であることがわかる．次に，(2.6.13) より

$$p(x;\alpha,\theta) = \exp\left\{-\frac{x}{\theta} - \alpha\log\theta - \log\Gamma(\alpha) + (\alpha-1)\log x\right\}$$

となるので，(2.6.7) において $Q(\theta)=-1/\theta$, $u(x)=x$, $C(\theta)=-\alpha\log\theta$ になる．ここで，(2.6.9) の $K_{\theta_0}(a)$ において (2.6.10), (2.6.15) より $a>0$ について

$$\frac{1}{2} = P_{\theta_0+a}\{\overline{X} < K_{\theta_0}(a)\} = P_{\theta_0+a}\{T < nK_{\theta_0}(a)\}$$
$$= \frac{1}{\Gamma(n\alpha)}\int_0^{nK_{\theta_0}(a)/(\theta_0+a)} y^{n\alpha-1}e^{-y}dy$$

になるから，(2.6.14) より

$$K_{\theta_0}(a) = \frac{\theta_0+a}{n}M(n\alpha)$$

になり，(2.6.9) より k も求められる．このとき，(2.6.15) より棄却域 $\overline{X} < K_{\theta_0}(a)$ をもつ ϕ^+ の検出力は

$$\beta_{\theta_0}^+(a) = E_{\theta_0}(\phi^+) = P_{\theta_0}\{\overline{X} < K_{\theta_0}(a)\} = P_{\theta_0}\left\{\overline{X} < \frac{\theta_0 + a}{n}M(n\alpha)\right\}$$

$$= P_{\theta_0}\{T < (\theta_0 + a)M(n\alpha)\}$$

$$= \frac{1}{\Gamma(n\alpha)}\int_0^{((\theta_0+a)/\theta_0)M(n\alpha)} y^{n\alpha-1}e^{-y}dy$$

$$= \frac{1}{\Gamma(n\alpha)}\gamma\left(n\alpha, \frac{\theta_0 + a}{\theta_0}M(n\alpha)\right) \qquad (2.6.16)$$

になる．ただし，γ は**不完全ガンマ関数** $\gamma(\alpha, p) = \int_0^p t^{\alpha-1}e^{-t}dt$ ($\alpha \in \mathbf{R}_+$) とする．また，$a < 0$ のときには，(2.6.10) より (2.6.9) の $K_{\theta_0}(a)$ について，$P_{\theta_0+a}\{\overline{X} > K_{\theta_0}(a)\} = 1/2$ となるから，$P_{\theta_0+a}\{\overline{X} \leq K_{\theta_0}(a)\} = 1/2$ となり，$a > 0$ の場合と同様に $K_{\theta_0}(a) = (\theta_0 + a)M(n\alpha)/n$ となる．このとき，棄却域 $\overline{X} > K_{\theta_0}(a)$ をもつ ϕ^- の検出力は

$$E_{\theta_0}(\phi^-) = P_{\theta_0}\{\overline{X} > K_{\theta_0}(a)\} = P_{\theta_0}\left\{\overline{X} > \frac{\theta_0 + a}{n}M(n\alpha)\right\}$$

$$= 1 - P_{\theta_0}\left\{\overline{X} \leq \frac{\theta_0 + a}{n}M(n\alpha)\right\}$$

となり，(2.6.5), (2.6.16) より

$$\beta_{\theta_0}^-(a) = 1 - E_{\theta_0}(\phi^-) = P_{\theta_0}\left\{\overline{X} \leq \frac{\theta_0 + a}{n}M(n\alpha)\right\}$$

$$= \frac{1}{\Gamma(n\alpha)}\gamma\left(n\alpha, \frac{\theta_0 + a}{\theta_0}M(n\alpha)\right) \qquad (2.6.17)$$

となる．よって，(2.6.6), (2.6.16), (2.6.17) より任意の $\widehat{\theta} \in \mathscr{M}$, 任意の $\theta \in \Theta$, 任意の正数 a, b について

$$P_\theta\{-a \leq \widehat{\theta}(\boldsymbol{X}) - \theta \leq b\}$$
$$\leq \frac{1}{\Gamma(n\alpha)}\left\{\gamma\left(n\alpha, \frac{\theta + b}{\theta}M(n\alpha)\right) - \gamma\left(n\alpha, \frac{\theta - a}{\theta}M(n\alpha)\right)\right\} \qquad (2.6.18)$$

になる．

さらに，MU 推定量 $\widehat{\theta}_{\mathrm{MU}} = T/M(n\alpha)$ について，(2.6.16) より任意の $\theta \in \Theta$, 任意の $a \in \mathbf{R}^1$ について

$$P_\theta\{\widehat{\theta}_{\mathrm{MU}} - \theta \leq a\} = P_\theta\{T \leq (\theta + a)M(n\alpha)\}$$
$$= \frac{1}{\Gamma(n\alpha)}\gamma\left(n\alpha, \frac{\theta + a}{\theta}M(n\alpha)\right)$$

になる．よって，$\widehat{\theta}_{\mathrm{MU}}$ は集中確率の上界，すなわち (2.6.18) の右辺を達成するので，$\widehat{\theta}_{\mathrm{MU}}$ は $\mathscr{M}$ において θ の有効推定量になる．一方，3.1 節の例 2.6.1（続 1）において $T/(n\alpha)$ が θ の UMVU 推定量であることが示されるが，$\widehat{\theta}_{\mathrm{MU}}$ は T の係数がそれと異なっている．

一般の分布の場合には，漸近中央値不偏推定量について同様に漸近理論を展開できる（付録 A.2 参照）．

問 2.6.1 $X_1, \ldots, X_n$ を p.d.f. $p(x;\theta) = \sqrt{2/(\pi\theta)}e^{-x^2/(2\theta)}\chi_{(0,\infty)}(x)$ ($\theta \in \mathbf{R}_+$) をもつ**半正規分布** (half-normal distribution)[17]に従うとする．このとき，θ の MU 推定量の集中確率の上界を求め，$\mathscr{M}$ における θ の有効推定量を求めよ．

---

[17]確率変数 X が正規分布 $N(0,\theta)$ に従うとき，$Y = |X|$ が半正規分布に従う．

第 3 章

不偏推定量の構成

前章において,不偏推定量を一つ見つければ,そこから完備十分統計量に基づく UMVU 推定量が具体的に求められる可能性がでてくることがわかった.そこで,本章では,まず偏り補正法による不偏推定量の導出,ジャックナイフ法による偏り削減,不偏推定量の構成法等について論じる.そして,密度,分布,信頼度関数の不偏推定についても考える.

3.1 単純な偏り補正法

1.3 節の例 1.2.1(続 1),例 1.1.2(続 4),例 1.2.2(続 1)において論じた観点から考える.まず,確率ベクトル $\boldsymbol{X} = (X_1, \ldots, X_n)$ の j.p.d.f. または j.p.m.f. を $f_{\boldsymbol{X}}(\boldsymbol{x}; \theta)$ $(\theta \in \Theta)$ とし,θ の関数 $g(\theta)$ の推定量を $\widehat{g}(\boldsymbol{X})$ とする.ただし,$\boldsymbol{x} = (x_1, \ldots, x_n)$ とする.

いま,例 1.2.1(続 1)の (1.3.3),例 1.1.2(続 4)の (1.3.4)のように,任意の $\theta \in \Theta$ について $E_\theta[\widehat{g}(\boldsymbol{X})] = c_n g(\theta)$ であるとする.ただし,c_n は θ に無関係な 0 でない定数とする.このとき,$(1/c_n)\widehat{g}(\boldsymbol{X})$ が $g(\theta)$ の不偏推定量になる.

【例 2.6.1(続 1)】 $X_1, \ldots, X_n$ を (2.6.13) の p.d.f. をもつガンマ分布 $G(\alpha, \theta)$ からの無作為標本とする.ここで,α を既知として,$g(\theta) = \theta$ の不偏推定を考える.ここで,$\boldsymbol{X} = (X_1, \ldots, X_n)$ の j.p.d.f. は

$$f_{\boldsymbol{X}}(\boldsymbol{x};\alpha,\theta)$$
$$= \exp\left\{-\frac{1}{\theta}\sum_{i=1}^{n} x_i - n\alpha\log\theta - n\log\Gamma(\alpha) + (\alpha-1)\sum_{i=1}^{n}\log x_i\right\}$$
$$\left(0 < x_{(1)} = \min_{1\leq i\leq n} x_i\right)$$

となり,この分布は1母数指数型分布族に属するから,1.5節の例1.4.3(続1)より $T = \sum_{i=1}^{n} X_i$ は θ に対する完備十分統計量になる.また,ガンマ分布は再生性をもつから T は $G(n\alpha,\theta)$ に従うので,その期待値は $E_\theta(T) = n\alpha\theta$ になる (1.5節の脚注[28]参照).よって,系2.1.1より,$\widehat{\theta} = T/(n\alpha)$ は UMVU 推定量になる.また,その事実は定理2.2.1からも確かめられる.

【例 3.1.1】(逆ガウスモデル) $X_1,\ldots,X_n$ を p.d.f.

$$p(x;\mu,\lambda) = \sqrt{\frac{\lambda}{2\pi x^3}}\left\{\exp\left(-\frac{\lambda(x-\mu)^2}{2\mu^2 x}\right)\right\}\chi_{(0,\infty)}(x),\quad (\mu,\lambda)\in \mathbf{R}_+^2 \tag{3.1.1}$$

をもつ**逆ガウス分布** (inverse Gaussian distribution) $\mathrm{IG}(\mu,\lambda)$ からの無作為標本とする.いま,母数 $\boldsymbol{\theta} = (\mu,\lambda)$ を未知とし,$g(\boldsymbol{\theta}) = \lambda$ の不偏推定を考える.まず,(3.1.1) より $\boldsymbol{X} = (X_1,\ldots,X_n)$ の j.p.d.f. は

$$f_{\boldsymbol{X}}(\boldsymbol{x};\mu,\lambda) = \left(\frac{\lambda}{2\pi}\right)^{n/2} e^{n\lambda/\mu}\prod_{i=1}^{n} x_i^{-3/2}$$
$$\cdot \left\{\exp\left(-\frac{\lambda}{2\mu^2}\sum_{i=1}^{n} x_i - \frac{\lambda}{2}\sum_{i=1}^{n}\frac{1}{x_i}\right)\right\}\chi_{(0,\infty)}(x_{(1)})$$

になり,例1.4.3よりこれは2母数指数型分布族に属する.ただし,$x_{(1)} = \min_{1\leq i\leq n} x_i$ とする.ここで,$T_1(\boldsymbol{x}) = \sum_{i=1}^{n} x_i$,$T_2(\boldsymbol{x}) = \sum_{i=1}^{n}(1/x_i)$ とおくと,1.5節の例1.4.3(続1)より $(T_1(\boldsymbol{X}), T_2(\boldsymbol{X})) = (\sum_{i=1}^{n} X_i, \sum_{i=1}^{n}(1/X_i))$ は $\boldsymbol{\theta} = (\mu,\lambda)$ に対する完備十分統計量になる.一方,

$$\widehat{\mu} = \frac{1}{n}T_1(\boldsymbol{X}) = \frac{1}{n}\sum_{i=1}^{n} X_i = \overline{X},$$

$$\widehat{\lambda} = n \bigg/ \left\{ T_2(\boldsymbol{X}) - \frac{n^2}{T_1(\boldsymbol{X})} \right\} = n \bigg/ \sum_{i=1}^{n} \left(\frac{1}{X_i} - \frac{1}{\overline{X}} \right)$$

とすると，$\boldsymbol{\theta} = (\mu, \lambda)$ の MLE は $\widehat{\boldsymbol{\theta}}_{\mathrm{ML}} = (\widehat{\mu}, \widehat{\lambda})$ になる．このとき，$\widehat{\mu}$, $\widehat{\lambda}$ はたがいに独立で，$\widehat{\mu}$ は逆ガウス分布 $\mathrm{IG}(\mu, n\lambda)$ に従い，$n\lambda/\widehat{\lambda}$ は χ^2_{n-1} 分布に従う[1]．ここで，$\widehat{\boldsymbol{\theta}}_{\mathrm{ML}}$ は (T_1, T_2) の 1-1 関数であることから，注意 1.4.2 と 1.5 節の脚注[22] より，$\widehat{\boldsymbol{\theta}}_{\mathrm{ML}}$ は $\boldsymbol{\theta}$ に対する完備十分統計量になる．そして任意の $\boldsymbol{\theta}$ について

$$E_{\boldsymbol{\theta}}(\widehat{\lambda}) = n\lambda E_{\boldsymbol{\theta}}\left[\frac{\widehat{\lambda}}{n\lambda}\right] = \frac{n\lambda}{n-3}$$

となるから，$\widehat{g}(\boldsymbol{X}) = \{(n-3)/n\}\widehat{\lambda} = (n-3)/\{\sum_{i=1}^{n}((1/X_i) - (1/\overline{X}))\}$ が $g(\boldsymbol{\theta}) = \lambda$ の唯一の UMVU 推定量になる．ただし，$n > 3$ とする．

また，$g(\boldsymbol{\theta}) = \lambda^2$ の不偏推定については

$$E_{\boldsymbol{\theta}}(\widehat{\lambda^2}) = n^2\lambda^2 E_{\boldsymbol{\theta}}\left[\left(\frac{\widehat{\lambda}}{n\lambda}\right)^2\right] = \frac{n^2\lambda^2}{(n-3)(n-5)}$$

となるから，$\widehat{g}(\boldsymbol{X}) = (n-3)(n-5)/[\sum_{i=1}^{n}\{(1/X_i) - (1/\overline{X})\}]^2$ が $g(\boldsymbol{\theta}) = \lambda^2$ の唯一の UMVU 推定量になる．ただし，$n > 5$ とする．

3.2　ジャックナイフ法とブートストラップ法

推定量の偏りを削減する方法として，**ジャックナイフ** (jackknife) **法**が

---

[1] この事実は，Tweedie, M. C. K. (1957). Statistical properties of inverse Gaussian distributions I. *Ann. Math. Statist.*, **28**, 362-377 によるが，もっと簡単なその帰納的証明については，Schwarz, C. J. and Samanta, M. (1991). An inductive proof of the sampling distributions for the MLE's of the parameters in an inverse Gaussian distribution. *American Statistician*, **45**, 223-225 参照．

よく知られている[2]．前節と同様に $\boldsymbol{X} = (X_1, \ldots, X_n)$ に基づく $g(\theta)$ の推定量を $\widehat{g}_n(\boldsymbol{X})$ とする．そして各 $j = 1, \ldots, n$ について，$X_1, \ldots, X_n$ から X_j を除いたものに基づく推定量を

$$\widehat{g}_{n-1}^{(j)} = \widehat{g}_{n-1}^{(j)}(X_1, \ldots, X_{j-1}, X_{j+1}, \ldots, X_n)$$

とし，$\widehat{g}_{n-1}^{(1)}, \ldots, \widehat{g}_{n-1}^{(n)}$ に基づいて $g(\theta)$ の**ジャックナイフ推定量**を

$$\widehat{g}_{\mathrm{JK}} = n\widehat{g}_n - \frac{n-1}{n}\sum_{j=1}^{n}\widehat{g}_{n-1}^{(j)} \tag{3.2.1}$$

によって定義する．いま，

$$E_\theta(\widehat{g}_n) = g(\theta) + \frac{b_1(\theta)}{n} + \frac{b_2(\theta)}{n^2} + \frac{b_3(\theta)}{n^3} + \cdots \tag{3.2.2}$$

とし，また，各 $j = 1, \ldots, n$ について

$$E_\theta[\widehat{g}_{n-1}^{(j)}] = g(\theta) + \frac{b_1(\theta)}{n-1} + \frac{b_2(\theta)}{(n-1)^2} + \frac{b_3(\theta)}{(n-1)^3} + \cdots$$

とする．ただし，$b_i(\theta)$ ($i = 1, 2, \ldots$) は n に無関係とする．このとき，(3.2.1) より

$$E_\theta(\widehat{g}_{\mathrm{JK}}) = g(\theta) - \frac{1}{n(n-1)}b_2(\theta) - \frac{2n-1}{n^2(n-1)^2}b_3(\theta) + \cdots \tag{3.2.3}$$

となるから，$n \to \infty$ のとき

$$E_\theta(\widehat{g}_{\mathrm{JK}}) = g(\theta) - \frac{b_2(\theta)}{n^2} - \frac{1}{n^3}\{b_2(\theta) + 2b_3(\theta)\} + O\left(\frac{1}{n^4}\right)$$

となり，$1/n$ の次数の偏りは削減されることがわかる．そこで，$\widehat{g}_n$ が任意の θ について $E_\theta(\widehat{g}_n) = g(\theta) + (1/n)b_1(\theta)$，すなわち (3.2.2) において $b_i(\theta) \equiv 0$ ($i = 2, 3, \ldots$) ならば，(3.2.3) より $\widehat{g}_{\mathrm{JK}}$ は $g(\theta)$ の不偏推定量になる．

【例 1.1.2（続 9）】 $X_1, \ldots, X_n$ をベルヌーイ分布 $\mathrm{Ber}(\theta)$ ($\theta \in \Theta = (0, 1)$)

---

[2] ジャックナイフ法については Quenouille, M. H. (1956). Notes on bias in estimation. *Biomekrika*, **43**, 353-360 参照．

からの無作為標本とする．このとき，$g(\theta) = \theta^2$ の推定問題について考える．まず，1.2 節の例 1.1.2（続 2）より θ の MLE は $\overline{X} = (1/n)\sum_{i=1}^{n} X_i$ となる．また，MLE の不変性[3]から $g(\theta) = \theta^2$ の MLE は $\widehat{g}_n(\boldsymbol{X}) = \overline{X}^2$ になり，任意の $\theta \in \Theta$ について $E_\theta(\overline{X}^2) = \theta^2 + (1/n)\theta(1-\theta)$ となるから，$\widehat{g}_n(\boldsymbol{X}) = \overline{X}^2$ は $g(\theta) = \theta^2$ の不偏推定量ではない．ここで，各 $j = 1,\ldots,n$ について $X_1,\ldots,X_{j-1},X_{j+1},\ldots,X_n$ に基づく $g(\theta)$ の MLE は

$$\widehat{g}_{n-1}^{(j)} = \left(\sum_{i \neq j} \frac{X_i}{n-1}\right)^2$$

になるから，(3.2.1) より $g(\theta) = \theta^2$ の MLE に基づくジャックナイフ推定量は

$$\begin{aligned}\widehat{g}_{\mathrm{JK}} &= n\overline{X}^2 - \frac{n-1}{n}\sum_{j=1}^{n}\left(\frac{1}{n-1}\sum_{i \neq j}X_i\right)^2 \\ &= \frac{1}{n(n-1)}\sum\sum_{i \neq j}X_i X_j \\ &= \frac{\overline{X}(n\overline{X}-1)}{n-1}\end{aligned} \quad (3.2.4)$$

になり，また，任意の $\theta \in \Theta$ について

$$E_\theta(\widehat{g}_{\mathrm{JK}}) = \frac{1}{n(n-1)}\sum\sum_{i \neq j}E_\theta(X_i)E_\theta(X_j) = \theta^2$$

となるから，$\widehat{g}_{\mathrm{JK}}$ は $g(\theta) = \theta^2$ の不偏推定量になる．さらに，1.5 節の例 1.1.2（続 5）より $\overline{X}$ は θ に対する完備十分統計量であるから，系 2.1.1 より (3.2.4) の $\widehat{g}_{\mathrm{JK}}$ は $g(\theta) = \theta^2$ の唯一の UMVU 推定量になる．

【例 1.2.1（続 2）】 $X_1,\ldots,X_n$ を平均 μ，分散 σ^2 をもつ分布 $P(\mu,\sigma^2)$ $((\mu,\sigma^2) \in \Theta = \mathbf{R}^1 \times \mathbf{R}_+)$ からの無作為標本とする．このとき，μ，σ^2

---

[3] 命題「$\widehat{\theta} = \widehat{\theta}(\boldsymbol{X})$ を θ の MLE とすれば，Θ 上の任意の関数 g に対して $g(\theta)$ の MLE は $g(\widehat{\theta})$ である」を MLE の **不変性** (invariance) といい，その証明については赤平 [A03] の定理 A.7.1.1 (p.215) 参照．

はともに未知として $\boldsymbol{\theta} = (\mu, \sigma^2)$ とおいて $\boldsymbol{\theta}$ の関数 $g(\boldsymbol{\theta}) = \sigma^2$ の推定問題を考える.例 1.2.1,1.3 節の例 1.2.1(続 1)より $g(\boldsymbol{\theta})$ のモーメント推定量は

$$\widehat{g}_n(\boldsymbol{X}) = S^2 = \frac{1}{n}\sum_{i=1}^{n}(X_i - \overline{X})^2$$

になり,任意の $\boldsymbol{\theta} \in \Theta$ について $E_{\boldsymbol{\theta}}[\widehat{g}_n(\boldsymbol{X})] = E_{\boldsymbol{\theta}}(S^2) = \sigma^2 - (\sigma^2/n)$ となるから $\widehat{g}_n$ は $g(\boldsymbol{\theta}) = \sigma^2$ の不偏推定量ではない.そこで,各 $j = 1,\ldots,n$ について,$X_1,\ldots,X_{j-1},X_{j+1},\ldots,X_n$ に基づく標本平均は $\overline{X}_{-j} = \sum_{i \neq j} X_i/(n-1) = (n\overline{X} - X_j)/(n-1)$ になるから,$X_1,\ldots,X_{j-1},X_{j+1},\ldots,X_n$ に基づく $g(\boldsymbol{\theta})$ のモーメント推定量は

$$\widehat{g}_{n-1}^{(j)}(\boldsymbol{X}) = \frac{1}{n-1}\sum_{i \neq j}(X_i - \overline{X}_{-j})^2$$

になる.そして

$$\begin{aligned}\widehat{g}_{n-1}^{(j)}(\boldsymbol{X}) &= \frac{1}{n-1}\sum_{i \neq j}\left(X_i - \frac{n}{n-1}\overline{X} + \frac{1}{n-1}X_j\right)^2 \\ &= \frac{1}{n-1}\sum_{i=1}^{n}\left\{X_i - \overline{X} + \frac{1}{n-1}(X_j - \overline{X})\right\}^2 - \frac{n^2}{(n-1)^3}(X_j - \overline{X})^2 \\ &= \frac{1}{n-1}\sum_{i=1}^{n}(X_i - \overline{X})^2 - \frac{n}{(n-1)^2}(X_j - \overline{X})^2\end{aligned}$$

となるから,(3.2.1) より $g(\boldsymbol{\theta}) = \sigma^2$ のモーメント推定量に基づくジャックナイフ推定量は

$$\begin{aligned}\widehat{g}_{\mathrm{JK}} &= \sum_{i=1}^{n}(X_i - \overline{X})^2 - \frac{n-1}{n}\sum_{j=1}^{n}\left\{\frac{1}{n-1}\sum_{i=1}^{n}(X_i - \overline{X})^2 \right. \\ &\qquad\qquad \left. - \frac{n}{(n-1)^2}(X_j - \overline{X})^2\right\} \\ &= \frac{1}{n-1}\sum_{j=1}^{n}(X_j - \overline{X})^2 = S_0^2\end{aligned}$$

3.2 ジャックナイフ法とブートストラップ法

になり，これは σ^2 の不偏分散であるから $\widehat{g}_{\mathrm{JK}}$ は $g(\boldsymbol{\theta}) = \sigma^2$ の不偏推定量になる．

【例 1.2.2 （続 12）】 $X_1, \ldots, X_n$ を一様分布 $U(0, \theta)$ $(\theta \in \Theta = \mathbf{R}_+)$ からの無作為標本として，$g(\theta) = \theta$ の推定問題を考える．ただし，$n > 1$ とする．このとき，(2.5.1) より，θ の MLE は $\widehat{\theta}_n(\boldsymbol{X}) = X_{(n)} = \max_{1 \leq i \leq n} X_i$ になり，(1.5.3) より任意の $\theta \in \Theta$ について $E_\theta(\widehat{\theta}_n) = n\theta/(n+1)$ となるから $\widehat{\theta}_n$ は θ の不偏推定量ではない．そこで，各 $j = 2, \ldots, n$ について，$X_1, \ldots, X_{j-1}, X_{j+1}, \ldots, X_n$ に基づく θ の MLE は

$$\widehat{\theta}_{n-1}^{(j)} = \max\{X_1, \ldots, X_{j-1}, X_{j+1}, \ldots, X_n\}$$

になるから

$$\widehat{\theta}_{n-1}^{(j)} = \begin{cases} X_{(n)} & (j \neq n), \\ X_{(n-1)} & (j = n) \end{cases}$$

となる．ただし，$X_{(1)} \leq \cdots \leq X_{(n)}$ は $X_1, \ldots, X_n$ の順序統計量とする．よって，(3.2.1) より θ のジャックナイフ推定量は

$$\widehat{g}_{\mathrm{JK}} = nX_{(n)} - \frac{n-1}{n}\left(\sum_{j=1}^{n-1} X_{(n)} + X_{(n-1)}\right)$$
$$= X_{(n)} + \frac{n-1}{n}(X_{(n)} - X_{(n-1)})$$

になる．ここで，$X_{(n-1)}$ の p.d.f. は

$$f_{X_{(n-1)}}(t) = \frac{n(n-1)}{\theta^n} t^{n-2}(\theta - t)\chi_{[0,\theta)}(t)$$

となるから，$E_\theta[X_{(n-1)}] = (n-1)\theta/(n+1)$ となる．よって

$$E_\theta[\widehat{\theta}_{\mathrm{JK}}] = E_\theta[X_{(n)}] + \frac{n-1}{n}\{E_\theta[X_{(n)}] - E_\theta[X_{(n-1)}]\}$$
$$= \frac{n^2 + n - 1}{n(n+1)}\theta = \theta - \frac{\theta}{n^2} + O\left(\frac{1}{n^3}\right)$$

になる[4]. 一方, θ の MLE $\widehat{\theta}_n = X_{(n)}$ について

$$E_\theta(\widehat{\theta}_n) = E_\theta[X_{(n)}] = \frac{n\theta}{n+1} = \theta - \frac{\theta}{n} + \frac{\theta}{n^2} + O\left(\frac{1}{n^3}\right)$$

となるから, $\widehat{\theta}_{\mathrm{JK}}$ の偏りは $\widehat{\theta}_n$ と比べて n^{-1} の次数の項が削減されていることがわかる.

次に, ブートストラップ法について考える. まず, $X_1, \ldots, X_n$ を c.d.f. F をもつ分布からの無作為標本とし, $\theta(F)$ を F による母数とする. ここで, 各 $i = 1, \ldots, n$ について, X_i の実現値を x_i とし, $\boldsymbol{X} = (X_1, \ldots, X_n)$, $\boldsymbol{x} = (x_1, \ldots, x_n)$ とする. また, $\boldsymbol{X}$ の標本空間を $\mathcal{X}$ とし, X_1 の c.d.f. の集合を $\mathcal{F}$ とする. いま, $R: \mathcal{X} \times \mathcal{F} \to \mathbf{R}^1$, すなわち $\mathcal{X} \times \mathcal{F}$ から $\mathbf{R}^1$ の中への関数の分布を $\boldsymbol{x}$ から推定する問題について論じる. まず, 母数 $\theta(F)$ の推定量を $\widehat{\theta}(\boldsymbol{X})$ とするとき

$$R(\boldsymbol{X}, F) = \widehat{\theta}(\boldsymbol{X}) - \theta(F) \tag{3.2.5}$$

について考える. 一般に**ブートストラップ** (bootstrap) **法**は次のような手順で行う[5].

(i) $\boldsymbol{X} = (X_1, \ldots, X_n)$ に基づく**経験分布関数** (empirical distribution function, 略して e.d.f.)

$$\widehat{F}_n(x) = \frac{\sharp\{i \mid X_i \leq x\}}{n} \quad (x \in \mathcal{X} = \mathbf{R}^1)$$

を求める. ただし, $\sharp\{i \mid X_i \leq x\}$ は $(X_1, \ldots, X_n$ のうちで) $X_i \leq x$ となる i の個数を表す.

(ii) $\widehat{F}_n$ から大きさ n の無作為標本 $X_1^*, \ldots, X_n^*$ をとり, $\boldsymbol{X}^* = (X_1^*, \ldots, X_n^*)$ とし, その実現値を $\boldsymbol{x}^* = (x_1^*, \ldots, x_n^*)$ とする (ここで, $\boldsymbol{X}^*$ の値は $\{x_1, \ldots, x_n\}$ からの復元抽出で, ジャックナイフ法では大きさ $n-1$

---

[4] 一般に, β/α が有界であるとき $\beta = O(\alpha)$ と表し, $O(\cdot)$ をランダウ (Landau) の記号という.

[5] ブートストラップ法については, Efron, B. (1979). Bootstrap methods: another look at the jackknife. *Ann. Statist.*, **7**, 1-26 参照.

の標本の非復元抽出になることに注意).
(iii) $R(\boldsymbol{X}, F)$ の分布を $R^* = R(\boldsymbol{X}^*, \widehat{F}_n)$ の (ブートストラップ) 分布で推定する.

【例 3.2.1】 F をベルヌーイ分布 $\mathrm{Ber}(\theta(F))$ の c.d.f. とし, $\overline{X} = (1/n)\sum_{i=1}^{n} X_i$ について $R(\boldsymbol{X}, F) = \overline{X} - \theta(F)$ とすれば, (i), (ii) より $X_1^*, \ldots, X_n^*$ は $\mathrm{Ber}(\overline{x})$ からの無作為標本になる. ただし, $\overline{x} = (1/n)\sum_{i=1}^{n} x_i$ とする. このとき, (iii) より $R^* = R(\boldsymbol{X}^*, \widehat{F}_n) = \overline{X}^* - \overline{x}$ になり, R^* の平均, 分散はそれぞれ

$$E_*[R^*] = E_*[\overline{X}^* - \overline{x}] = 0, \quad V_*(R^*) = V_*(\overline{X}^* - \overline{x}) = \frac{1}{n}\overline{x}(1-\overline{x})$$

になる. ただし, $\overline{X}^* = (1/n)\sum_{i=1}^{n} X_i^*$ とし, E_*, V_* は $\boldsymbol{x}, \widehat{F}_n$ を固定したときの $\boldsymbol{X}^*$ の分布の下での平均, 分散を表す.

【例 3.2.2】 $\theta(F)$ を c.d.f. F の下での X_1 の分散, すなわち $\theta(F) = V_F(X_1)$ とし, その推定量として $\widehat{\theta}(\boldsymbol{X}) = \sum_{i=1}^{n}(X_i - \overline{X})^2/(n-1)$ をとり, $R(\boldsymbol{X}, F)$ を (3.2.5) とする. このとき, $k = 1, 2, \ldots$ について

$$\mu_k(F) = E_F[\{X_1 - E_F(X_1)\}^k], \quad \widehat{\mu}_k(F) = \mu_k(\widehat{F}_n)$$

とすれば, $R^* = R(\boldsymbol{X}^*, \widehat{F}_n) = \widehat{\theta}(\boldsymbol{X}^*) - \theta(\widehat{F}_n)$ の平均, 分散は

$$E_*(R^*) = 0, \quad V_*(R^*) = \frac{1}{n}\left(\widehat{\mu}_4 - \frac{n-3}{n-1}\widehat{\mu}_2^2\right)$$

になる.

なお, $R(\boldsymbol{X}, F)$ として (3.2.5) の他にもたとえば, $X_1, \ldots, X_n$ の**標本中央値** (sample median) と F の中央値の差, すなわち

$$R(\boldsymbol{X}, F) = \frac{1}{2}\left\{X_{([\frac{n+1}{2}])} + X_{([\frac{n+2}{2}])}\right\} - F^{-1}\left(\frac{1}{2}\right)$$

を考えることもできる. ただし, $X_{(1)} \leq \cdots \leq X_{(n)}$ を $X_1, \ldots, X_n$ の順序統計量, $[\cdot]$ はガウスの記号, $F^{-1}(p) = \inf\{x : F(x) \geq p\}$ $(0 < p < 1)$ とする.

3.3 条件付化法

1.5 節のコラム「条件付化」でも述べたように,母数 θ の関数 $g(\theta)$ の 1 つの不偏推定量 $\widehat{g}_0(\boldsymbol{X})$ の任意の統計量による条件付期待値を求めれば,その期待値は $g(\theta)$ に等しく,その分散は $\widehat{g}_0$ のそれを超えない.そこで,もとの不偏推定量 $\widehat{g}_0$ を構成することは重要である.

前節と同じ設定の下で,$g(\theta)$ の 2 つの推定量 $\widehat{g}_{1,n}(\boldsymbol{X})$, $\widehat{g}_{2,n}(\boldsymbol{X})$ が任意の $\theta \in \Theta$ について

$$E_\theta[\widehat{g}_{i,n}(\boldsymbol{X})] = g(\theta) + c_i(n)b(\theta) \quad (i = 1, 2) \tag{3.3.1}$$

であると仮定する.ただし,$c_1(n) \neq c_2(n)$ とする.このとき,$g(\theta)$ の推定量として

$$\widehat{g}_n(\boldsymbol{X}) = \frac{c_2(n)}{c_2(n) - c_1(n)} \widehat{g}_{1,n}(\boldsymbol{X}) - \frac{c_1(n)}{c_2(n) - c_1(n)} \widehat{g}_{2,n}(\boldsymbol{X}) \tag{3.3.2}$$

をとると,任意の $\theta \in \Theta$ について $E_\theta[\widehat{g}_n(\boldsymbol{X})] = g(\theta)$ となるので $\widehat{g}_n(\boldsymbol{X})$ は $g(\theta)$ の不偏推定量になる.

【例 1.2.2(続 13)】 $X_1, \ldots, X_n$ を p.d.f.

$$p(x; \boldsymbol{\theta}) = \frac{1}{\nu - \gamma} \chi_{[\gamma, \nu]}(x) \tag{3.3.3}$$

をもつ一様分布 $U(\gamma, \nu)$ から得られた無作為標本とする.ただし,$\boldsymbol{\theta} \in \Theta = \{\boldsymbol{\theta} | \boldsymbol{\theta} = (\gamma, \nu) \in \mathbf{R}^2, \gamma < \nu\}$ とする.いま,γ, ν はともに未知とし,$g(\boldsymbol{\theta}) = \gamma$ の不偏推定量を構成する.ここで,$n > 1$, $X_{(1)} = \min_{1 \leq i \leq n} X_i$, $X_{(n)} = \max_{1 \leq i \leq n} X_i$ とする.まず,$g(\boldsymbol{\theta}) = \gamma$ の推定量として $\widehat{g}_{1,n}(\boldsymbol{X}) = X_{(1)}$ とし,また,もう一方の推定量として

$$\widehat{g}_{2,n}(\boldsymbol{X}) = X_{(n)} - \frac{n+1}{n-1}(X_{(n)} - X_{(1)}) = \frac{n+1}{n-1} X_{(1)} - \frac{2}{n-1} X_{(n)}$$

をとる.ここで,$T = (X_{(1)}, X_{(n)})$ は $\boldsymbol{\theta}$ に対する十分統計量であり,その p.d.f. は

$$f_T(x_{(1)}, x_{(n)}; \boldsymbol{\theta}) = \begin{cases} \dfrac{n(n-1)(x_{(n)} - x_{(1)})^{n-2}}{(\nu - \gamma)^n} & (\gamma \leq x_{(1)} \leq x_{(n)} \leq \nu), \\ 0 & (その他) \end{cases}$$
(3.3.4)

となる．ただし，$x_{(1)} = \min_{1 \leq i \leq n} x_i$, $x_{(n)} = \max_{1 \leq i \leq n} x_i$ とする．このとき，T は完備になる[6]．いま，(3.3.4) より

$$E_{\boldsymbol{\theta}}[\widehat{g}_{1,n}(\boldsymbol{X})] = E_{\boldsymbol{\theta}}(X_{(1)}) = \gamma + \frac{1}{n+1}(\nu - \gamma),$$

$$E_{\boldsymbol{\theta}}(X_{(n)}) = \nu - \frac{1}{n+1}(\nu - \gamma)$$

となり，また

$$E_{\boldsymbol{\theta}}[\widehat{g}_{2,n}(\boldsymbol{X})] = \frac{n+1}{n-1} E_{\boldsymbol{\theta}}(X_{(1)}) - \frac{2}{n-1} E_{\boldsymbol{\theta}}(X_{(n)}) = \gamma - \frac{1}{n+1}(\nu - \gamma)$$

となる．よって，(3.3.1) において $c_1(n) = 1/(n+1)$, $c_2(n) = -1/(n+1)$, $b(\boldsymbol{\theta}) = \nu - \gamma$ となるから，(3.3.2) より

$$\widehat{g}_n(\boldsymbol{X}) = \frac{1}{2}(\widehat{g}_{1,n} + \widehat{g}_{2,n}) = \frac{1}{n-1}(nX_{(1)} - X_{(n)})$$

となり，また，これは $g(\boldsymbol{\theta}) = \gamma$ の不偏推定量になり，完備十分統計量 $T = (X_{(1)}, X_{(n)})$ の関数であるから，系 2.1.1 より $\widehat{g}_n$ は $g(\boldsymbol{\theta}) = \gamma$ の唯一の UMVU 推定量になる．

【例 1.1.1（続 13）】 $X_1, \ldots, X_n$ を正規分布 $N(\mu, \sigma^2)$ ($\boldsymbol{\theta} = (\mu, \sigma^2) \in \Theta = \mathbf{R}^1 \times \mathbf{R}_+$) からの無作為標本とする．ここで，$n > 1$ とし，μ, σ^2 はともに未知とする．このとき，$g(\boldsymbol{\theta}) = \mu^3$ の不偏推定量を構成する．まず，$\overline{X} = (1/n)\sum_{i=1}^n X_i$ として，$\widehat{g}_{1,n}(\overline{X}) = \overline{X}^3$ とし，また，前節のジャックナイフ法の着想を取り入れて

---

[6] 1.5 節の例 1.2.2（続 6）と同様の方法で示される．

第3章　不偏推定量の構成

$$\widehat{g}_{2,n}(\boldsymbol{X}) = \frac{1}{n}\sum_{j=1}^{n}\left\{\frac{1}{n-1}\left(\sum_{i=1}^{n}X_i - X_j\right)\right\}^3$$
$$= \overline{X}^3 + \frac{3\overline{X}}{n(n-1)^2}\sum_{j=1}^{n}(X_j - \overline{X})^2 - \frac{1}{n(n-1)^3}\sum_{j=1}^{n}(X_j - \overline{X})^3$$

とする．ここで，任意の $\boldsymbol{\theta} \in \Theta$ について

$$E_{\boldsymbol{\theta}}[\widehat{g}_{1,n}(\boldsymbol{X})] = E_{\boldsymbol{\theta}}(\overline{X}^3) = \mu^3 + \frac{3}{n}\mu\sigma^2,$$
$$E_{\boldsymbol{\theta}}[\widehat{g}_{2,n}(\boldsymbol{X})] = \mu^3 + \frac{3}{n-1}\mu\sigma^2$$

となるから，(3.3.1) において $c_1(n) = 3/n$, $c_2(n) = 3/(n-1)$, $g(\boldsymbol{\theta}) = \mu\sigma^2$ となる．そして，(3.3.2) より

$$\widehat{g}_n(\boldsymbol{X}) = n\widehat{g}_{1,n}(\boldsymbol{X}) - (n-1)\widehat{g}_{2,n}(\boldsymbol{X})$$
$$= \overline{X}^3 - \frac{3}{n}\overline{X}S_0^2 + \frac{1}{n(n-1)^2}\sum_{j=1}^{n}(X_j - \overline{X})^3 \tag{3.3.5}$$

になり，これは $g(\boldsymbol{\theta}) = \mu^3$ の不偏推定量である．ただし，$S_0^2 = \sum_{i=1}^{n}(X_i - \overline{X})^2/(n-1)$ とする．次に，1.5 節の例 1.1.1（続 8）より $(\overline{X}, S_0^2)$ は $\boldsymbol{\theta}$ に対する完備十分統計量であるから，条件付化法によって $(\overline{X}, S_0^2)$ を与えたときの $\widehat{g}_n(\boldsymbol{X})$ の条件付期待値 $\widehat{g}_n^*(\boldsymbol{X}) = E[\widehat{g}_n(\boldsymbol{X})|\overline{X}, S_0^2]$ を求めれば，系 2.1.1 により，それが $g(\boldsymbol{\theta}) = \mu^3$ の唯一つの UMVU 推定量になる．そこで，$\overline{X} = t, S_0^2 = u$ を与えたときの各 X_i の c.p.d.f. は

$$f_{X_i|\overline{X},S_0^2}(x_i|t,u)$$
$$= \frac{\sqrt{n}\Gamma((n-1)/2)}{\sqrt{\pi}(n-1)u^{(n-3)/2}\Gamma((n-2)/2)}\left\{u - \frac{n(x_i-t)^2}{(n-1)^2}\right\}^{(n-4)/2}$$
$$\cdot \chi_{[0,(n-1)\sqrt{u}/n]}(|x_i - t|)$$

になるから

$$E[(X_i - \overline{X})^3|\overline{X}, S_0^2] = 0$$

となり，また，(3.3.5) より

$$\widehat{g}_n^*(\boldsymbol{X}) = E[\widehat{g}_n(\boldsymbol{X})|\overline{X}, S_0^2] = \overline{X}^3 - \frac{3}{n}\overline{X}S_0^2$$

となるから，$\widehat{g}_n^*$ は $g(\boldsymbol{\theta}) = \mu^3$ の唯一の UMVU 推定量になる．

注意 3.3.1
式 (3.3.2) は行列式を用いて

$$\widehat{g}_n(\boldsymbol{X}) = \begin{vmatrix} \widehat{g}_{1,n} & \widehat{g}_{2,n} \\ c_1(n) & c_2(n) \end{vmatrix} \bigg/ \begin{vmatrix} 1 & 1 \\ c_1(n) & c_2(n) \end{vmatrix}$$

と表現することができる．いま，$g(\theta)$ の推定量 $\widehat{g}_{j,n}(\boldsymbol{X})$ $(j = 1, 2, \ldots, k+1)$ が

$$E_\theta[\widehat{g}_{j,n}(\boldsymbol{X})] = \theta + \sum_{i=1}^{k} c_{ij}(n) b_i(\theta) \quad (j = 1, 2, \ldots, k+1)$$

を満たす場合には，この表現を用いて (3.3.2) を一般化できる．実際，$\widehat{g}_{j,n}$ $(j = 1, 2, \ldots, k+1)$ に基づく推定量

$$\widehat{g}_n(\boldsymbol{X}) = \begin{vmatrix} \widehat{g}_{1,n} & \widehat{g}_{2,n} & \cdots & \widehat{g}_{k+1,n} \\ c_{11} & c_{12} & \cdots & c_{1,k+1} \\ \vdots & \vdots & \ddots & \vdots \\ c_{k1} & c_{k2} & \cdots & c_{k,k+1} \end{vmatrix} \bigg/ \begin{vmatrix} 1 & 1 & \cdots & 1 \\ c_{11} & c_{12} & \cdots & c_{1,k+1} \\ \vdots & \vdots & \ddots & \vdots \\ c_{k1} & c_{k2} & \cdots & c_{k,k+1} \end{vmatrix} \quad (3.3.6)$$

は $g(\theta)$ の不偏推定量になる[7]．ただし，(3.3.6) の右辺の分母は 0 でないとする．特に，$k = 1$ とすれば (3.3.6) は (3.3.2) の形になる．

3.4　密度と分布に関する不偏推定

2.1 節の例 1.1.1(続 9)において，正規分布の c.d.f. の UMVU 推定量について述べたが，本節において一般の場合を考える．まず，$X_1, \ldots, X_n$ を p.d.f. $p(x; \theta)$ $(\theta \in \Theta)$ をもつ分布からの無作為標本とする．ここで，X_1 の c.d.f. を $F(x; \theta)$ $(\theta \in \Theta)$ とし，また $\boldsymbol{X} = (X_1, \ldots, X_n)$ に基づく θ に対する完備十分統計量 $T = T(\boldsymbol{X})$ が存在するとし，T の p.d.f. を $f_T(t; \theta)$ とする．いま，$T(\boldsymbol{X}) = t$ を与えたときの X_1 の c.p.d.f. を $f_{X_1|T}$

---

[7] Gray, H. L., Watkins, T. A. and Schucany, W. R. (1973). On the jackknife statistics and its relation to UMVU estimators in the normal case. *Commun. Statist.*, **2**, 285-320 参照．

$(x|t)$ とすると,T は十分統計量であるからこれは θ に無関係であり,各 x について $f_{X_1|T}(x|T)$ は $p(x;\theta)$ の不偏推定量になる.すなわち任意の $\theta \in \Theta$ について

$$E_\theta[f_{X_1|T}(x|T)] = p(x;\theta)$$

となる.また,$T = t$ を与えたときの X_1 の**条件付累積分布関数** (conditional cumulative distribution function (c.c.d.f.)) $F(x|T)$ は X_1 の c.d.f. $F(x;\theta)$ の不偏推定量になる.すなわち,任意の $\theta \in \Theta$ について $E_\theta[F(x|T)] = F(x;\theta)$ になる.なお,$f_{X_1|T}(x|T)$ の連続点 x においては

$$f_{X_1|T}(x|T) = \frac{\partial}{\partial x} F(x|T)$$

になる.

【例 1.2.2(続 14)】 $X_1,\ldots,X_n$ を一様分布 $U(0,\theta)$ ($\theta \in \Theta = (0,\infty)$) からの無作為標本とする.1.5 節の例 1.2.2(続 6)より $T = X_{(n)} = \max_{1 \le i \le n} X_i$ は完備十分統計量で,T の p.d.f. $f_T(t;\theta)$ は (1.5.3) となる.まず,$T = t$ を与えたときの X_1 の条件付分布については

$$f_{X_1|T}(x|t) = \begin{cases} \dfrac{n-1}{nt} & (0 \le x < t), \\ \dfrac{1}{n} & (x = t), \\ 0 & (その他) \end{cases} \qquad (3.4.1)$$

となる[8].また,(3.4.1) より $T = t$ を与えたときの X_1 の c.c.d.f. は

$$F_{X_1|T}(x|t) = \begin{cases} 0 & (x < 0), \\ \dfrac{(n-1)x}{nt} & (0 \le x < t), \\ 1 & (x \ge t) \end{cases} \qquad (3.4.2)$$

---

[8] (3.4.1) の $f_{X_1|T}(x|t)$ は $[0,t)$ 上では p.d.f. にはならない.

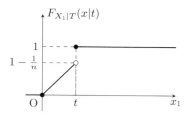

図 3.4.1 c.c.d.f. $F_{X_1|T}(x|t)$ のグラフ

になる (図 3.4.1 参照)[9]. このとき, 上記のことから (3.4.1) による $f_{X_1|T}(x|T)$ は $p(x;\theta)$ の不偏推定量になり, (3.4.2) による $F_{X_1|T}(x|T)$ は $F(x;\theta)$ の不偏推定量になる. 実際, (1.5.3), (3.4.1) から $x_1 < 0$ のとき $E_\theta[f_{X_1|T}(x|T)] = 0$ になり, $0 \leq x \leq \theta$ のとき

$$E_\theta[f_{X_1|T}(x|T)] = \int_x^\theta \frac{n-1}{nt} \cdot \frac{nt^{n-1}}{\theta^n} dt + \frac{1}{n} \cdot \frac{nx^{n-1}}{\theta^n} = \frac{1}{\theta}$$

になり, $\theta < x$ のとき $E_\theta[f_{X_1|T}(x|T)] = 0$ となる. よって, 任意の $\theta \in \Theta$ について $E_\theta[f_{X_1|T}(x|T)] = p(x;\theta)$ となる. また, X_1 の c.d.f. は

$$F(x;\theta) = \begin{cases} 0 & (x < 0), \\ x/\theta & (0 \leq x < \theta), \\ 1 & (x \geq \theta) \end{cases} \quad (3.4.3)$$

になり, (1.5.3), (3.4.2) より $x < 0$ のとき $E_\theta[F_{X_1|T}(x|T)] = 0$ になり, $0 \leq x < \theta$ のとき

$$E_\theta[F_{X_1|T}(x|T)] = \int_0^x \frac{nt^{n-1}}{\theta^n} dt + \int_x^\theta \left(1 - \frac{1}{n}\right) \frac{x}{t} \cdot \frac{nt^{n-1}}{\theta^n} dt = \frac{x}{\theta}$$

になり, $x \geq \theta$ のとき $E_\theta[F_{X_1|T}(x|T)] = 1$ になる. よって, (3.4.3) より任意の $\theta \in \Theta$ について $E_\theta[F_{X_1|T}(x|T)] = F(x;\theta)$ となる.

次に, $\int_{-\infty}^\infty |\psi(x)| p(x;\theta) dx < \infty$ となる $\psi(x)$ について, $g(\theta) = E_\theta$

---

[9] $F_{X_1|T}(x|t)$ の形および図 3.4.1 からわかるように, $F_{X_1|T}(x|t)$ は $x = t$ で $1/n$ のジャンプをもち, その他の x では連続であるから, T を与えたときの X_1 の条件付分布は連続型と離散型の混合分布になっている.

$[\psi(X_1)]$ とすると,(3.4.1) より $g(\theta)$ の不偏推定量は

$$\widehat{g}(T) = E[\psi(X_1)|T] = \frac{n-1}{nT}\int_0^T \psi(x)dx + \frac{1}{n}\psi(T) \qquad (3.4.4)$$

になり,T は完備十分統計量なのでこれは $g(\theta)$ の唯一の UMVU 推定量になる.たとえば,各 $k=1,2,\ldots$ について $\psi(x) = x^k$ とすれば,(3.4.4) より $g(\theta) = E_\theta(X_1^k)$ の唯一の UMVU 推定量は $\widehat{g}(T) = (n+k)T^k/\{n(k+1)\}$ になる.

【例 3.4.1】(下側切断指数モデル) $X_1,\ldots,X_n$ を p.d.f.

$$p(x;\mu,\sigma) = \frac{1}{\sigma}\left\{\exp\left(-\frac{x-\mu}{\sigma}\right)\right\}\chi_{[0,\infty)}(x-\mu)$$

をもつ**下側切断指数分布** (lower-truncated exponential distribution) $\ell\mathrm{TExp}(\mu,\sigma)$ からの無作為標本とする.ただし,$n>2$ で $\boldsymbol{\theta} = (\mu,\sigma) \in \Theta = \mathbf{R}^1 \times \mathbf{R}_+$ とし,未知とする.このとき,$T = X_{(1)} = \min_{1\leq i \leq n} X_i$ とし,$S_1 = (1/n)\sum_{i=1}^n (X_i - X_{(1)})$ とおくと,(T,S_1) は $\boldsymbol{\theta}$ に対する完備十分統計量であり,その j.p.d.f. は

$$f_{T,S_1}(t,s;\boldsymbol{\theta}) = \begin{cases} \dfrac{n^n s^{n-2}}{\sigma^n \Gamma(n-1)} \exp\left\{-\dfrac{n}{\sigma}(s+t-\mu)\right\} & (t \geq \mu,\ s \geq 0), \\ 0 & (\text{その他}) \end{cases}$$

になる[10].よって,$(T,S_1) = (t,s)$ を与えたときの X_1 の c.p.d.f. は

$$f_{X_1|T,S_1}(x|t,s) = \frac{(n-1)(n-2)}{n^2 s^{n-2}}\left(s - \frac{x-t}{n}\right)^{n-3} \quad (t < x < t+ns) \qquad (3.4.5)$$

になり,また,$(T,S_1) = (t,s)$ を与えたとき,$X_1 = t$ の c.p.m.f. は

$$f_{X_1|T,S_1}(t|t,s) = P_\theta\{X_1 = t|T=t, S_1=s\} = \frac{1}{n} \qquad (3.4.6)$$

---

[10] Epstein, B. and Sobel, B. (1954). Some theorems relevant to life testing from an exponential distribution. *Ann. Math. Statist.*, **25**(2), 373-381 参照.

となり，$x < t$, $x \geq t + ns$ では $f_{X_1|T,S_1}(x|t,s) = 0$ になる．よって，(3.4.5), (3.4.6) からなる $f_{X_1|T,S_1}(x|T,S_1)$ は $p(x;\mu,\sigma)$ の不偏推定量で完備十分統計量 (T,S_1) の関数であるから，系 2.1.1 より $f_{X_1|T,S_1}(x|T,S_1)$ は $p(x;\mu,\sigma)$ の唯一つの UMVU 推定量になる．また，(3.4.5), (3.4.6) より，T, S_1 を与えたときの X_1 の c.d.f. は

$$F_{X_1|T,S_1}(x|T,S_1)$$
$$= P\{X_1 \leq x|T,S_1\}$$
$$= \begin{cases} 0 & (x < T), \\ 1 - \left(1 - \dfrac{1}{n}\right)\left(1 - \dfrac{x-T}{nS_1}\right)^{n-2} & (T \leq x < T + nS_1), \\ 1 & (x \geq T + nS_1) \end{cases}$$

になり，各 x について，これは X_1 の c.d.f. $F(x;\boldsymbol{\theta}) = \{1 - e^{-(x-\mu)/\sigma}\}\chi_{[0,\infty)}(x-\mu)$ の不偏推定量で完備十分統計量 (T,S_1) の関数であるから，系 2.1.1 より $F_{X_1|T,S_1}(x|T,S_1)$ は $F(x;\boldsymbol{\theta})$ の唯一の UMVU 推定量になる．ここで，$g(\boldsymbol{\theta}) = E_\theta(X_1) = \mu + \sigma$ の推定問題について考えると，$\widehat{g}(\boldsymbol{X}) = T + S_1$ が $g(\boldsymbol{\theta})$ の不偏推定量になる．実際，(3.4.5), (3.4.6) より

$$E[X_1|T,S_1] = \int_T^{T+nS_1} x \frac{(n-1)(n-2)}{n^2 S_1^{n-2}}\left(S_1 - \frac{x-T}{n}\right)^{n-3}dx + \frac{T}{n}$$
$$= \frac{n-1}{n}T + S_1 + \frac{T}{n} = T + S_1 = \widehat{g}(\boldsymbol{X})$$

になるので，$E_\theta[\widehat{g}(\boldsymbol{X})] = E_\theta(T + S_1) = E_\theta[E[X_1|T,S_1]] = E_\theta(X_1) = g(\boldsymbol{\theta})$ となって $\widehat{g}$ は $g(\boldsymbol{\theta})$ の不偏推定量で，完備十分統計量 (T,S_1) の関数であるから，系 2.1.1 より $\widehat{g}$ は $g(\boldsymbol{\theta}) = \mu + \sigma$ の唯一の UMVU 推定量になる．なお，T と S_1 の定義から $\widehat{g} = (1/n)\sum_{i=1}^n X_i = \overline{X}$ となることに注意．

次に，$\int_{-\infty}^\infty |\psi(x)||x|^{n-3}dx < \infty$ $(n \geq 3)$ となる $\psi(x)$ について，$g(\boldsymbol{\theta}) = E_\theta[\psi(X_1)]$ とすると，(3.4.5), (3.4.6) より $g(\boldsymbol{\theta}) = E_\theta[\psi(X_1)]$ の唯一の UMVU 推定量は

$$\widehat{g}(T, S_1) = E[\psi(X_1)|T, S_1]$$
$$= \frac{1}{n}\psi(T) + \frac{(n-1)(n-2)}{n^2 S_1^{n-2}} \int_T^{T+nS_1} \psi(x) \left(S_1 - \frac{x-T}{n}\right)^{n-3} dx$$

になる.

3.5　関数和が完備十分統計量の場合の不偏推定

まず, $X_1, \ldots, X_n$ を p.d.f. $p(x, \theta)$ ($\theta \in \Theta$) をもつ分布からの無作為標本とする. このとき, 既知の関数 $u(x)$ について, $T_n = \sum_{i=1}^n u(X_i)$ を θ に対する完備十分統計量とし, T_n の p.d.f. を $f_{T_n}(t; \theta)$ とする. いま, X_1 と $T_n - u(X_1) = \sum_{i=2}^n u(X_i)$ がたがいに独立であるから, (X_1, T_n) の j.p.d.f. は

$$f_{X_1, T_n}(x, t; \theta) = p(x; \theta) f_{T_{n-1}}(t - u(x); \theta)$$

となり, $T_n = t$ を与えたときの X_1 の c.p.d.f. は

$$f_{X_1|T_n}(x|t) = p(x; \theta) \frac{f_{T_{n-1}}(t - u(x); \theta)}{f_{T_n}(t; \theta)} \qquad (3.5.1)$$

となる. ただし, $f_{T_n}(t; \theta) > 0$ とする. また, $f_{T_n}(t; \theta) = 0$ のとき, $f_{X_1|T}(x|t) = 0$ とする. 同様にして, 一般に $m < n$ について, $T_n = t$ を与えたときの $(X_1, \ldots, X_m)$ の c.p.d.f. は

$$f_{X_1, \ldots, X_m|T_n}(x_1, \ldots, x_m|t)$$
$$= \left\{\prod_{i=1}^m p(x_i; \theta)\right\} \frac{f_{T_{n-m}}(t - \sum_{i=1}^m u(x_i); \theta)}{f_{T_n}(t; \theta)} \qquad (3.5.2)$$

になる.

【例 2.6.1（続2）】 $X_1, \ldots, X_n$ を (2.6.13) の p.d.f. をもつガンマ分布 $G(\alpha, \theta)$ ($(\alpha, \theta) \in \mathbf{R}_+^2$) からの無作為標本とする. ただし, $n > 1$ とし, α を既知とし, θ を未知とする. このとき, 3.1節の例 2.6.1（続1）より

$T = \sum_{i=1}^{n} X_i$ が θ に対する完備十分統計量で，p.d.f.

$$f_T(t;\theta) = \frac{1}{\Gamma(n\alpha)\theta^{n\alpha}} t^{n\alpha-1} e^{-t/\theta} \chi_{(0,\infty)}(t) \tag{3.5.3}$$

をもつガンマ分布 $G(n\alpha, \theta)$ に従う．上記において，$u(x) = x$ の場合になる．よって，(2.6.13), (3.5.1), (3.5.3) より $T = t\ (> 0)$ を与えたときの X_1 の c.p.d.f. は

$$f_{X_1|T}(x|t) = \frac{x^{\alpha-1}}{B(\alpha, (n-1)\alpha)t^\alpha}\left(1-\frac{x}{t}\right)^{(n-1)\alpha-1}\chi_{(0,t)}(x) \tag{3.5.4}$$

になるから，各 x について (3.5.4) における $f_{X_1|T}(x|T)$ が (2.6.13) の p.d.f. の唯一の UMVU 推定量になる（図 3.5.1 参照）．また，関数 $\psi(x)$ について $g(\theta) = E_\theta[\psi(X_1)]$ の唯一の UMVU 推定量は，(3.5.4) より

$$E[\psi(X_1)|T] = \frac{1}{B(\alpha,(n-1)\alpha)}\int_0^T \psi(x)\left(\frac{x}{T}\right)^{\alpha-1}\left(1-\frac{x}{T}\right)^{(n-1)\alpha-1}\frac{1}{T}dx$$
$$= \frac{1}{B(\alpha,(n-1)\alpha)}\int_0^1 \psi(Ty) y^{\alpha-1}(1-y)^{(n-1)\alpha-1}dy$$
$$(T > 0),$$

$E[\psi(X_1)|T] = 0 \quad (T \leq 0)$

になる．

【例 3.5.1】（極値モデル） $X_1, \ldots, X_n$ を p.d.f.

$$p(x;\theta) = \frac{1}{\theta}\left[\exp\left\{x - \frac{1}{\theta}(e^x - 1)\right\}\right]\chi_{(0,\infty)}(x), \quad \theta \in \Theta = \mathbf{R}_+ \tag{3.5.5}$$

をもつ**極値分布** (extreme value distribution) $\mathrm{Ext}(\theta)$ からの無作為標本とする．このとき，この $p(x;\theta)$ は 1 母数指数型分布族に属するから，1.5 節の例 1.4.3（続 1）より $T = \sum_{i=1}^{n}(e^{X_i} - 1)$ は θ に対する完備十分統計量であり，それは p.d.f.

$$f_T(t;\theta) = \frac{1}{\Gamma(n)\theta^n} t^{n-1} e^{-t/\theta} \chi_{(0,\infty)}(t) \tag{3.5.6}$$

をもつガンマ分布 $G(n,\theta)$ に従う．ただし，$n > 1$ とする．上記におい

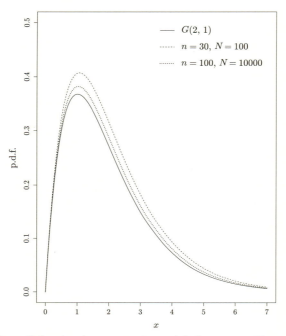

図 3.5.1 ガンマ分布 $G(\alpha, \theta)$ の p.d.f. $p(x; \alpha, \theta)$ とその $T = \sum_{i=1}^{n} X_i$ に基づく UMVU 推定量 $\widehat{p} = f_{X_1|T}(x|T)$ のグラフ.ただし,$\alpha = 2, \theta = 1$ で N は反復数.

て,$u(x) = e^x - 1$ になる.よって,(3.5.1), (3.5.5), (3.5.6) より $T = t \, (> 0)$ を与えたときの X_1 の c.p.d.f. は

$$f_{X_1|T}(x|t) = \frac{n-1}{t^{n-1}} e^x (t + 1 - e^x)^{n-2} \chi_{(e^x-1, \infty)}(t) \tag{3.5.7}$$

となるから,(3.5.7) における $f_{X_1|T}(x|T)$ が (3.5.5) の p.d.f. の唯一の UMVU 推定量になる.また,$\int_0^\infty |\psi(x)| e^{(n-1)x} dx < \infty \, (n \geq 2)$ となる $\psi(x)$ について $g(\theta) = E_\theta[\psi(X_1)]$ の唯一の UMVU 推定量は (3.5.7) より

$$E[\psi(X_1)|T] = \frac{n-1}{T^{n-1}} \int_0^{\log(T+1)} \psi(x) e^x (T + 1 - e^x)^{n-2} dx$$

になる.さらに,(3.5.2), (3.5.5), (3.5.6) より,$m < n$ について,$T = t$ を与えたときの $(X_1, \ldots, X_m)$ の c.p.d.f. は

$$f_{X_1,\ldots,X_m|T}(x_1,\ldots,x_m|t)$$
$$= \frac{\Gamma(n)}{\Gamma(n-m)t^{n-1}} \left\{ \exp\left(\sum_{i=1}^m x_i\right) \right\} \left(\max\left\{ 0, t - \sum_{i=1}^m (e^{x_i} - 1) \right\} \right)^{n-m-1}$$
(3.5.8)

になる．よって，各 $(x_1,\ldots,x_m)$ について (3.5.8) における $f_{X_1,\ldots,X_m|T}(x_1,\ldots,x_m|T)$ は $X_1,\ldots,X_m$ の j.p.d.f.

$$f_{X_1,\ldots,X_m}(x_1,\ldots,x_m) = \frac{1}{\theta^m} \left[\exp\left\{ \sum_{i=1}^m \left(x_i - \frac{1}{\theta}(e^{x_i} - 1) \right) \right\} \right]$$

の唯一の UMVU 推定量になる．

【例 3.5.2】（ワイブルモデル） $X_1,\ldots,X_n$ を p.d.f.
$$p(x;\theta,\alpha) = \frac{\alpha}{\theta^\alpha} x^{\alpha-1} \left[\exp\left\{ -\left(\frac{x}{\theta}\right)^\alpha \right\} \right] \chi_{(0,\infty)}(x),$$
$$(\alpha,\theta) \in \Theta = \mathbf{R}_+^2 \quad (3.5.9)$$

をもつ**ワイブル分布** (Weibull distribution) $W(\alpha,\theta)$ からの無作為標本とする．ただし，α は既知とし，θ は未知とする．このとき，この $p(x;\theta,\alpha)$ は1母数指数型分布族に属するから，1.5節の例1.4.3(続1)より $T = \sum_{i=1}^n X_i^\alpha$ は θ に対する完備十分統計量であり，p.d.f.

$$f_T(t;\theta,\alpha) = \frac{1}{\Gamma(n)\theta^{n\alpha}} t^{n-1} e^{-t/\theta^\alpha} \chi_{(0,\infty)}(t) \quad (3.5.10)$$

をもつガンマ分布 $G(n,\theta^\alpha)$ に従う．ただし，$n>1$ とする．上記において $u(x) = x^\alpha$ となる．よって (3.5.1), (3.5.9), (3.5.10) より，$T=t$ を与えたときの X_1 の c.p.d.f. は

$$f_{X_1|T}(x|t) = (n-1)\alpha x^{\alpha-1} \frac{1}{t^{n-1}} (t-x^\alpha)^{n-2} \chi_{(0,t^{1/\alpha})}(x) \quad (3.5.11)$$

となるから，各 x について (3.5.11) における $f_{X_1|T}(x|T)$ が (3.5.9) の p.d.f. の唯一の UMVU 推定量になる．また，信頼度関数は，$\lambda > 0$ について

$$R_\theta(\lambda) = P_\theta\{X_1 > \lambda\} = E_\theta[\chi_{(\lambda,\infty)}(X_1)]$$
$$= \int_\lambda^\infty \frac{\alpha}{\theta^\alpha} x^{\alpha-1} e^{-(x/\theta)^\alpha} dx = e^{-(\lambda/\theta)^\alpha}$$

になり,

$$E[\chi_{(\lambda,\infty)}(X_1)|T] = \int_\lambda^{T^{1/\alpha}} (n-1)\alpha x^{\alpha-1} \frac{1}{T^{n-1}} (T - x^\alpha)^{n-2} dx$$
$$= \left(1 - \frac{\lambda^\alpha}{T}\right)^{n-1} \quad (T > \lambda^\alpha)$$

となる.そして,$T \leq \lambda^\alpha$ のとき,(3.5.11) より $E[\chi_{(\lambda,\infty)}(X_1)|T] = 0$ となるから

$$E[\chi_{(\lambda,\infty)}(X_1)|T] = \left(1 - \frac{\lambda^\alpha}{T}\right)^{n-1} \chi_{(\lambda^\alpha,\infty)}(T)$$

は $R_\theta(\lambda)$ の唯一の UMVU 推定量になる.

第 4 章

不偏性による方程式に基づく推定

　母数の不偏推定可能な関数について，不偏性の条件に基づく積分方程式の解として不偏推定量を求める．実際，片側および両側切断分布族の切断母数の関数の不偏推定，片側切断指数型分布族の切断母数の関数の不偏推定について考える．また，指数型分布族において完備十分統計量の分布を用いて，自然母数の関数の UMVU 推定量を構成する．

4.1 不偏性による方程式

　確率ベクトル $\boldsymbol{X} = (X_1, \ldots, X_n)$ の j.p.d.f. を $f_{\boldsymbol{X}}(\boldsymbol{x};\theta)$ $(\theta \in \Theta)$ とする．ここで，$g(\theta)$ を Θ 上の微分可能な関数とし，不偏推定可能とする．このとき，$\boldsymbol{X}$ の標本空間を $\mathcal{X}(\subset \mathbf{R}^n)$ とし，$\widehat{g}_0(\boldsymbol{X})$ を $g(\theta)$ の不偏推定量とすれば，任意の $\theta \in \Theta$ について

$$\int_{\mathcal{X}} \widehat{g}_0(\boldsymbol{x}) f_{\boldsymbol{X}}(\boldsymbol{x};\theta) d\boldsymbol{x} = g(\theta) \tag{4.1.1}$$

となる．いま，T を θ に対する十分統計量とし，その p.d.f. を $f_T(t;\theta)$，T の値域を $\mathcal{T}$，そして $\widehat{g}(T)$ を $g(\theta)$ の不偏推定量とすれば，任意の $\theta \in \Theta$ について

$$\int_{\mathcal{T}} \widehat{g}(t) f_T(t;\theta) dt = g(\theta) \tag{4.1.2}$$

になる．このとき，**積分方程式** (4.1.1) または (4.1.2) の解として $\widehat{g}_0, \widehat{g}$ を求めよう．

4.2 片側切断分布族の切断母数の関数の不偏推定

まず，$X_1, \ldots, X_n$ を p.d.f.

$$p(x; \gamma) = \begin{cases} \dfrac{a(x)}{b(\gamma)} & (\gamma \leq x < d), \\ 0 & (その他) \end{cases} \tag{4.2.1}$$

をもつ**下側切断分布族**の分布からの無作為標本とする．ただし，$-\infty \leq c < \gamma < d \leq \infty$ で，c, d を既知，γ を未知とし，また，$a(x)$ は正値で連続とし，$b(\gamma) = \int_\gamma^d a(x)dx$ とする．次に，$\boldsymbol{X} = (X_1, \ldots, X_n)$ の j.p.d.f. は

$$f_{\boldsymbol{X}}(\boldsymbol{x}; \gamma) = \begin{cases} \dfrac{1}{\{b(\gamma)\}^n} \prod_{i=1}^n a(x_i) & (\gamma \leq x_{(1)},\ x_{(n)} < d), \\ 0 & (その他) \end{cases}$$

になるから，ネイマンの因子分解定理（定理 1.4.1）より $T = X_{(1)} = \min_{1 \leq i \leq n} X_i$ が γ に対する十分統計量になる．ただし，$\boldsymbol{x} = (x_1, \ldots, x_n)$, $x_{(1)} = \min_{1 \leq i \leq n} x_i$, $x_{(n)} = \max_{1 \leq i \leq n} x_i$ とする．このとき，γ を（下側）切断母数という．また，T の p.d.f. は

$$f_T(t; \gamma) = \begin{cases} \dfrac{n}{\{b(\gamma)\}^n} a(t)\{b(t)\}^{n-1} & (\gamma \leq t < d), \\ 0 & (その他) \end{cases}$$

になるから，1.5 節の例 1.2.2（続 6）と同様にして T が γ に対する完備統計量になる．ここで，$\widehat{g}(T)$ を**連続微分可能**[1])な関数 $g(\gamma)$ の不偏推定量とする．ただし，$\widehat{g}(t)$ を区間 (c, d) で連続とする．このとき，(4.2.1) より任意の γ $(c < \gamma < d)$ について

$$\frac{n}{\{b(\gamma)\}^n} \int_\gamma^d \widehat{g}(t) a(t) \{b(t)\}^{n-1} dt = g(\gamma) \tag{4.2.2}$$

---

[1]) 関数が微分可能でその導関数も連続なことをいい，C^1 級ともいう．一般に，k 階まで導関数がすべて存在して連続のとき，k 回連続微分可能または C^k 級という．

4.2 片側切断分布族の切断母数の関数の不偏推定

となる.よって,(4.2.2) の両辺を γ で微分すると,任意の γ $(c < \gamma < d)$ について

$$-\frac{n^2 b'(\gamma)}{\{b(\gamma)\}^{n+1}} \int_\gamma^d \widehat{g}(t) a(t) \{b(t)\}^{n-1} dt - \frac{n}{\{b(\gamma)\}^n} \widehat{g}(\gamma) a(\gamma) \{b(\gamma)\}^{n-1}$$
$$= g'(\gamma)$$

となるから,(4.2.2) より

$$-\frac{n}{b(\gamma)} b'(\gamma) g(\gamma) - \frac{n}{b(\gamma)} \widehat{g}(\gamma) a(\gamma) = g'(\gamma) \tag{4.2.3}$$

となる.ここで,$b'(\gamma) = -a(\gamma)$ $(c < \gamma < d)$ となることから,(4.2.3) より任意の γ $(c < \gamma < d)$ について

$$\widehat{g}(\gamma) = g(\gamma) - \frac{b(\gamma)}{n a(\gamma)} g'(\gamma) \tag{4.2.4}$$

となる.いま,$c < \gamma \leq T = X_{(1)} < d$ であるから,(4.2.4) より

$$\widehat{g}(T) = \left\{ g(T) - \frac{b(T)}{n a(T)} g'(T) \right\} \chi_{(c,d)}(T) \tag{4.2.5}$$

になる.ここで,条件

(C.4.2.1) $\lim_{\gamma \to d} \{b(\gamma)\}^n g(\gamma) = 0$

を仮定すると,(4.2.5) の $\widehat{g}(T)$ は $g(\gamma)$ の不偏推定量になり,$T = X_{(1)}$ は γ に対する完備十分統計量であるから γ の唯一つの UMVU 推定量になる.

問 4.2.1 条件 (C.4.2.1) の下で (4.2.5) の $\widehat{g}(T)$ が $g(\gamma)$ の不偏推定量であることを示せ.

次に,$Y_1, \ldots, Y_n$ を p.d.f.

$$p(y; \nu) = \begin{cases} \dfrac{a_0(y)}{b_0(\nu)} & (c_0 < y \leq \nu), \\ 0 & (その他) \end{cases} \tag{4.2.6}$$

をもつ上側切断分布族の分布からの無作為標本とする.ただし,$-\infty \leq c_0 < \nu < d_0 \leq \infty$ で,c_0, d_0 を既知,ν を未知とし,また,$a_0(y)$ は正

値で連続とし，$b_0(\nu) = \int_{c_0}^{\nu} a_0(y)dy$ とする．ここで，$X_i = -Y_i$ ($i = 1, \ldots, n$) とし，(4.2.6) において $x = -y$, $\gamma = -\nu$, $c = -d_0$, $d = -c_0$, $a(x) = a_0(-x) = a_0(y)$, $b(\gamma) = b_0(-\gamma) = b_0(\nu)$ とする．そして，$X_{(1)} = -\max_{1 \leq i \leq n} Y_i = -Y_{(n)}$ になり，また ν の連続微分可能な関数を $h(\nu)$ として $g(\gamma) = h(-\gamma) = h(\nu)$ とし，$h(\nu)$ の不偏推定量を $\widehat{h}(Y_{(n)})$ とする．ただし，$\widehat{h}(y)$ は区間 (c_0, d_0) で連続とする．このとき，$g'(\gamma) = -h'(\gamma)$ となるから，(4.2.4) より任意の ν ($c_0 < \nu < d_0$) について

$$\widehat{h}(\nu) = h(\nu) + \frac{b_0(\nu)}{na_0(\nu)} h'(\nu) \tag{4.2.7}$$

になる．よって，$c_0 < Y_{(n)} \leq \nu < d_0$ であるから，(4.2.7) より

$$\widehat{h}(Y_{(n)}) = \left\{ h(Y_{(n)}) + \frac{b_0(Y_{(n)})}{na_0(Y_{(n)})} h'(Y_{(n)}) \right\} \chi_{(c_0, d_0)}(Y_{(n)}) \tag{4.2.8}$$

になる．ここで，条件

(C.4.2.2) $\lim_{\nu \to c_0} \{b_0(\nu)\}^n h(\nu) = 0$

を仮定すると (4.2.8) の $\widehat{h}(Y_{(n)})$ は $h(\nu)$ の不偏推定量になり，$Y_{(n)}$ は ν に対する完備十分統計量であるから $h(\nu)$ の唯一つの UMVU 推定量になる．なお，上側切断分布族の場合に，下側切断分布族の場合の (4.2.5) の導出と同様にして直接 (4.2.8) の導出も可能である．

【例 3.4.1（続 1）】 $X_1, \ldots, X_n$ を p.d.f.

$$p(x; \mu) = \begin{cases} \dfrac{1}{\sigma} \exp\left(-\dfrac{x - \mu}{\sigma}\right) & (x \geq \mu), \\ 0 & (x < \mu) \end{cases} \tag{4.2.9}$$

をもつ下側切断指数分布 $\ell\text{TExp}(\mu, \sigma)$ からの無作為標本とする．ただし，$(\mu, \sigma) \in \Theta = \mathbf{R}^1 \times \mathbf{R}_+$ とする．ここで，σ は既知とし，μ は未知とする．いまの場合，(4.2.9) は (4.2.1) において $\gamma = \mu$, $a(x) = e^{-x/\sigma}$, $b(\gamma) = \sigma e^{-\gamma/\sigma}$, $c = -\infty$, $d = \infty$ の場合になる．このとき，$T = X_{(1)}$ とし，μ の不偏推定可能でかつ連続微分可能な関数 $g(\mu)$ について，$\lim_{\mu \to \infty} e^{-n\mu/\sigma} g(\mu) = 0$ を仮定すれば，条件 (C.4.2.1) が満たされるので，(4.2.5) より

$$\widehat{g}(T) = g(T) - \frac{\sigma}{n} g'(T)$$

が $g(\mu)$ の不偏推定量になるから，唯一つの UMVU 推定量になる．特に，$g(\mu) = \mu$ とすれば $\widehat{\mu} = T - (\sigma/n)$ が μ の唯一つの UMVU 推定量になり，$g(\mu) = e^{-\mu}$ とすれば，$\widehat{g}(T) = (n+\sigma)e^{-T/\sigma}$ が唯一つの UMVU 推定量になる．

注意 4.2.1
例 3.4.1 (続 1) において，μ の最尤推定量 (MLE) は $T = X_{(1)}$ になるので，μ の関数 $g(\mu)$ の MLE は $g(T)$ になる (3.2 節の脚注3) 参照)．このとき，T の p.d.f. は

$$f_T(t;\mu) = \frac{n}{\sigma} \left[\exp\left\{-\frac{n}{\sigma}(t-\mu)\right\} \right] \chi_{[\mu,\infty)}(t)$$

となるから，条件 $\lim_{\mu \to \infty} e^{-n\mu/\sigma} g(\mu) = 0$ を仮定すれば

$$E_\mu[g(T)] = \int_\mu^\infty g(t) \frac{n}{\sigma} \exp\left\{-\frac{n}{\sigma}(t-\mu)\right\} dt = g(\mu) + \frac{\sigma}{n} E_\mu[g'(T)]$$

となるが，$g(T)$ は $g(\mu)$ の不偏推定量でない．そこで，σ は既知であるから，MLE $g(T)$ を偏り補正して

$$\widehat{g}(T) = g(T) - \frac{\sigma}{n} g'(T)$$

とすれば，$\widehat{g}(T)$ は $g(\mu)$ の唯一つの UMVU 推定量になる．このように，一般に MLE は不偏ではないが，それを偏り補正することによって UMVU 推定量が得られる場合がある．

【例 1.2.3（続 1）】 $X_1, \ldots, X_n$ を p.d.f.

$$p(x; \theta, \gamma) = \begin{cases} \dfrac{\theta \gamma^\theta}{x^{\theta+1}} & (x \geq \gamma), \\ 0 & (x < \gamma) \end{cases} \quad (4.2.10)$$

をもつパレート分布 $\mathrm{Pa}(\theta, \gamma)$ からの無作為標本とする．ただし，$(\theta, \gamma) \in \mathbf{R}_+^2$ とする．ここで，θ を既知とし，γ を未知とする．いまの場合，(4.2.10) は (4.2.1) において $a(x) = x^{-\theta-1}$, $b(\gamma) = \theta^{-1}\gamma^{-\theta}$, $c = 0$, $d = \infty$ の場合になる．このとき，$T = X_{(1)}$ とし，γ の連続微分可能な関数 $g(\gamma)$ について，$\lim_{\gamma \to \infty} \gamma^{-n\theta} g(\gamma) = 0$ を仮定すれば，条件 (C.4.2.1) が満たされるので，(4.2.5) より

$$\widehat{g}(T) = \left\{ g(T) - \frac{1}{n\theta} T g'(T) \right\} \chi_{(0,\infty)}(T)$$

が $g(\gamma)$ の不偏推定量になるから,唯一つの UMVU 推定量になる.特に,$g(\gamma) = \gamma$ とすれば,$\widehat{\gamma} = \{(n\theta - 1)T/(n\theta)\} \chi_{(0,\infty)}(T)$ が γ の唯一つの UMVU 推定量になる.ただし,$n > 1/\theta$ とする.

【例 1.2.2（続 15）】 $Y_1, \ldots, Y_n$ を p.d.f.

$$p(y; \nu) = \begin{cases} 1/\nu & (0 \leq y \leq \nu), \\ 0 & (その他) \end{cases} \quad (4.2.11)$$

をもつ一様分布 $U(0, \nu)$ ($\nu \in \Theta = \mathbf{R}_+$) からの無作為標本とする.ここで,(4.2.11) は (4.2.6) において $a_0(y) \equiv 1$, $b_0(\nu) = \nu$, $c_0 = 0$, $d_0 = \infty$ の場合になる.このとき,$T = Y_{(n)}$ とし,ν の連続微分可能な関数 $h(\nu)$ について,$\lim_{\nu \to 0} \nu^n h(\nu) = 0$ を仮定すれば,条件 (C.4.2.2) が満たされるので,(4.2.8) より

$$\widehat{h}(Y_{(n)}) = h(Y_{(n)}) + \frac{1}{n} Y_{(n)} h'(Y_{(n)}) \quad (4.2.12)$$

は $h(\nu)$ の唯一つの UMVU 推定量になる.特に,$h(\nu) = \nu^\alpha$ ($\alpha > -n$) とすると (4.2.12) より $\widehat{h}(Y_{(n)}) = (n + \alpha) Y_{(n)}^\alpha / n$ になり,$h(\nu) = 1/\nu$ とすると $\widehat{h}(Y_{(n)}) = (n - 1)/(n Y_{(n)})$ が $h(\nu)$ の唯一つの UMVU 推定量になる.ただし,$n > 1$ とする.

【例 4.2.1】 $X_1, \ldots, X_n$ を p.d.f.(4.2.1) をもつ下側切断分布族の分布からの無作為標本とする.ここで,その分布の c.d.f. は

$$F(x; \gamma) = \int_{-\infty}^{x} p(t; \gamma) dt = \begin{cases} 0 & (x < \gamma), \\ \dfrac{1}{b(\gamma)} \displaystyle\int_{\gamma}^{x} a(t) dt & (\gamma \leq x < d), \\ 1 & (d \leq x) \end{cases}$$

になる.ここで,x を任意の実数として固定して $g_x(\gamma) = F(x; \gamma)$ とおいて,$g_x(\gamma)$ の推定問題を考える.このとき,$c < T = X_{(1)} < d$ について

(4.2.5) から,各 $x \, (\geq T)$ について

$$\begin{aligned}\widehat{g}_x(T) &= F(x;T) - \frac{b(T)}{na(T)}g'_x(T) \\ &= \frac{1}{b(T)}\int_T^x a(t)dt - \frac{b(T)}{na(T)}\left\{\frac{a(T)}{b^2(T)}\int_T^x a(t)dt - \frac{a(T)}{b(T)}\right\} \\ &= \frac{1}{n} + \left(1 - \frac{1}{n}\right)\frac{1}{b(T)}\int_T^x a(t)dt \end{aligned} \quad (4.2.13)$$

になり,各 $x \, (< T)$ について $\widehat{g}_x(T) = 0$ となる.ここで, $\lim_{\gamma \to d}\{b(\gamma)\}^n F(x;\gamma) = 0$ となるから,条件 (C.4.2.1) が満たされる.よって,(4.2.13) の $\widehat{g}_x(T)$ は $g_x(\gamma) = F(x;\gamma)$ の不偏推定量になるから,唯一つの UMVU 推定量になる.特に,$p(x;\gamma)$ を $\ell\mathrm{TExp}(\gamma,1)$ の p.d.f. すなわち $p(x;\gamma) = e^{-(x-\gamma)}\chi_{[\gamma,\infty)}(x)$ とすれば,(4.2.1) において $a(x) = e^{-x}$, $b(\gamma) = e^{-\gamma}$, $d = \infty$ となり,(4.2.13) より

$$\widehat{g}_x(T) = \left\{1 - \left(1 - \frac{1}{n}\right)e^{-(x-T)}\right\}\chi_{[T,\infty)}(x)$$

は,この分布の c.d.f. $F(x;\gamma) = \{1 - e^{-(x-\gamma)}\}\chi_{[\gamma,\infty)}(x)$ の UMVU 推定量になる.

4.3 両側切断分布族の切断母数の関数の不偏推定

まず,$X_1,\ldots,X_n$ を p.d.f.

$$p(x;\gamma,\nu) = \begin{cases} \dfrac{a(x)}{b(\gamma,\nu)} & (\gamma \leq x \leq \nu), \\ 0 & (その他) \end{cases} \quad (4.3.1)$$

をもつ**両側切断分布族**の分布[2]からの無作為標本とする.ただし,$-\infty \leq$

---

[2] p.d.f. $p(x;\theta) = \{a(x)/b(\theta)\}\chi_{[\theta,b(\theta)]}(x)$ の形をもつ分布における θ の関数 $g(\theta)$ の不偏推定については,Morimoto, H. and Sibuya, M. (1967). Sufficient statistics and unbiased estimation of restricted selection parameters. *Sankhya*, Ser. A, **29**, 15-40 参照.

$c < \gamma < \nu < d \leq \infty$ で, c, d を既知, γ, ν を未知とし, また, $a(x)$ は正値で連続とし, $b(\gamma, \nu) = \int_\gamma^\nu a(x)dx$ とする. 次に, $\boldsymbol{X} = (X_1, \ldots, X_n)$ の j.p.d.f. は

$$f_{\boldsymbol{X}}(\boldsymbol{x}; \gamma, \nu) = \begin{cases} \dfrac{1}{\{b(\gamma, \nu)\}^n} \prod_{i=1}^n a(x_i) & (\gamma \leq x_{(1)}, x_{(n)} \leq \nu), \\ 0 & (その他) \end{cases}$$

になる. ただし, $n > 1$ とし, $x_{(1)} = \min_{1 \leq i \leq n} x_i$, $x_{(n)} = \max_{1 \leq i \leq n} x_i$ とする. よって, $T = X_{(1)} = \min_{1 \leq i \leq n} X_i$, $U = X_{(n)} = \max_{1 \leq i \leq n} X_i$ とすると, ネイマンの因子分解定理（定理 1.4.1）より (T, U) は (γ, ν) に対する十分統計量になる. また, (T, U) の j.p.d.f. は

$$f_{T,U}(t, u) = \begin{cases} \dfrac{n(n-1)}{\{b(\gamma, \nu)\}^n} a(t)a(u)\{b(t, u)\}^{n-2} & (\gamma \leq t \leq u \leq \nu), \\ 0 & (その他) \end{cases}$$
(4.3.2)

になるから, 1.5 節の例 1.2.2（続 6）と同様にして (T, U) が (γ, ν) に対する完備統計量になる. ここで, 2 回連続微分可能な関数 $g(\gamma, \nu)$ の不偏推定量を $\widehat{g}(T, U)$ とする. ただし, $\widehat{g}(t, u)$ は連続関数とする. このとき, 任意の (γ, ν) $(c < \gamma < \nu < d)$ について

$$E_{\gamma, \nu}[\widehat{g}(T, U)] = \int_\gamma^\nu \int_\gamma^u \widehat{g}(t, u) f_{T,U}(t, u) dt du = g(\gamma, \nu)$$

になるから, (4.3.2) より

$$\frac{n(n-1)}{\{b(\gamma, \nu)\}^n} \int_\gamma^\nu \int_\gamma^u \widehat{g}(t, u) a(t) a(u) \{b(t, u)\}^{n-2} dt du = g(\gamma, \nu) \quad (4.3.3)$$

となる. いま,

$$\delta(t, u) = n(n-1) a(t) a(u) \{b(t, u)\}^{n-2} \quad (4.3.4)$$

4.3 両側切断分布族の切断母数の関数の不偏推定

とおくと，(4.3.3) より任意の (γ, ν) $(c < \gamma < \nu < d)$ について

$$\int_\gamma^\nu \int_\gamma^u \widehat{g}(t,u)\delta(t,u)dtdu = \{b(\gamma,\nu)\}^n g(\gamma,\nu)$$

の両辺を ν について微分すれば

$$\int_\gamma^\nu \widehat{g}(t,\nu)\delta(t,\nu)dt = \frac{\partial}{\partial \nu}\{(b(\gamma,\nu))^n g(\gamma,\nu)\}$$

となり，さらに γ について微分すれば

$$-\widehat{g}(\gamma,\nu)\delta(\gamma,\nu) = \frac{\partial^2}{\partial\gamma\partial\nu}\{(b(\gamma,\nu))^n g(\gamma,\nu)\} \tag{4.3.5}$$

になる．よって，(4.3.5) より任意の (γ, ν) $(c < \gamma < \nu < d)$ について

$$\widehat{g}(\gamma,\nu) = -\frac{1}{\delta(\gamma,\nu)}\frac{\partial^2}{\partial\gamma\partial\nu}\{(b(\gamma,\nu))^n g(\gamma,\nu)\}$$

となり，$c < \gamma \leq T \leq U \leq \nu < d$ であるから

$$\widehat{g}(T,U) = -\frac{1}{\delta(T,U)}\frac{\partial^2}{\partial\gamma\partial\nu}\{(b(T,U))^n g(T,U)\} \tag{4.3.6}$$

となる．そして，これは $g(\gamma,\nu)$ の不偏推定量になるから，唯一つの UMVU 推定量になる．

【例 1.2.2（続 16）】 $X_1, \ldots, X_n$ を p.d.f

$$p(x;\gamma,\nu) = \begin{cases} \dfrac{1}{\nu - \gamma} & (\gamma \leq x \leq \nu), \\ 0 & (その他) \end{cases} \tag{4.3.7}$$

をもつ一様分布 $U(\gamma,\nu)$ から得られた無作為標本とする．ここで，γ, ν を $-\infty < \gamma < \nu < \infty$ でともに未知とすると，(4.3.7) は (4.3.1) において $a(x) \equiv 1$, $b(\gamma,\nu) = \nu - \gamma$, $c = -\infty$, $d = \infty$ の場合になる．このとき，(4.3.4), (4.3.6) から

$$\widehat{g}(T,U) = -\frac{1}{n(n-1)(U-T)^{n-2}} \cdot \frac{\partial^2}{\partial\gamma\partial\nu}\{(U-T)^n g(T,U)\}$$
$$= g(T,U) - \frac{U-T}{n-1}\left\{\frac{\partial}{\partial\gamma}g(T,U) - \frac{\partial}{\partial\nu}g(T,U)\right.$$
$$\left. + \frac{U-T}{n} \cdot \frac{\partial^2}{\partial\gamma\partial\nu}g(T,U)\right\} \qquad (4.3.8)$$

は $g(\gamma,\nu)$ の唯一つの UMVU 推定量になる. ただし, $n > 1$, $T = X_{(1)}$, $U = X_{(n)}$ とする. 特に, $g(\gamma,\nu) = \gamma$ とすると, (4.3.8) より $\widehat{g}(T,U) = (nT-U)/(n-1)$ が γ の唯一つの UMVU 推定量になり, 3.3 節の例 1.2.2 (続 13) の結果と一致する. また, $g(\gamma,\nu) = \gamma\nu$ とすれば, (4.3.8) より

$$\widehat{g}(T,U) = TU - \frac{n+1}{n(n-1)}(U-T)^2$$

が $\gamma\nu$ の唯一つの UMVU 推定量になる.

【例 4.3.1】(両側切断指数モデル) $X_1,\ldots,X_n$ を p.d.f.

$$p(x;\theta,\gamma,\nu) = \begin{cases} \dfrac{\theta e^{-\theta x}}{e^{-\theta\gamma} - e^{-\theta\nu}} & (\gamma \leq x \leq \nu), \\ 0 & (\text{その他}) \end{cases} \qquad (4.3.9)$$

をもつ**両側切断指数分布** (two-sided truncated exponential distribution) $t\mathrm{TExp}(\theta,\gamma,\nu)$ からの無作為標本とする. ここで, θ を正値で既知とし, γ,ν を $-\infty < \gamma < \nu < \infty$ でともに未知とすると, (4.3.9) は (4.3.1) において $a(x) = e^{-\theta x}$, $b(\gamma,\nu) = (e^{-\theta\gamma} - e^{-\theta\nu})/\theta$, $c = -\infty$, $d = \infty$ の場合になる. このとき, (4.3.4), (4.3.6) から

$$\widehat{g}(T,U)$$
$$= -\frac{\theta^{n-2}e^{\theta(T+U)}}{n(n-1)(e^{-\theta T} - e^{-\theta U})^{n-2}} \cdot \frac{\partial^2}{\partial\gamma\partial\nu}\left\{\frac{(e^{-\theta T} - e^{-\theta U})^n}{\theta^n}g(T,U)\right\}$$

が $g(\gamma,\nu)$ の唯一つの UMVU 推定量になる. ただし, $n > 1$, $T = X_{(1)}$, $U = X_{(n)}$ とする.

【例 4.3.2】（上側切断パレートモデル） $X_1, \ldots, X_n$ を p.d.f.

$$p(x; \theta, \gamma, \nu) = \begin{cases} \dfrac{\theta \gamma^\theta}{1 - (\gamma/\nu)^\theta} x^{-\theta-1} & (\gamma \leq x \leq \nu), \\ 0 & （その他） \end{cases} \quad (4.3.10)$$

をもつ**上側切断パレート分布** (upper-truncated Pareto distribution) $u\mathrm{TPa}(\theta, \gamma, \nu)$ からの無作為標本とする．ここで，θ を正値で既知とし，γ, ν を $0 < \gamma < \nu < \infty$ でともに未知とすると，(4.3.10) は (4.3.1) において $a(x) = x^{-\theta-1}$, $b(\gamma, \nu) = \{1 - (\gamma/\nu)^\theta\}/(\theta\gamma^\theta)$, $c = 0$, $d = \infty$ の場合になる．このとき，(4.3.4), (4.3.6) から

$$\widehat{g}(T, U) = -\frac{T^{(n-1)\theta+1} U^{\theta+1}}{n(n-1)\theta^2 \{1 - (T/U)^\theta\}^{n-2}} \cdot \frac{\partial^2}{\partial \gamma \partial \nu} \left\{ \frac{(1 - (T/U)^\theta)^n}{T^{n\theta}} g(T, U) \right\}$$

が $g(\gamma, \nu)$ の唯一つの UMVU 推定量になる．ただし，$n > 1$, $T = X_{(1)}$, $U = X_{(n)}$ とする．

4.4 切断指数型分布族の切断母数の関数の不偏推定

まず，$X_1, \ldots, X_n$ を p.d.f.

$$p(x; \theta, \gamma) = \begin{cases} \dfrac{a(x) e^{-\theta x}}{b(\theta, \gamma)} & (\gamma \leq x < d), \\ 0 & （その他） \end{cases} \quad (4.4.1)$$

をもつ**下側切断指数型分布族** (lower-truncated exponential family of distributions) $\ell\mathrm{TEF}(\theta, \gamma)$[3] の分布からの無作為標本とする．ただし，$-\infty \leq c < \gamma < d \leq \infty$ で c, d を既知，γ を未知とし，また，$a(x)$ は正値で連続とし，

---

[3] $\ell\mathrm{TEF}(\theta, \gamma)$ の自然母数 θ と切断母数 γ の最尤推定については，Akahira, M. (2017). *"Statistical Estimation for Truncated Exponential Families,"* Springer 参照．そこでは両側切断指数型分布族についても論じられている．

$$\Theta(\gamma) = \left\{ \theta \,\middle|\, 0 < b(\theta, \gamma) = \int_\gamma^d a(x) e^{-\theta x} dx < \infty \right\} \quad (c < \gamma < d)$$

とする．ここで，任意の $\gamma \in (c, d)$ について，$\Theta \equiv \Theta(\gamma)$ は空でない開区間と仮定し，$\theta(\in \Theta)$ は未知とする．このとき，$\boldsymbol{X} = (X_1, \ldots, X_n)$ の j.p.d.f. は

$$f_{\boldsymbol{X}}(\boldsymbol{x}; \theta, \gamma) = \begin{cases} \dfrac{1}{\{b(\theta, \gamma)\}^n} e^{-\theta \sum_{i=1}^n x_i} \prod_{i=1}^n a(x_i) & (\gamma \leq x_{(1)}, x_{(n)} < d), \\ 0 & (\text{その他}) \end{cases}$$

になる．ただし，$n > 1$, $x_{(1)} = \min_{1 \leq i \leq n} x_i$, $x_{(n)} = \max_{1 \leq i \leq n} x_i$ とする．よって，$X_{(1)} = \min_{1 \leq i \leq n} X_i$, $T = \sum_{i=1}^n X_i$ とおくとネイマンの因子分解定理（定理 1.4.1）より $(X_{(1)}, T)$ は (γ, θ) に対する十分統計量になる．また，統計量 T の p.d.f. は

$$f_T(t; \theta, \gamma) = \begin{cases} \{b(\theta, \gamma)\}^{-n} e^{-\theta t} h_n(\gamma, t) & (n\gamma \leq t < nd), \\ 0 & (\text{その他}) \end{cases} \tag{4.4.2}$$

になる．ただし，

$$h_n(\gamma, t) = \int_{\{(x_1, \ldots, x_{n-1}) \mid \sum_{i=1}^n x_i = t, \gamma \leq x_1 < d, \ldots, \gamma \leq x_n < d\}} \prod_{i=1}^n a(x_i) dx_1 \cdots dx_{n-1} \tag{4.4.3}$$

とする．このとき，$(X_{(1)}, T)$ の j.p.d.f. は

$$f_{X_{(1)}, T}(x, t; \theta, \gamma) = \begin{cases} \dfrac{e^{-\theta t}}{\{b(\theta, \gamma)\}^n} \left\{ -\dfrac{\partial h_n(x, t)}{\partial x} \right\} & \left(\gamma \leq x \leq \dfrac{t}{n} < d\right), \\ 0 & (\text{その他}) \end{cases} \tag{4.4.4}$$

になるから，1.5 節の例 1.3.2（続 1）と同様にして $(X_{(1)}, T)$ は (γ, θ) に対する完備統計量になる．また，(4.4.2), (4.4.4) より $T = t$ を与えたときの $X_{(1)}$ の c.p.d.f. は

$$f_{X_{(1)}|T}(x|t;\gamma) = \begin{cases} \dfrac{1}{h_n(\gamma,t)}\left\{-\dfrac{\partial h_n(x,t)}{\partial x}\right\} & \left(\gamma \leq x \leq \dfrac{t}{n} < d\right), \\ 0 & (\text{その他}) \end{cases}$$
(4.4.5)

となる．ここで，切断母数 γ の連続微分可能な関数 $g(\gamma)$ の不偏推定量を $\widehat{g}(X_{(1)}, T)$ とする．ただし，$\widehat{g}(x,t)$ を x について連続とする．このとき，(4.4.5) より任意の γ $(c < \gamma < d)$ について

$$\int_\gamma^{t/n} \widehat{g}(x,t)\left\{-\frac{\partial h_n(x,t)}{\partial x}\right\}dx = g(\gamma)h_n(\gamma,t)$$

として，この両辺を γ で微分すると

$$\widehat{g}(\gamma,t)\frac{\partial h_n(\gamma,t)}{\partial \gamma} = g'(\gamma)h_n(\gamma,t) + g(\gamma)\frac{\partial h_n(\gamma,t)}{\partial \gamma} \tag{4.4.6}$$

となる．よって，$c < \gamma \leq X_{(1)} < T/n < d$ であるから (4.4.6) より

$$\widehat{g}(X_{(1)}, T) = g(X_{(1)}) + \frac{g'(X_{(1)})h_n(X_{(1)}, T)}{\partial h_n(X_{(1)}, T)/\partial \gamma} \tag{4.4.7}$$

になる．また，(4.4.2)，(4.4.3)，(4.4.5) より，これは $g(\gamma)$ の不偏推定量になるから，唯一つの UMVU 推定量になる．

【例 3.4.1（続 2）】 $X_1, \ldots, X_n$ を p.d.f.

$$p(x;\theta,\gamma) = \begin{cases} \theta e^{-\theta(x-\gamma)} & (x \geq \gamma), \\ 0 & (x < \gamma) \end{cases} \tag{4.4.8}$$

をもつ下側切断指数分布 $\ell\mathrm{TExp}(\gamma, \theta^{-1})$ からの無作為標本とする．ただし，$(\theta, \gamma) \in \mathbf{R}_+ \times \mathbf{R}^1$ とし，θ, γ はともに未知とする．このとき，(4.4.8) は (4.4.1) において $a(x) \equiv 1$, $b(\theta,\gamma) = \theta^{-1}e^{-\theta\gamma}$, $c = -\infty$, $d = \infty$ で，$\Theta = \mathbf{R}_+$ になる．ここで，(4.4.2), (4.4.3) より $T = \sum_{i=1}^n X_i$ の p.d.f. は

$$f_T(t;\theta,\gamma) = \begin{cases} \theta^n e^{-\theta(t-n\gamma)} h_n(\gamma,t) & (t \geq n\gamma), \\ 0 & (t < n\gamma) \end{cases}$$

となる. ただし,

$$h_n(\gamma,t) = \begin{cases} (t-n\gamma)^{n-1}/\Gamma(n) & (t \geq n\gamma), \\ 0 & (t < n\gamma) \end{cases} \quad (4.4.9)$$

で, $n > 1$ とする. このとき, (4.4.7), (4.4.9) より

$$\widehat{g}(X_{(1)},T) = g(X_{(1)}) - \frac{g'(X_{(1)})(T - nX_{(1)})}{n(n-1)}$$

は $g(\gamma)$ の UMVU 推定量になる. 特に, $g(\gamma) = \gamma$ とすると, $\widehat{\gamma} = X_{(1)} - \{(T - nX_{(1)})/n(n-1)\}$ が γ の唯一つの UMVU 推定量になる.

【例 1.2.3（続 2）】 $X_1,\ldots,X_n$ を p.d.f.(4.2.10) をもつパレート分布 $\mathrm{Pa}(\theta,\gamma)$ $((\theta,\gamma) \in \mathbf{R}_+^2)$ からの無作為標本とする. ただし, θ, γ はともに未知とし, $n > 1$ とする. ここで, その p.d.f. は

$$p(x;\theta,\gamma) = \begin{cases} \dfrac{\theta\gamma^\theta}{x} e^{-\theta\log x} & (x \geq \gamma), \\ 0 & (x < \gamma) \end{cases} \quad (4.4.10)$$

となり, $y = \log x, \gamma_0 = \log\gamma$ とすれば, (4.4.10) は

$$q(y;\theta,\gamma_0) = \begin{cases} \theta e^{-\theta(y-\gamma_0)} & (y \geq \gamma_0), \\ 0 & (y < \gamma_0) \end{cases}$$

と変換できるので, 例 3.4.1（続 2）の下側切断指数分布の場合に帰着される. よって, 例 3.4.1（続 2）において $X_{(1)}$, $\sum_{i=1}^n X_i$ をそれぞれ $\log X_{(1)}$, $\sum_{i=1}^n \log X_i$ に置き換えればよいので,

$$\widehat{g}\left(\log X_{(1)}, \sum_{i=1}^n \log X_i\right) = g(\log X_{(1)}) - \frac{g'(\log X_{(1)})}{n(n-1)} \sum_{i=1}^n \log \frac{X_i}{X_{(1)}}$$

が $g(\log\gamma)$ の唯一つの UMVU 推定量になる.

4.5 指数型分布族の自然母数の関数の不偏推定

まず，$X_1, \ldots, X_n$ を p.d.f.

$$p(x;\theta) = \begin{cases} \dfrac{a_0(x)e^{-\theta u_0(x)}}{b_0(\theta)} & (c_0 < x < d_0), \\ 0 & (\text{その他}) \end{cases} \tag{4.5.1}$$

をもつ指数型分布族の分布からの無作為標本とする．ただし，c_0, d_0 は $-\infty \leq c_0 < d_0 \leq \infty$ で既知とし，$a_0(x)$ は正値で連続とし，$u_0(x)$ は区間 (c_0, d_0) 上の実数値関数とする．また，Θ は開区間とし，任意の $\theta \in \Theta$ について

$$0 < b_0(\theta) = \int_{c_0}^{d_0} a_0(x) e^{-\theta u_0(x)} dx < \infty$$

とする．次に，(4.5.1) と 1.5 節の例 1.4.3（続 1）より $T = \sum_{i=1}^{n} u_0(X_i)$ は θ に対する完備十分統計量になり，また，(4.4.2) の導出と同様にして，その p.d.f. が

$$f_T(t;\theta) = \begin{cases} \dfrac{a(t)e^{-\theta t}}{b(\theta)} & (c < t < d), \\ 0 & (\text{その他}) \end{cases}$$

の形になる場合を考える．ただし，$-\infty \leq c < d \leq \infty$ とする．このとき，未知母数 θ の関数 $g(\theta)$ を不偏推定可能として，$\widehat{g}(T)$ を $g(\theta)$ の不偏推定量とすると，任意の $\theta \in \Theta$ について

$$\int_c^d \widehat{g}(t) a(t) e^{-\theta t} dt = b(\theta) g(\theta) \tag{4.5.2}$$

になる．ここで，(4.5.2) から逆ラプラス変換によって $\widehat{g}(T)$ を求めてみよう[4]．

---

[4] このアプローチについては Washio, Y., Morimoto, H. and Ikeda, N. (1956). Unbiased estimation based on sufficient statistics. *Bull. Math. Statist.*, **6**, 69-94 参照．

【例 2.6.1（続 3）】 $X_1, \ldots, X_n$ を p.d.f.

$$p(x; \alpha, \theta) = \frac{\theta^\alpha}{\Gamma(\alpha)} x^{\alpha-1} e^{-\theta x} \chi_{(0,\infty)}(x), \quad (\alpha, \theta) \in \mathbf{R}_+^2 \quad (4.5.3)$$

をもつガンマ分布 $G(\alpha, 1/\theta)$ からの無作為標本とする．ただし，α を既知，θ を未知とする．ここで，(4.5.1) において，$a_0(x) = x^{\alpha-1}$, $u_0(x) = x$, $b_0(\theta) = \theta^{-\alpha}\Gamma(\alpha)$, $c = 0$, $d = \infty$ とすれば，(4.5.3) が得られるから $G(\alpha, 1/\theta)$ は指数型分布族に属する．このとき，$T = \sum_{i=1}^n X_i$ は θ に対する完備十分統計量で，その p.d.f. は

$$f_T(t; \theta) = \frac{\theta^{n\alpha}}{\Gamma(n\alpha)} t^{n\alpha-1} e^{-\theta t} \chi_{(0,\infty)}(t) \quad (4.5.4)$$

となり，これは $G(n\alpha, 1/\theta)$ の p.d.f. である．ここで，$g(\theta) = \theta^{-r}$ ($r > -n\alpha$) の不偏推定量を $\widehat{g}(T)$ とし，$\widehat{g}(t)$ を t の連続関数とすれば

$$\int_0^\infty \widehat{g}(t) \frac{\theta^{n\alpha}}{\Gamma(n\alpha)} t^{n\alpha-1} e^{-\theta t} dt = \theta^{-r}$$

すなわち

$$\int_0^\infty \widehat{g}(t) \frac{t^{n\alpha-1}}{\Gamma(n\alpha)} e^{-\theta t} dt = \theta^{-n\alpha-r}$$

となり，逆ラプラス変換より，任意の $t > 0$ について

$$\widehat{g}(t) \frac{t^{n\alpha-1}}{\Gamma(n\alpha)} = \frac{t^{n\alpha+r-1}}{\Gamma(n\alpha+r)}$$

となるから[5]

$$\widehat{g}(t) = \frac{\Gamma(n\alpha)}{\Gamma(n\alpha+r)} t^r \quad (4.5.5)$$

になる．そして，(4.5.5) による $\widehat{g}(T)$ は $g(\theta) = \theta^{-r}$ の不偏推定量になるので，唯一つの UMVU 推定量になる．

ここで，2 母数指数型分布族について例のみを挙げる．

---

[5] 関数 $f(t)$ のラプラス変換 $F(s) = \int_0^\infty e^{-st} f(t) dt$ において，特に，$f(t) = t^a$ ($a > 0$) とすると，$F(s) = \Gamma(a+1)/s^{a+1}$ となる（1.5 節の脚注[25] 参照）．

4.5 指数型分布族の自然母数の関数の不偏推定

【例 3.1.1（続 1）】 $X_1, \ldots, X_n$ を (3.1.1) の p.d.f をもつ逆ガウス分布 $\mathrm{IG}(\mu, \lambda)$ からの無作為標本とする．ここで，μ, λ をいずれも未知とし，$\boldsymbol{\theta} = (\mu, \lambda) \in \Theta = \mathbf{R}_+^2$ とするとき，$g(\boldsymbol{\theta}) = 1/\lambda$ の不偏推定を考える．例 3.1.1 より統計量 $(T_1/n, T_2 - (n^2/T_1))$ は $\boldsymbol{\theta}$ に対する完備十分統計量になり，また，$T = T_2 - (n^2/T_1)$ の p.d.f. は

$$f_T(t; \lambda) = \frac{(\lambda/2)^{(n-1)/2}}{\Gamma((n-1)/2)} t^{(n-3)/2} e^{-\lambda t/2} \chi_{(0,\infty)}(t)$$

となり，これをもつ分布はガンマ分布 $G((n-1)/2, 2/\lambda)$ である．ただし，$n > 1$, $T_1 = T_1(\boldsymbol{X}) = \sum_{i=1}^n X_i$, $T_2 = T_2(\boldsymbol{X}) = \sum_{i=1}^n (1/X_i)$ とする．このとき，$g(\lambda) = 1/\lambda$ の不偏推定量を $\widehat{g}(T)$ とし，$\widehat{g}(t)$ を t の連続関数とすれば，まず

$$\int_0^\infty \frac{(\lambda/2)^{(n-1)/2}}{\Gamma((n-1)/2)} \widehat{g}(t) t^{(n-3)/2} e^{-\lambda t/2} dt = \frac{1}{\lambda}$$

となる．次に，$\vartheta = \lambda/2$ とすれば

$$2 \int_0^\infty \frac{1}{\Gamma((n-1)/2)} \widehat{g}(t) t^{(n-3)/2} e^{-\vartheta t} dt = \vartheta^{-(n+1)/2}$$

となるから，例 2.6.1（続 3）と同様に逆ラプラス変換を用いると，任意の $t > 0$ について

$$\frac{2}{\Gamma((n-1)/2)} \widehat{g}(t) t^{(n-3)/2} = \frac{t^{(n-1)/2}}{\Gamma((n+1)/2)}$$

となり

$$\widehat{g}(t) = \frac{t}{n-1} \tag{4.5.6}$$

になる．そして，(4.5.6) による $\widehat{g}(T)$ は $g(\boldsymbol{\theta}) = 1/\lambda$ の不偏推定量になるので，唯一つの UMVU 推定量になる．

次に，$X_1, \ldots, X_n$ を p.d.f.

$$p(x;\theta) = \begin{cases} \dfrac{a(x)e^{\delta(\theta)u(x)}}{b(\theta)} & (c < x < d), \\ 0 & (\text{その他}) \end{cases} \quad (4.5.7)$$

をもつ指数型分布族の分布からの無作為標本とする.ただし,c, d は $-\infty \leq c < d \leq \infty$ で既知,$a(x)$ は正値で連続とし,$u(x)$ は区間 (c, d) 上の実数値関数とし,$\theta \in \Theta \subset \mathbf{R}^1$ で $\delta(\theta)$ は Θ 上の実数値関数でその値域は $\mathbf{R}^1$ の開区間を含み,$0 < b(\theta) = \int_c^d a(x)e^{\delta(\theta)u(x)}dx < \infty$ とする.このとき,1.5 節の例 1.4.3(続 1)より $T = \sum_{i=1}^n u(X_i)$ は θ に対する完備十分統計量になり,$h(\theta) = e^{\delta(\theta)}$ とおいて (4.4.2) の導出と同様にして,T の p.d.f. が

$$f_T(t;\theta) = \begin{cases} \dfrac{A_n(t)\{h(\theta)\}^t}{\{b(\theta)\}^n} & (t \in \mathcal{T}), \\ 0 & (t \notin \mathcal{T}) \end{cases} \quad (4.5.8)$$

の形になる場合を考える.ここで,$\mathcal{T} \subset \mathbf{R}^1$ で,$A_n(t)$ は $\mathcal{T}$ において正値で

$$\{b(\theta)\}^n = \int_{\mathcal{T}} A_n(t)\{h(\theta)\}^t dt \quad (4.5.9)$$

を満たす.そこで,次の補題において,未知母数 θ の関数 $g(\theta)$ の UMVU 推定量が存在するための必要十分条件を求め,それに基づいて UMVU 推定量を構成する[6].

補題 4.5.1

T が (4.5.8) の p.d.f. をもつとき,$g(\theta)$ の UMVU 推定量が存在するための必要十分条件は,任意の $\theta \in \Theta$ について

$$g(\theta)\{b(\theta)\}^n = \int_{\mathcal{T}} B_n(t)\{h(\theta)\}^t dt \quad (4.5.10)$$

---

[6] Jani, P. N. and Dave, H. P. (1990). Minimum variance unbiased estimation in a class of exponential family of distributions and some of its applications. *Metron*, **48**, 493-507 参照.

と表現されることである．

証明 （必要性）：$\widehat{g}_n(T)$ を $g(\theta)$ の UMVU 推定量とすると，任意の $\theta \in \Theta$ について

$$E_\theta[\widehat{g}_n(T)] = \int_\mathcal{T} \widehat{g}_n(t) \frac{A_n(t)\{h(\theta)\}^t}{\{b(\theta)\}^n} dt = g(\theta)$$

となり，

$$\int_\mathcal{T} \widehat{g}_n(t) A_n(t) \{h(\theta)\}^t dt = g(\theta)\{b(\theta)\}^n$$

になる．ここで，$B_n(t) = \widehat{g}_n(t) A_n(t)$ とすれば (4.5.10) の表現が得られる．

（十分性）：$\widehat{g}_n(t) = \{B_n(t)/A_n(t)\}\chi_\mathcal{T}(t)$ とすると，(4.5.10) より任意の $\theta \in \Theta$ について

$$E_\theta[\widehat{g}_n(T)] = \int_\mathcal{T} \frac{B_n(t)\{h(\theta)\}^t}{\{b(\theta)\}^n} dt = g(\theta)$$

となるから，$\widehat{g}_n(T)$ は $g(\theta)$ の不偏推定量になる．よって，系 2.1.1 により $\widehat{g}_n(T)$ は $g(\theta)$ の UMVU 推定量になる． □

注意 4.5.1
補題 4.5.1 の証明より $g(\theta)$ の推定量

$$\widehat{g}_n(T) = \frac{B_n(T)}{A_n(T)}\chi_\mathcal{T}(T) \tag{4.5.11}$$

は，UMVU 推定量になる．

以下において，$\mathcal{T} = \mathbf{R}_+$ の場合について考える．

定理 4.5.1
T が (4.5.8) の p.d.f. をもつとき，$k > 0$ について

$$H_{k,n}(T) = \frac{A_n(T-k)}{A_n(T)}\chi_{(k,\infty)}(T) \tag{4.5.12}$$

は，$\{h(\theta)\}^k$ の UMVU 推定量である．

証明 まず，

$$B_n(t) = A_n(t-k)\chi_{(k,\infty)}(t)$$

とすると，(4.5.9) より

$$\int_0^\infty B_n(t)\{h(\theta)\}^t dt = \int_k^\infty A_n(t-k)\{h(\theta)\}^t dt$$
$$= \{h(\theta)\}^k \int_k^\infty A_n(t-k)\{h(\theta)\}^{t-k} dt$$
$$= \{h(\theta)\}^k \{b(\theta)\}^n$$

になる．よって，$g(\theta) = \{h(\theta)\}^k$ とすれば (4.5.10) を満たすので，補題 4.5.1 より，$g(\theta)$ の UMVU 推定量は存在し，(4.5.11) より，(4.5.12) の $H_{k,n}(T)$ は $g(\theta)$ の UMVU 推定量になる．□

系 4.5.1

T が (4.5.8) の p.d.f. をもつとき，$k > 0$ について

$$\widehat{V}(H_{k,n}(T)) = \begin{cases} \{H_{k,n}(T)\}^2 & (k < T \leq 2k), \\ \{H_{k,n}(T)\}^2 - H_{2k,n}(T) & (T > 2k), \\ 0 & (\text{その他}) \end{cases}$$

は，$H_{k,n}(T)$ の分散の UMVU 推定量である．

証明 定理 4.5.1 より，任意の $\theta \in \Theta$ について

$$E_\theta[\widehat{V}(H_{k,n}(T))] = \int_k^\infty \{H_{k,n}(t)\}^2 f_T(t;\theta)dt - \int_{2k}^\infty H_{2k,n}(t) f_T(t;\theta)dt$$
$$= E_\theta[\{H_{k,n}(T)\}^2] - \{h(\theta)\}^{2k}$$
$$= V_\theta(H_{k,n}(T))$$

となるから，$\widehat{V}(H_{k,n}(T))$ は $H_{k,n}(T)$ の分散の不偏推定量になり，系 2.1.1 により UMVU 推定量になる．□

4.5 指数型分布族の自然母数の関数の不偏推定

定理 4.5.2

T が (4.5.8) の p.d.f. をもつとき,$g_k(\theta) = \{b(\theta)\}^k$ とすると,$k > -n$ について

$$\widehat{g}_{k,n}(T) = \frac{A_{n+k}(T)}{A_n(T)}\chi_{(0,\infty)}(T)$$

は,$g_k(\theta)$ の UMVU 推定量である.

証明 まず,$k > -n$ について $B_n(t) = A_{n+k}(t)\chi_{(0,\infty)}(t)$ とすると,(4.5.9) より

$$\int_0^\infty B_n(t)\{h(\theta)\}^t dt = \int_0^\infty A_{n+k}(t)\{h(\theta)\}^t dt = \{b(\theta)\}^{n+k}$$

となる.次に,$g_k(\theta) = \{b(\theta)\}^k$ とすれば (4.5.10) を満たすから,補題 4.5.1 より $g(\theta)$ の UMVU 推定量は存在し,注意 4.5.1 の (4.5.11) より $\widehat{g}_{k,n}(T)$ は $g(\theta)$ の UMVU 推定量になる. □

系 4.5.2

T が (4.5.8) の p.d.f. をもつとき,$k > -n$ について

$$\widehat{V}(\widehat{g}_{k,n}(T)) = \{\widehat{g}_{k,n}(T)\}^2 - \widehat{g}_{2k,n}(T) \tag{4.5.13}$$

は,$\widehat{g}_{k,n}(T)$ の分散の UMVU 推定量である.

証明 定理 4.5.2 より,$k > -n$ のとき,任意の $\theta \in \Theta$ について

$$\begin{aligned}
E_\theta[\widehat{V}(\widehat{g}_{k,n}(T))] &= E_\theta[\{\widehat{g}_{k,n}(T)\}^2] - \{b(\theta)\}^{2k} \\
&= E_\theta[\{\widehat{g}_{k,n}(T)\}^2] - \{E_\theta[\widehat{g}_{k,n}(T)]\}^2 \\
&= V_\theta(\widehat{g}_{k,n}(T))
\end{aligned}$$

となるから,$\widehat{V}(\widehat{g}_{k,n}(T))$ は $\widehat{g}_{k,n}(T)$ の分散 $V_\theta(\widehat{g}_{k,n}(T))$ の不偏推定量になる.よって,T は完備十分統計量なので,系 2.1.1 より $\widehat{V}(\widehat{g}_{k,n}(T))$ は UMVU 推定量になる. □

定理 4.5.3

T が (4.5.8) の p.d.f. をもち,x を区間 (c,d) の任意の点とすると

$$\widehat{p}_n(x,T) = \frac{a(x)A_{n-1}(T-u(x))}{A_n(T)}\chi_{(u(x),\infty)}(T) \qquad (4.5.14)$$

は,$p(x;\theta)$ の UMVU 推定量である.

証明 まず,x を区間 (c,d) に任意に固定する.このとき,任意の $\theta \in \Theta$ について

$$\begin{aligned}
E_\theta[\widehat{p}_n(x,T)] &= \int_{u(x)}^\infty \frac{a(x)A_{n-1}(t-u(x))}{A_n(t)} \cdot \frac{A_n(t)\{h(\theta)\}^t}{\{b(\theta)\}^n} dt \\
&= \frac{a(x)\{h(\theta)\}^{u(x)}}{b(\theta)} \int_0^\infty \frac{A_{n-1}(z)}{\{b(\theta)\}^{n-1}}\{h(\theta)\}^z dz \\
&= \frac{a(x)e^{\delta(\theta)u(x)}}{b(\theta)} = p(x,\theta)
\end{aligned}$$

になる.よって,$\widehat{p}_n(x,T)$ は $p(x;\theta)$ の不偏推定量になり,T は完備十分統計量なので,系 2.1.1 より $\widehat{p}_n(x,T)$ は $p(x;\theta)$ の UMVU 推定量になる.
□

系 4.5.3

区間 (c,d) 上で $u(x)$ が非負値とし,T が (4.5.8) の p.d.f. をもつとし,$\widehat{p}_n(x,T)$ を (4.5.14) とする.このとき,区間 (c,d) の任意の x について

$$\widehat{V}(\widehat{p}_n(x,T)) = \begin{cases} \{\widehat{p}_n(x,T)\}^2 & (u(x) < T \leq 2u(x)), \\ \{\widehat{p}_n(x,T)\}^2 - \widehat{p}_n(x,T)\widehat{p}_{n-1}(x,T-u(x)) & \\ & (T > 2u(x)), \\ 0 & (その他) \end{cases} \qquad (4.5.15)$$

は,$\widehat{p}_n(x,T)$ の分散の UMVU 推定量である.ただし,$n > 2$ とする.

証明 まず，x を区間 (c,d) に任意に固定する．このとき，(4.5.7)-(4.5.9), (4.5.14), 定理 4.5.3 より任意の $\theta \in \Theta$ について

$$E_\theta[\widehat{V}(\widehat{p}_n(x,T))]$$
$$= \int_{u(x)}^\infty \{\widehat{p}_n(x,t)\}^2 f_T(t;\theta)dt - \int_{2u(x)}^\infty \widehat{p}_n(x,t)\widehat{p}_{n-1}(x,t-u(x))f_T(t;\theta)dt$$
$$= E_\theta[\{\widehat{p}_n(x,T)\}^2] - \int_{u(x)}^\infty \widehat{p}_n(x,z+u(x))\widehat{p}_{n-1}(x,z)f_T(z+u(x);\theta)dz$$
$$= E_\theta[\{\widehat{p}_n(x,T)\}^2]$$
$$\quad - \frac{\{a(x)\}^2\{h(\theta)\}^{2u(x)}}{\{b(\theta)\}^2} \int_{u(x)}^\infty \frac{A_{n-2}(z-u(x))}{\{b(\theta)\}^{n-2}} \{h(\theta)\}^{z-u(x)} dz$$
$$= E_\theta[\{\widehat{p}_n(x,T)\}^2] - \{p(x;\theta)\}^2$$
$$= E_\theta[\{\widehat{p}_n(x,T)\}^2] - \{E_\theta[\widehat{p}_n(x,T)]\}^2$$
$$= V_\theta(\widehat{p}_n(x,T))$$

となる．よって，$\widehat{V}(\widehat{p}_n(x,T))$ は $\widehat{p}_n(x,T)$ の分散 $V_\theta(\widehat{p}_n(x,T))$ の不偏推定量になり，T は完備十分統計量なので，系 2.1.1 より $\widehat{V}(\widehat{p}_n(x,T))$ は UMVU 推定量になる． □

系 4.5.4

T が (4.5.8) の p.d.f. をもつとする．このとき，$c < \lambda < d$ について

$$\widehat{R}_T(\lambda) = \int_\lambda^d \widehat{p}_n(x,T)dx \tag{4.5.16}$$

は，信頼度関数 $R_\theta(\lambda) = P_\theta\{X_1 > \lambda\}$ の UMVU 推定量である．

証明 まず，$c < \lambda < d$ となる λ を任意に固定する．このとき，定理 4.5.3, (4.5.7)-(4.5.9) より，任意の $\theta \in \Theta$ について

$$E_\theta[\widehat{R}_T(\lambda)]$$
$$= \int_0^\infty \left(\int_\lambda^d \widehat{p}_n(x,t)dx\right) \frac{A_n(t)\{h(\theta)\}^t}{\{b(\theta)\}^n} dt$$
$$= \int_\lambda^d \int_{u(x)}^\infty \frac{a(x)A_{n-1}(t-u(x))}{A_n(t)} \cdot \frac{A_n(t)\{h(\theta)\}^t}{\{b(\theta)\}^n} dt dx$$
$$= \int_\lambda^d \frac{a(x)\{h(\theta)\}^{u(x)}}{b(\theta)} \left\{\int_{u(x)}^\infty \frac{A_{n-1}(t-u(x))\{h(\theta)\}^{t-u(x)}}{\{b(\theta)\}^{n-1}} dt\right\} dx$$
$$= \int_\lambda^d \frac{a(x)\{h(\theta)\}^{u(x)}}{b(\theta)} dx = \int_\lambda^d p(x;\theta) dx$$
$$= P_\theta\{X_1 > \lambda\} = R_\theta(\lambda)$$

となるから，$\widehat{R}_T(\lambda)$ は $R_\theta(\lambda)$ の不偏推定量になる．よって，T は完備十分統計量なので，系 2.1.1 より $\widehat{R}_\lambda(T)$ は UMVU 推定量になる． □

【例 1.4.4（続 1）】[7]　$X_1, \ldots, X_n$ を p.d.f.
$$p(x;\theta) = \frac{x}{\theta}\left\{\exp\left(-\frac{x^2}{2\theta}\right)\right\}\chi_{(0,\infty)}(x) \tag{4.5.17}$$
をもつレイリー分布 $\mathrm{Ray}(\theta)$ からの無作為標本とする．ただし，$\theta \in \mathbf{R}_+$ とする．ここで，(4.5.7) において $a(x) = x$, $\delta(\theta) = -1/(2\theta)$, $u(x) = x^2$, $b(\theta) = \theta$, $c = 0$, $d = \infty$ とすれば (4.5.17) を得る．このとき，$T = \sum_{i=1}^n X_i^2$ は θ に対する完備十分統計量であり，その p.d.f. は
$$f_T(t;\theta) = \frac{t^{n-1}}{(2\theta)^n \Gamma(n)} e^{-t/(2\theta)} \chi_{(0,\infty)}(t)$$
になるから，(4.5.8) において $h(\theta) = e^{\delta(\theta)} = e^{-1/(2\theta)}$,
$$A_n(t) = \frac{t^{n-1}}{2^n \Gamma(n)} \quad (t > 0) \tag{4.5.18}$$
となる．いま，$\{h(\theta)\}^k = e^{-k/(2\theta)}$ となるから，定理 4.5.1 より $k > 0$ について

---

[7] 例 1.4.4（続 1）およびそれに続く例 3.5.1（続 1）と同様の例は Kim, H. G.・赤平 (2009). On the minimum variance unbiased estimation. 京都大学 数理解析研究所講究録, **1621**, 29-41 にある．

4.5 指数型分布族の自然母数の関数の不偏推定

$$H_{k,n}(T) = \frac{A_n(T-k)}{A_n(T)}\chi_{(k,\infty)}(T) = \left(1-\frac{k}{T}\right)^{n-1}\chi_{(k,\infty)}(T) \quad (4.5.19)$$

が $\{h(\theta)\}^k = e^{-k/(2\theta)}$ の UMVU 推定量になる．また，$k>0$ について $H_{k,n}(T)$ の分散の UMVU 推定量は (4.5.19) を用いて系 4.5.1 より得られる．そして (4.5.18) と定理 4.5.2 より $g_k(\theta) = \theta^k$ として $k > -n$ について

$$\widehat{g}_{k,n}(T) = \frac{A_{n+k}(T)}{A_n(T)} = \frac{\Gamma(n)T^k}{2^k\Gamma(n+k)}$$

が $g_k(\theta) = \theta^k$ の UMVU 推定量になり，系 4.5.2 より $k > -n$ について $\widehat{g}_{k,n}(T)$ の分散の UMVU 推定量は (4.5.13) から得られる．さらに，(4.5.14) より

$$\widehat{p}_n(x,T) = \frac{2(n-1)x}{T}\left(1-\frac{x^2}{T}\right)^{n-2}\chi_{(-\sqrt{T},\sqrt{T})}(x)$$

になり，定理 4.5.3 より $\widehat{p}_n(x,T)$ は $p(x;\theta)$ の UMVU 推定量になる．ただし，$n>1$ とする．そして，(4.5.16) より $\lambda > 0$ について

$$\widehat{R}_\lambda(T) = \left(1-\frac{\lambda^2}{T}\right)^{n-1}\chi_{(\lambda^2,\infty)}(T)$$

は信頼度関数 $R_\theta(\lambda) = P_\theta\{X_1 > \lambda\}$ の UMVU 推定量になる．

【例 3.5.1（続 1）】 $X_1,\ldots,X_n$ を (3.5.5) の p.d.f. $p(x;\theta)$ をもつ極値分布 $\text{Ext}(\theta)$ からの無作為標本とする．ここで，

$$p(x;\theta) = e^x \frac{1}{\theta}(e^{-1/\theta})^{e^x-1}\chi_{(0,\infty)}(x) \quad (4.5.20)$$

と変形すると，(4.5.7) において $a(x) = e^x$, $\delta(\theta) = -1/\theta$, $u(x) = e^x - 1$, $b(\theta) = \theta$, $c = 0$, $d = \infty$ とおけば (4.5.20) を得る．このとき，$T = \sum_{i=1}^n (e^{X_i} - 1)$ は θ に対する完備十分統計量であり，その p.d.f. は

$$f_T(t;\theta) = \frac{1}{\Gamma(n)\theta^n}t^{n-1}e^{-t/\theta}\chi_{(0,\infty)}(t)$$

になるから，(4.5.8) において $h(\theta) = e^{\delta(\theta)} = e^{-1/\theta}$,

$$A_n(t) = \frac{t^{n-1}}{\Gamma(n)} \quad (t > 0) \tag{4.5.21}$$

となる.いま,$\{h(\theta)\}^k = e^{-k/\theta}$ となるから,定理 4.5.1 より $k > 0$ について

$$H_{k,n}(T) = \left(1 - \frac{k}{T}\right)^{n-1} \chi_{(k,\infty)}(T) \tag{4.5.22}$$

が $\{h(\theta)\}^k = e^{-k/\theta}$ の UMVU 推定量になる.また,$k > 0$ について $H_{k,n}(T)$ の分散の UMVU 推定量は (4.5.22) を用いて系 4.5.1 より得られる.さらに,(4.5.21) と定理 4.5.2 より $g_k(\theta) = \theta^k$ として $k > -n$ について

$$\widehat{g}_{k,n}(T) = \frac{A_{n+k}(T)}{A_n(T)} = \frac{\Gamma(n) T^k}{\Gamma(n+k)}$$

が $g_k(\theta) = \theta^k$ の UMVU 推定量になり,系 4.5.2 より $k > -n$ について $\widehat{g}_{k,n}(T)$ の分散の UMVU 推定量は (4.5.13) から得られる.そして,(4.5.14) より

$$\widehat{p}_n(x,T) = \frac{(n-1)e^x}{T} \left(1 - \frac{e^x - 1}{T}\right)^{n-2} \chi_{(e^x-1,\infty)}(T)$$

になり,定理 4.5.3 より $\widehat{p}_n(x,T)$ は $p(x;\theta)$ の UMVU 推定量になり,例 3.5.1 で求めた (3.5.7) と一致している.ただし,$n > 1$ とする.また,(4.5.16) より $\lambda > 0$ について

$$\widehat{R}_T(\lambda) = \left(1 - \frac{e^\lambda - 1}{T}\right)^{n-1} \chi_{(e^\lambda-1,\infty)}(T)$$

は信頼度関数 $R_\theta(\lambda) = P_\theta\{X_1 > \lambda\}$ の UMVU 推定量になる.

【例 1.1.1(続 14)】 $X_1, \ldots, X_n$ を正規分布 $N(0, \theta)$ ($\theta \in \Theta = \mathbf{R}_+$) からの無作為標本とする.このとき,$N(0, \theta)$ の p.d.f. は

$$p(x; \theta) = \frac{1}{\sqrt{2\pi\theta}} e^{-x^2/(2\theta)} \tag{4.5.23}$$

となるから,(4.5.7) において $a(x) \equiv 1/\sqrt{2\pi}$, $\delta(\theta) = -1/(2\theta)$, $u(x) =$

x^2, $b(\theta) = \sqrt{\theta}$, $c = -\infty$, $d = \infty$ とすれば, (4.5.23) を得る. このとき, 1.5 節の例 1.1.1 (続 8) と同様にして $T = \sum_{i=1}^{n} X_i^2$ が θ に対する完備十分統計量になり, また T/θ は χ_n^2 分布に従う[8]. よって, T の p.d.f. は

$$f_T(t;\theta) = \frac{1}{2^{n/2}\Gamma(n/2)} t^{(n/2)-1} \theta^{-n/2} e^{-t/(2\theta)} \chi_{(0,\infty)}(t)$$

となるから, (4.5.8) において $h(\theta) = e^{\delta(\theta)} = e^{-1/(2\theta)}$,

$$A_n(t) = \frac{t^{(n/2)-1}}{2^{n/2}\Gamma(n/2)} \quad (t > 0) \tag{4.5.24}$$

となる. いま $\{h(\theta)\}^k = e^{-k/(2\theta)}$ となるから, 定理 4.5.1 より $k > 0$ について

$$H_{k,n}(T) = \left(1 - \frac{k}{T}\right)^{(n/2)-1} \chi_{(k,\infty)}(T) \tag{4.5.25}$$

が $\{h(\theta)\}^k = e^{-k/(2\theta)}$ の UMVU 推定量になる. また, $k > 0$ について $H_{k,n}(T)$ の分散の UMVU 推定量は (4.5.25) を用いて系 4.5.1 より得られる. そして, (4.5.24) と定理 4.5.2 より $g_k(\theta) = \theta^{k/2}$ として $k > -n$ について

$$\widehat{g}_{k,n}(T) = \frac{A_{n+k}(T)}{A_n(T)} \chi_{(0,\infty)}(T) = \frac{\Gamma(n/2)}{\Gamma((n+k)/2)} \left(\frac{T}{2}\right)^{k/2} \chi_{(0,\infty)}(T)$$

が $g_k(\theta) = \theta^{k/2}$ の UMVU 推定量になり, 系 4.5.2 より $k > -n$ について, $\widehat{g}_{k,n}$ の分散の UMVU 推定量は (4.5.13) から得られる. さらに, (4.5.14) より

$$\widehat{p}_n(x,T) = \frac{\Gamma(n/2)}{\sqrt{\pi T}\Gamma((n-1)/2)} \left(1 - \frac{x^2}{T}\right)^{(n-3)/2} \chi_{(x^2,\infty)}(T)$$

$$= \frac{1}{B(1/2,(n-1)/2)\sqrt{T}} \left(1 - \frac{x^2}{T}\right)^{(n-3)/2} \chi_{(-\sqrt{T},\sqrt{T})}(x)$$

になり, 定理 4.5.3 より $\widehat{p}_n(x,T)$ は $p(x;\theta)$ の UMVU 推定量になる

---

[8] 赤平 [A03] の 5.5 節 (p.83) 参照.

(図 4.5.1 参照). ただし, $n > 1$ とする. そして, (4.5.16) より, 任意の実数 λ について

$$\widehat{R}_T(\lambda) = \begin{cases} 1 & (\lambda \leq -\sqrt{T}), \\ \frac{1}{2} + \frac{1}{2} I_{\lambda^2/T}\left(\frac{1}{2}, \frac{n-1}{2}\right) & (-\sqrt{T} < \lambda < 0), \\ \frac{1}{2} & (\lambda = 0), \\ \frac{1}{2} - \frac{1}{2} I_{\lambda^2/T}\left(\frac{1}{2}, \frac{n-1}{2}\right) & (0 < \lambda < \sqrt{T}), \\ 0 & (\lambda \geq \sqrt{T}) \end{cases}$$

は信頼度関数 $R_\theta(\lambda) = P_\theta\{X_1 > \lambda\}$ の UMVU 推定量になる. ただし, $I_z(\alpha, \beta) = B_z(\alpha, \beta)/B(\alpha, \beta)$ で, $B_z(\alpha, \beta)$ を**不完全ベータ関数**

$$B_z(\alpha, \beta) = \int_0^z x^{\alpha-1}(1-x)^{\beta-1} dx \quad (0 < z < 1;\ (\alpha, \beta) \in \mathbf{R}_+^2)$$

とし, $B(\alpha, \beta)$ をベータ関数とする (1.2 節の脚注[5] 参照).

【例 1.3.2 (続 5)】 $X_1, \ldots, X_n$ を p.d.f. $p(x; \theta) = (1/\theta) e^{-x/\theta} \chi_{(0,\infty)}(x)$ ($\theta \in \mathbf{R}_+$) をもつ指数分布 $\mathrm{Exp}(\theta)$ からの無作為標本とする. ここで, (4.5.7) において $a(x) \equiv 1$, $\delta(\theta) = -1/\theta$, $u(x) = x$, $b(\theta) = \theta$, $c = 0$, $d = \infty$ とすれば, $\mathrm{Exp}(\theta)$ の p.d.f. を得る. このとき, 2.1 節の例 1.3.2(続 3) より $T = \sum_{i=1}^n X_i$ は θ に対する完備十分統計量で, その p.d.f. は

$$f_T(t; \theta) = \frac{t^{n-1} e^{-t/\theta}}{\theta^n \Gamma(n)} \chi_{(0,\infty)}(t)$$

となるから, (4.5.8) において $h(\theta) = e^{\delta(\theta)} = e^{-1/\theta}$,

$$A_n(t) = \frac{t^{n-1}}{\Gamma(n)} \quad (t > 0) \tag{4.5.26}$$

となる. ここで, $\{h(\theta)\}^k = e^{-k/\theta}$ となるから定理 4.5.1 より $k > 0$ について

$$H_{k,n}(T) = \left(1 - \frac{k}{T}\right)^{n-1} \chi_{(k,\infty)}(T) \tag{4.5.27}$$

が $g(\theta) = \{h(\theta)\}^k = e^{-k/\theta}$ の UMVU 推定量になる. また, $k > 0$ につ

4.5 指数型分布族の自然母数の関数の不偏推定

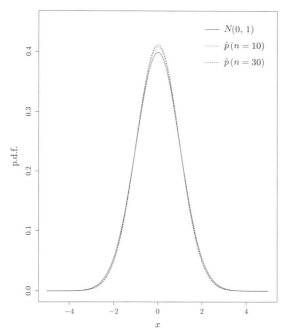

図 4.5.1 正規分布 $N(0,\theta)$ の p.d.f. $p(x;\theta)$ とその $T = \sum_{i=1}^n X_i^2$ に基づく UMVU 推定量 $\widehat{p}(x,T)$ のグラフ．ただし，$\theta = 1$，反復回数は 100.

いて $H_{k,n}(T)$ の分散の UMVU 推定量は (4.5.27) を用いて系 4.5.1 より得られる．さらに，(4.5.26) と定理 4.5.2 より $g_k(\theta) = \theta^k$ として $k > -n$ について

$$\widehat{g}_{k,n}(T) = \frac{\Gamma(n) T^k}{\Gamma(n+k)} \chi_{(0,\infty)}(T)$$

が $g_k(\theta)$ の UMVU 推定量になり，(4.5.14) より

$$\widehat{p}_n(x,T) = \frac{n-1}{T} \left(1 - \frac{x}{T}\right)^{n-2} \chi_{(0,T)}(x)$$

となるから，定理 4.5.3 より，$\widehat{p}_n(x,T)$ は $p(x;\theta)$ の UMVU 推定量になる（図 4.5.2 参照）．ただし，$n > 1$ とする．そして，(4.5.16) より $\lambda > 0$ について

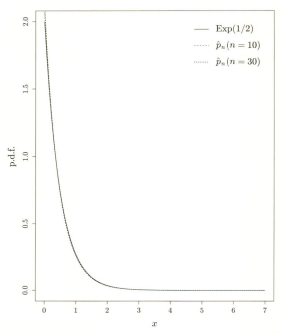

図 4.5.2 指数分布 $\mathrm{Exp}(\theta)$ の p.d.f. $p(x;\theta)$ とその $T=\sum_{i=1}^{n} X_i$ に基づく UMVU 推定量 $\widehat{p}_n(x,T)$ のグラフ．ただし，$\theta=1/2$，反復回数は 100.

$$\widehat{R}_T(\lambda) = \left(1 - \frac{\lambda}{T}\right)^{n-1} \chi_{(\lambda,\infty)}(T)$$

は信頼度関数 $R_\theta(\lambda) = P_\theta\{X_1 > \lambda\}$ の UMVU 推定量となる．

問 4.5.1 $X_1, \ldots, X_n$ を (2.6.13) の p.d.f. $p(x;\alpha,\theta)$ をもつガンマ分布 $G(\alpha,\theta)$ $((\alpha,\theta) \in \mathbf{R}_+^2)$ からの無作為標本とする．ただし，α は既知とする．このとき，次の (1)〜(3) の UMVU 推定量を求めよ．

(1) $g(\theta) = e^{-k/\theta}$ $(k > 0)$, $g(\theta) = \theta^{k\alpha}$ $(k > -n)$.
(2) $p(x;\alpha,\theta)$.
(3) 信頼度関数 $R_\theta(\lambda) = P_\theta\{X_1 > \lambda\}$ $(\lambda > 0)$.

問 4.5.2 $X_1, \ldots, X_n$ を (3.5.9) の p.d.f. $p(x;\alpha,\theta)$ をもつワイブル分布 $W(\alpha,\theta)$ $((\alpha,\theta) \in \mathbf{R}_+^2)$ からの無作為標本とする．ただし，α は既知とする．

このとき，次の (1)〜(3) の UMVU 推定量を求めよ．

(1) $g(\theta) = e^{-k/\theta^\alpha}$ $(k > 0)$, $g(\theta) = \theta^{\alpha k}$ $(k > -n)$.
(2) $p(x; \alpha, \theta)$.
(3) 信頼度関数 $R_\theta(\lambda) = P_\theta\{X_1 > \lambda\}$ $(\lambda > 0)$.

問 4.5.3 $X_1, \ldots, X_n$ を (2.3.1) の p.d.f. $p(x; \mu, \sigma^2)$ をもつ対数正規分布 $\mathrm{LN}(\mu, \sigma^2)$ からの無作為標本とする．このとき，次の (1)〜(3) の UMVU 推定量を求めよ．

(1) σ^2 が未知のときの μ.
(2) μ が未知のときの σ^2.
(3) $\mu = 0$ のときの $p(x; 0, \sigma^2)$.

付　　録

A.1　線形モデルの不偏推定

まず，確率ベクトルを $\boldsymbol{Y} = (Y_1, \ldots, Y_n)^\tau$, $\boldsymbol{\varepsilon} = (\varepsilon_1, \ldots, \varepsilon_n)^\tau$, 未知母数ベクトルを $\boldsymbol{\beta} = (\beta_0, \beta_1, \ldots, \beta_p)^\tau$ とし，

$$X = \begin{pmatrix} 1 & x_{11} & \cdots & x_{1p} \\ 1 & x_{21} & \cdots & x_{2p} \\ \vdots & \vdots & \ddots & \vdots \\ 1 & x_{n1} & \cdots & x_{np} \end{pmatrix} = \begin{pmatrix} \boldsymbol{x}_1^\tau \\ \boldsymbol{x}_2^\tau \\ \vdots \\ \boldsymbol{x}_n^\tau \end{pmatrix}$$

として，**線形モデル** (linear model)

$$\boldsymbol{Y} = X\boldsymbol{\beta} + \boldsymbol{\varepsilon} \tag{A.1.0.1}$$

を考える．ただし，$\boldsymbol{x}_i = (1, x_{i1}, \ldots, x_{ip})^\tau$ $(i = 1, \ldots, n)$ を既知の定数ベクトルとし，$\varepsilon_1, \ldots, \varepsilon_n$ をたがいに独立に，いずれも正規分布 $N(0, \sigma^2)$ に従う確率変数とし，σ^2 は未知とする．このとき，$\boldsymbol{Y}$ は平均ベクトル $X\boldsymbol{\beta}$，共分散行列 $\sigma^2 I_n$ をもつ n 変量正規分布 $N_n(X\boldsymbol{\beta}, \sigma^2 I_n)$ に従う．ただし，I_n は n 次単位行列とする．ここで，$\boldsymbol{\beta}, \sigma^2$ の MLE を求める．まず，$\boldsymbol{Y} = \boldsymbol{y} = (y_1, \ldots, y_n)^\tau$ を与えたときに，$\boldsymbol{\beta}, \sigma^2$ の対数尤度関数

$$\log L(\boldsymbol{\beta}, \sigma^2; \boldsymbol{y}) = -\frac{n}{2}\log\sigma^2 - \frac{1}{2\sigma^2}\sum_{i=1}^n (y_i - \boldsymbol{x}_i^\tau \boldsymbol{\beta})^2 - \frac{n}{2}\log(2\pi)$$

を $\boldsymbol{\beta}, \sigma^2$ でそれぞれ偏微分すると

$$\frac{\partial}{\partial \boldsymbol{\beta}} \log L(\boldsymbol{\beta}, \sigma^2; \boldsymbol{y}) = \frac{1}{\sigma^2}\sum_{i=1}^n (y_i - \boldsymbol{x}_i^\tau \boldsymbol{\beta})\boldsymbol{x}_i$$

$$\frac{\partial}{\partial \sigma^2} \log L(\boldsymbol{\beta}, \sigma^2; \boldsymbol{y}) = -\frac{n}{2\sigma^2} + \frac{1}{2\sigma^4} \sum_{i=1}^{n}(y_i - \boldsymbol{x}_i^\tau \boldsymbol{\beta})^2$$

となり,これらを 0 とすると,$\boldsymbol{\beta}$ の MLE $\widehat{\boldsymbol{\beta}}$ は**正規方程式** (normal equations)

$$\sum_{i=1}^{n}(Y_i - \boldsymbol{x}_i^\tau \widehat{\boldsymbol{\beta}}) \boldsymbol{x}_i = \boldsymbol{0} \tag{A.1.0.2}$$

を満たし,また σ^2 の MLE $\widehat{\sigma}^2$ は

$$\widehat{\sigma}^2 = \frac{1}{n} \sum_{i=1}^{n}(Y_i - \boldsymbol{x}_i^\tau \widehat{\boldsymbol{\beta}})^2 \tag{A.1.0.3}$$

になる.実は,$\boldsymbol{\beta}$ の MLE $\widehat{\boldsymbol{\beta}}$ は $\boldsymbol{\beta}$ の**最小 2 乗推定量** (least squares estimator,略して LSE) になる.すなわち,$\widehat{\boldsymbol{\beta}}$ は $\sum_{i=1}^{n}(Y_i - \boldsymbol{x}_i^\tau \boldsymbol{\beta})^2$ を最小にする.ここで,$\widehat{\boldsymbol{\beta}}$ を具体的に求めるために,(A.1.0.2) より

$$X^\tau \boldsymbol{Y} = (X^\tau X) \widehat{\boldsymbol{\beta}} \tag{A.1.0.4}$$

になる[1].このとき,$(X^\tau X)^{-1}$ が存在すれば

$$\widehat{\boldsymbol{\beta}} = (X^\tau X)^{-1} X^\tau \boldsymbol{Y}$$

になる.これを用いて,$\widehat{\sigma}^2$ は (A.1.0.3) によって

$$\begin{aligned}\widehat{\sigma}^2 &= \frac{1}{n} \sum_{i=1}^{n}(Y_i - \boldsymbol{x}_i^\tau \widehat{\boldsymbol{\beta}})^2 = \frac{1}{n}\|\boldsymbol{Y} - X\widehat{\boldsymbol{\beta}}\|^2 \\ &= \frac{1}{n}\|\boldsymbol{Y} - X(X^\tau X)^{-1} X^\tau \boldsymbol{Y}\|^2 \\ &= \frac{1}{n}\|(I_n - H)\boldsymbol{Y}\|^2\end{aligned}$$

になる.ここで,$H = X(X^\tau X)^{-1} X^\tau$ は対称行列であり,X の列によっ

---

[1] X^τ は X の転置行列 (transposed matrix) を表す.

A.1 線形モデルの不偏推定

て張られる空間上への射影行列になる[2]．

次に，$\varepsilon_1, \ldots, \varepsilon_n$ をたがいに独立に，いずれも平均 0，有限の分散 σ^2 をもつ同一分布に従う確率変数とする．このとき，線形モデル

$$Y_i = \boldsymbol{x}_i^\tau \boldsymbol{\beta} + \varepsilon_i \quad (i = 1, \ldots, n)$$

において，母数

$$\theta = \sum_{j=0}^{p} a_j \beta_j = \boldsymbol{a}^\tau \boldsymbol{\beta}$$

を定義する．ただし，$a_0, a_1, \ldots, a_p$ は定数とする．ここで，θ の線形推定量

$$\widehat{\theta} = \sum_{i=1}^{n} c_i Y_i = \boldsymbol{c}^\tau \boldsymbol{Y}$$

について考える．ただし，$\boldsymbol{c} = (c_1, \ldots, c_n)^\tau$ を定数ベクトルとする．

定理 A.1.0.1（ガウス・マルコフ (Gauss-Markov) の定理）
X が最大階数をもつと仮定し，$\widehat{\boldsymbol{\beta}} = (X^\tau X)^{-1} X^\tau \boldsymbol{Y}$ を $\boldsymbol{\beta}$ の LSE とする．このとき，$\widehat{\theta} = \boldsymbol{a}^\tau \widehat{\boldsymbol{\beta}}$ は $\theta = \boldsymbol{a}^\tau \boldsymbol{\beta}$ の線形不偏推定量全体のクラス $\{\boldsymbol{c}^\tau \boldsymbol{Y} \mid \boldsymbol{c} \in \mathbf{R}^n\}$ の中で最小分散をもつ，すなわち，θ の**最良線形不偏推定量**（best linear unbiased estimator，略して BLUE）である．

証明 任意の $\boldsymbol{c} \in \mathbf{R}^n$ について，$E(\boldsymbol{c}^\tau \boldsymbol{Y}) = \boldsymbol{c}^\tau X \boldsymbol{\beta}$ になるので，任意の $\boldsymbol{\beta}$ について $E(\boldsymbol{c}^\tau \boldsymbol{Y}) = \boldsymbol{a}^\tau \boldsymbol{\beta}$ とすると，$\boldsymbol{a}^\tau = \boldsymbol{c}^\tau X$ になる．このとき，$\boldsymbol{a}^\tau = \boldsymbol{c}^\tau X$ ならば，

$$V(\boldsymbol{c}^\tau \boldsymbol{Y}) \geq V(\boldsymbol{a}^\tau \widehat{\boldsymbol{\beta}})$$

になることを示せばよい．ここで，$V(\boldsymbol{c}^\tau \boldsymbol{Y}) = \sigma^2 \boldsymbol{c}^\tau \boldsymbol{c}$, $V(\boldsymbol{a}^\tau \widehat{\boldsymbol{\beta}}) = \sigma^2 \boldsymbol{c}^\tau H \boldsymbol{c}$ になる．ただし，$H = X(X^\tau X)^{-1} X^\tau$ とする．よって，$I_n - H$ が射

---
[2] 正方行列 H が $H^2 = H$ であるとき，H を**射影行列** (projection matrix) という．

影行列で非負定値になるから

$$V(\boldsymbol{c}^\tau \boldsymbol{Y}) - V(\boldsymbol{a}^\tau \widehat{\boldsymbol{\beta}}) = \sigma^2(\boldsymbol{c}^\tau \boldsymbol{c} - \boldsymbol{c}^\tau H \boldsymbol{c})$$
$$= \sigma^2(\boldsymbol{c}^\tau (I_n - H)\boldsymbol{c}) \geq 0$$

になる. □

A.2　漸近理論

第1章から第4章においては小標本の場合，すなわち標本の大きさ n が有限である場合に不偏推定量の最良性について論じたが，C-R の下界の達成条件等からもわかるように，標本が得られる分布を指数型分布族等に制限せざるをえない．一方，大標本の場合，すなわち n が無限に大きい場合には，大数の法則，中心極限定理等の近似法則を適用して，一般に推定の漸近理論を展開することができ，その際に漸近不偏性，漸近中央値不偏性等が重要な役割を果たす．

A.2.1　近似法則

まず，大数の法則と中心極限定理について述べる．

定理 A.2.1.1 （マルコフ (Markov) の不等式）
確率変数 X の p.d.f. または p.m.f. を $p(x)$ とする．また，$\mathbf{R}^1$ 上で定義された非負値関数を g とする．このとき，任意の正数 k について

$$P\{g(X) \geq k\} \leq \frac{1}{k} E[g(X)] \quad (\text{A.2.1.1})$$

が成り立つ．

証明　確率変数 X が連続型の場合に，任意の正数 k について

$$E[g(X)] = \int_{-\infty}^{\infty} g(x)p(x)dx \geq \int_{\{x|g(x)\geq k\}} g(x)p(x)dx \geq kP\{g(X) \geq k\}$$

となるから，不等式 (A.2.1.1) を得る．また，X が離散型の場合も同様に示される． □

A.2 漸近理論

系 A.2.1.1 (チェビシェフ (Chebyshev) の不等式)

確率変数 X の p.d.f. または p.m.f. を $p(x)$ とし，X の平均 $\mu = E(X)$，分散 $\sigma^2 = V(X)(>0)$ が存在するとする．このとき，任意の正数 a について

$$P\{|X - \mu| \geq a\sigma\} \leq \frac{1}{a^2} \tag{A.2.1.2}$$

が成り立つ．ただし，$\sigma = \sqrt{\sigma^2}$ とする．

証明 まず，

$$P\{|X - \mu| \geq a\sigma\} = P\{(X - \mu)^2 \geq a^2\sigma^2\} \tag{A.2.1.3}$$

になる．次に，定理 A.2.1.1 において，$g(x) = (x - \mu)^2$，$k = a^2\sigma^2$ とすれば

$$P\{(X - \mu)^2 \geq a^2\sigma^2\} \leq \frac{1}{a^2\sigma^2} E[(X - \mu)^2] = \frac{1}{a^2}$$

になり，(A.2.1.3) より (A.2.1.2) が成り立つ． □

定理 A.2.1.2

$X_1, \ldots, X_n, \ldots$ をたがいに独立に，いずれも平均 μ，分散 $\sigma^2(>0)$ をもつ同一分布に従う確率変数列とし，$\overline{X} = (1/n)\sum_{i=1}^n X_i$ とする．このとき，任意の正数 ε について

$$\lim_{n \to \infty} P\{|\overline{X} - \mu| > \varepsilon\} = 0 \tag{A.2.1.4}$$

が成り立つ．

注意 A.2.1.1
上の定理は**大数の(弱)法則** ((weak) law of large numbers) または**ベルヌーイ** (Bernoulli) **の大数の法則**と呼ばれて，(A.2.1.4) のような収束を $\overline{X}$ が μ に**確率収束** (convergence in probability) するといい，記号で $\overline{X} \xrightarrow{P} \mu \ (n \to \infty)$ と表す．

注意 A.2.1.2
一般に，$\{Y_n\}$, $\{Z_n\}$ を $Y_n \xrightarrow{P} a$, $Z_n \xrightarrow{P} b$ $(n \to \infty)$ となる確率変数列とすれば，$Y_n + Z_n \xrightarrow{P} a+b$, $Y_n Z_n \xrightarrow{P} ab$ $(n \to \infty)$ になる．ただし，a, b は定数とする．また，$b \neq 0$ ならば，$Y_n / Z_n \xrightarrow{P} a/b$ $(n \to \infty)$ になる．さらに，$\{X_n\}$ を確率変数列，X を確率変数とし，g を $\mathbf{R}^1$ 上で定義された連続な実数値関数とすると，$g(X_n)$ $(n=1,2,\dots)$, $g(X)$ も確率変数になる．このとき，$X_n \xrightarrow{P} X$ $(n \to \infty)$ ならば $g(X_n) \xrightarrow{P} g(X)$ $(n \to \infty)$ になる[3]．

注意 A.2.1.3
$X_1, X_2, \dots, X_n, \dots$ をたがいに独立に，いずれも平均 μ をもつ同一分布に従う確率変数列とすれば，$P\{\lim_{n\to\infty} \overline{X} = \mu\} = 1$，すなわち $\overline{X}$ が μ に概収束する（または確率 1 で収束する）．この命題を**大数の強法則** (strong law of large numbers) または**コルモゴロフ** (Kolmogorov) **の大数の法則**という[4]．そこでは，分散についての仮定はないことに注意．また，概収束すれば確率収束する．通常，大数の法則というと大数の弱法則を指すことが多い．

定理 A.2.1.2 の証明 $\overline{X}$ の平均，分散はそれぞれ $E(\overline{X}) = \mu$, $V(\overline{X}) = \sigma^2/n$ であるから，$\sigma > 0$ のとき，系 A.2.1.1（チェビシェフの不等式）によって，任意の $\varepsilon > 0$ について

$$P\{|\overline{X} - \mu| > \varepsilon\} \leq \frac{\sigma^2}{n\varepsilon^2}$$

となる．ここで，$n \to \infty$ とすれば，(A.2.1.4) が成り立つ． □

上記の大数の法則（定理 A.2.1.2）から $\overline{X}$ が μ に確率収束することはわかったが，$\overline{X}$ の分布は $n \to \infty$ のときどのような分布に収束するかは興味深い．たとえば，$X_1, \dots, X_n$ をたがいに独立に，いずれも正規分布 $N(\mu, \sigma^2)$ に従うならば，$\overline{X}$ は $N(\mu, \sigma^2/n)$ に従う．一般の分布の場合には，次の**中心極限定理** (central limit theorem，略して CLT) が成り立つ．

定理 A.2.1.3 （中心極限定理）
$X_1, \dots, X_n, \dots$ をたがいに独立にいずれも平均 μ, 分散 $\sigma^2 (>0)$ をもつ

---

[3] 赤平 [A03] の p.103 の演習問題 6-5 参照．
[4] 証明については，西尾真喜子 (1978)．『確率論』（実教出版）の第 6 章参照．

同一分布に従う確率変数列とし，$\overline{X} = (1/n)\sum_{i=1}^{n} X_i$ とする．このとき，$\sqrt{n}(\overline{X} - \mu)/\sigma$ の分布は，$n \to \infty$ のとき標準正規分布 $N(0,1)$ に収束する．すなわち任意の実数 t について

$$\lim_{n \to \infty} P\left\{\frac{\sqrt{n}(\overline{X} - \mu)}{\sigma} \le t\right\} = \Phi(t) \qquad (A.2.1.5)$$

である．ただし，$\Phi(t) = \int_{-\infty}^{t} \phi(x)dx$, $\phi(x) = (1/\sqrt{2\pi})e^{-t^2/2}$ とする．

証明は省略[5]．

注意 A.2.1.4
$X_1, X_2, \ldots, X_n, \ldots$ と X を確率変数とし，各 n について X_n の c.d.f. を F_n，X の c.d.f. を F とする．ここで，F の連続点 x において $\lim_{n \to \infty} F_n(x) = F(x)$ であるとき，X_n は X に**法則収束** (convergence in law) するといい，$X_n \xrightarrow{L} X$ $(n \to \infty)$ で表す．また，$n \to \infty$ のとき，X_n は漸近的に F に従うといって，$\mathcal{L}(X_n) \to F$ $(n \to \infty)$ でも表す．よって，定理 A.2.1.3 の命題は，$N(0,1)$ の c.d.f. Φ に従う確率変数を Z とすると

$$\frac{\sqrt{n}(\overline{X} - \mu)}{\sigma} \xrightarrow{L} Z \quad (n \to \infty)$$

または，

$$\mathcal{L}\left(\frac{\sqrt{n}(\overline{X} - \mu)}{\sigma}\right) \to \Phi \text{ (または } N(0,1)) \quad (n \to \infty)$$

と表す．

注意 A.2.1.5[6]
確率変数列 $\{X_n\}$, $\{Y_n\}$，確率変数 X と定数 c について，$n \to \infty$ のとき，$X_n \xrightarrow{L} X$, $Y_n \xrightarrow{P} c$ とする．このとき，次のことが成り立つ．
 (i) $X_n + Y_n \xrightarrow{L} X + c$,　(ii) $X_n Y_n \xrightarrow{L} cX$.

A.2.2 一致性

母数 $\theta (\in \Theta)$ をもつ母集団分布 P_θ からの無作為標本を $X_1, \ldots, X_n$

---

[5] 証明については，赤平 [A03] の 6.2 節参照．
[6] これは，**スラツキー** (Slutsky) **の定理**と呼ばれている．その証明については赤平 [A03] の p.102 の演習問題 6 とその略解参照．

とする[7]．このとき，θ の実数値関数 $g(\theta)$ の $\boldsymbol{X} = (X_1, \ldots, X_n)$ に基づく推定量 $\widehat{g}_n = \widehat{g}_n(\boldsymbol{X})$ が $g(\theta)$ に確率収束するとき，すなわち任意の $\theta \in \Theta$, 任意の $\varepsilon > 0$ について

$$\lim_{n \to \infty} P_\theta\{|\widehat{g}_n - g(\theta)| > \varepsilon\} = 0, \quad \theta \in \Theta$$

となるとき，$\widehat{g}_n$ は $g(\theta)$ の**一致推定量** (consistent estimator) であるという．ここで，推定量が一致性をもつための十分条件を挙げる．

定理 A.2.2.1

$g(\theta)$ の一致推定量を $\widehat{g}_n(\boldsymbol{X})$ とし，その平均2乗誤差を $\mathrm{MSE}_\theta(\widehat{g}_n) = E_\theta[\{\widehat{g}_n - g(\theta)\}^2]$ とする．このとき，次のことが成り立つ．

(i) 任意の $\theta \in \Theta$ について

$$\lim_{n \to \infty} \mathrm{MSE}_\theta(\widehat{g}_n) = 0 \tag{A.2.2.1}$$

ならば，$\widehat{g}_n$ は $g(\theta)$ の一致推定量である．

(ii) $\widehat{g}_n$ の偏りを $b_n(\theta) = E_\theta(\widehat{g}_n) - g(\theta)$ $(\theta \in \Theta)$ として，任意の $\theta \in \Theta$ について

$$\lim_{n \to \infty} b_n(\theta) = 0, \quad \lim_{n \to \infty} V_\theta(\widehat{g}_n) = 0 \tag{A.2.2.2}$$

ならば，$\widehat{g}_n$ は $g(\theta)$ の一致推定量である．

(iii) $\widehat{g}_n$ が $g(\theta)$ の不偏推定量とすると，任意の $\theta \in \Theta$ について $\lim_{n \to \infty} V_\theta(\widehat{g}_n) = 0$ ならば，$\widehat{g}_n$ は $g(\theta)$ の一致推定量である．

証明 定理 A.2.1.1 より任意の $\theta \in \Theta$ と 任意の $\varepsilon > 0$ について

$$\varepsilon^2 P_\theta\{|\widehat{g}_n - g(\theta)| \geq \varepsilon\} \leq \mathrm{MSE}_\theta(\widehat{g}_n)$$

になるから，(i) の仮定から $\widehat{g}_n$ は $g(\theta)$ の一致推定量になり，(i) が成り立

---

[7] X_1 が p.d.f. $p(x;\theta)$ をもつときは任意の $x \in \mathbf{R}^1$ について $P_\theta\{X_1 \leq x\} = \int_{-\infty}^{x} p(t;\theta)dt$ となり，p.m.f. $p(x;\theta)$ をもつときは，X_1 の標本空間 (X_1 のとりうる高々可算無限個からなる集合) $\mathcal{X}$ について $P_\theta\{X_1 = x\} = p(x;\theta)$ $(x \in \mathcal{X})$ になる．

つ．また，$\mathrm{MSE}_\theta(\widehat{g}_n) = V_\theta(\widehat{g}_n) + b_n^2(\theta)$ より，(A.2.2.1) と (A.2.2.2) は同値になるので，(i) から (ii) が成り立つ．さらに，$\widehat{g}_n$ が $g(\theta)$ の不偏推定量ならば，$b_n(\theta) \equiv 0$ となるから任意の $\theta \in \Theta$ について $\mathrm{MSE}_\theta(\widehat{g}_n) = V_\theta(\widehat{g}_n)$ となり，(iii) の仮定から (i) より (iii) が成り立つ． □

【例 1.2.1（続 3）】 $X_1, \ldots, X_n$ を平均 μ，分散 $\sigma^2 (> 0)$ をもつ分布 $P(\mu, \sigma^2)$ からの無作為標本とする．ただし，μ, σ^2 はともに未知とする．まず，$\boldsymbol{\theta} = (\mu, \sigma^2)$ とし，1.3 節の例 1.2.1（続 1）より $\overline{X}$ は μ の不偏推定量，すなわち任意の $\boldsymbol{\theta} \in \Theta$ について $E_\theta(\overline{X}) = \mu$ となり，$V_\theta(\overline{X}) = \sigma^2/n$ となる．よって，チェビシェフの不等式から任意の $\varepsilon > 0$ について

$$P_\theta\{|\overline{X} - \mu| \geq \varepsilon\} \leq \frac{\sigma^2}{n\varepsilon^2}$$

となるから，$n \to \infty$ ならば $\overline{X} \xrightarrow{P} \mu$ となり $\overline{X}$ は μ の一致推定量になる．例 1.2.1（続 1）より $S_0^2 = \sum_{i=1}^n (X_i - \overline{X})^2/(n-1)$ は σ^2 の不偏推定量になり，またこれは σ^2 の一致推定量でもある．このことを示すために，各 $i = 1, 2, \ldots$ について $X_i - \mu$ を改めて X_i とすれば $\mu = 0$ としても一般性を失わない．このとき，

$$S_0^2 = \frac{n}{n-1} \left(\frac{1}{n} \sum_{i=1}^n X_i^2 - \overline{X}^2 \right)$$

となるから，注意 A.2.1.3 より $n \to \infty$ のとき $(1/n)\sum_{i=1}^n X_i^2 \xrightarrow{P} \sigma^2$, $\overline{X} \xrightarrow{P} 0$, $n/(n-1) \to 1$ となる．よって，注意 A.2.1.2 より $S_0^2 \xrightarrow{P} \sigma^2$ $(n \to \infty)$ になる．

注意 A.2.2.1
適当な条件の下で，最尤推定量 (MLE) は一致推定量になる[8]．

問 A.2.2.1 $(X_1, Y_1), \ldots, (X_n, Y_n), \ldots$ をたがいに独立に，そして各 $i = 1,$

---

[8] 赤平 [A03] の補遺 A.7.5 および，Wald, A. (1949). Note on the consistency of maximum likelihood estimate. *Ann. Math. Stat.*, **20**, 595-601 参照．

$\ldots, n$ について (X_i, Y_i) が 2 変量正規分布 $N_2(\mu_i, \mu_i, \sigma^2, \sigma^2, 0)$ に従う確率ベクトルの列とする (2.2 節のコラム「データが増えれば情報は増大するか?」参照). このとき, 各 i について μ_i の MLE $\widehat{\mu}_i$, σ^2 の MLE $\widehat{\sigma}^2_{\text{ML}}$ を求めよ. また, $\widehat{\sigma}^2_{\text{ML}}$ が σ^2 の一致推定量でないことを示せ.

A.2.3 漸近不偏性と極限不偏性

さて, ここで $\boldsymbol{X} = (X_1, \ldots, X_n)$ に基づく $g(\theta)$ の推定量 $\widehat{g}_n = \widehat{g}_n(\boldsymbol{X})$ の漸近不偏性を定義する.

定義 A.2.3.1

ある数列 $\{c_n\}$ について $n \to \infty$ のとき $c_n(\widehat{g}_n - g(\theta))$ が確率変数 Y に法則収束し, 任意の $\theta \in \Theta$ について $E_\theta(Y) = 0$ ならば, $\widehat{g}_n$ は $g(\theta)$ に対して**漸近(的)不偏** (asymptotically unbiased) であるという.

上記の定義において, Y の分布を**漸近分布** (asymptotic distribution) といい, その分布の平均が 0 のとき, $\widehat{g}_n$ は $g(\theta)$ の漸近不偏推定量であることを意味する. 一方, 各 $n = 1, 2, \ldots$ について $E_\theta(\widehat{g}_n) = g(\theta) + b_n(\theta)$ ($\theta \in \Theta$) として, $\lim_{n \to \infty} b_n(\theta) = 0$, すなわち, $\lim_{n \to \infty} E_\theta(\widehat{g}_n) = g(\theta)$ となるとき, $\widehat{g}_n$ を $g(\theta)$ に対して**極限不偏** (unbiased in the limit) であるという. 一般に, 漸近不偏性と極限不偏性は異なる[9].

【例 1.2.2 (続 17)】 $X_1, \ldots, X_n$ を一様分布 $U(0, \theta)$ ($\theta \in \mathbf{R}_+$) からの無作為標本とする. このとき, 1.5 節の例 1.2.2 (続 6) より $X_{(n)} = \max_{1 \leq i \leq n} X_i$ は θ に対する完備十分統計量であり, また θ の MLE にもなっている. ここで, (1.5.3) より $X_{(n)}$ の p.d.f. は

$$f_{X_{(n)}}(x_{(n)}; \theta) = \frac{n x_{(n)}^{n-1}}{\theta^n} \chi_{[0, \theta]}(x_{(n)}) \quad (\text{A.2.3.1})$$

であるから, $T_n = n(\theta - X_{(n)})$ とすると, T_n の c.d.f. は

---

[9] 極限不偏推定量を漸近不偏推定量ということもある.

$$F_{T_n}(t;\theta) = P_\theta\{T_n \leq t\} = P_\theta\{n(\theta - X_{(n)}) \leq t\}$$
$$= P_\theta\left\{\theta - \frac{t}{n} \leq X_{(n)}\right\} \quad (A.2.3.2)$$

となる．よって，(A.2.3.1), (A.2.3.2) より，$0 \leq t \leq n\theta$ のとき

$$F_n(t;\theta) = \int_{\theta-(t/n)}^{\theta} \frac{nx_{(n)}^{n-1}}{\theta^n} dx_{(n)} = 1 - \left(1 - \frac{t}{n\theta}\right)^n$$

になり，$t < 0$ のとき $F_n(t;\theta) = 0$，$t > n\theta$ のとき $F_n(t;\theta) = 1$ となるから，$n \to \infty$ のとき

$$F_n(t;\theta) \to F(t;\theta) = \begin{cases} 1 - e^{-t/\theta} & (t \geq 0), \\ 0 & (t < 0) \end{cases}$$

となり，漸近分布は指数分布 $\mathrm{Exp}(\theta)$ になる（例 1.3.2 参照）．すなわち，$n \to \infty$ のとき，$T_n = n(\theta - X_{(n)})$ は $\mathrm{Exp}(\theta)$ に従う確率変数 Y に法則収束する．このとき，任意の $\theta > 0$ について $E_\theta(Y) = \theta$ となるから定義 A.2.3.1 より $X_{(n)}$ は θ に対して漸近不偏にならないが，$E_\theta[X_{(n)}] = n\theta/(n+1)$ となるので，$\lim_{n\to\infty} E_\theta[X_{(n)}] = \theta$ となり $X_{(n)}$ は θ に対して極限不偏になる．

ここで，一致性をもつが極限不偏性をもたない推定量の例を挙げる．

【例 A.2.3.1】（正規分布） 2つの正規分布 $N(\mu_1, \sigma_1^2)$ と $N(\mu_2, \sigma_2^2)$ からのそれぞれの大きさ n の無作為標本を $X_{11}, \ldots, X_{1n}$ と $X_{21}, \ldots, X_{2n}$ とし，それらはすべてたがいに独立とする．ただし，$\mu_1 \neq 0$ とする．このとき，$\theta = \mu_2/\mu_1$ の推定問題において $\overline{X}_i = (1/n)\sum_{j=1}^n X_{ij}$ $(i = 1, 2)$ とおくと，$\widehat{\theta}_n = \overline{X}_2/\overline{X}_1$ は θ の一致推定量であるが，極限不偏ではないことを示す．まず，大数の法則 (定理 A.2.1.2) より $\overline{X}_1 \xrightarrow{P} \mu_1$, $\overline{X}_2 \xrightarrow{P} \mu_2$ $(n \to \infty)$ になるので，注意 A.2.1.2 より $\widehat{\theta}_n = \overline{X}_2/\overline{X}_1 \xrightarrow{P} \mu_2/\mu_1 = \theta$ $(n \to \infty)$ になる．よって，$\widehat{\theta}_n$ は θ の一致推定量になる．一方，各 $i = 1, 2$ について $\overline{X}_i$ は $N(\mu_i, \sigma_i^2/n)$ に従い，$\overline{X}_1, \overline{X}_2$ はたがいに独立であるから

$$E(|\widehat{\theta}_n|) = E(|\overline{X}_2|)E\left(\frac{1}{|\overline{X}_1|}\right)$$

となる.ここで,

$$\begin{aligned}E\left(\frac{1}{|\overline{X}_1|}\right) &= \int_{-\infty}^{\infty} \frac{1}{|\mu_1 + (\sigma_1/\sqrt{n})z|}\phi(z)dz \\ &= -\int_{-\infty}^{-\mu_1\sqrt{n}/\sigma_1} \frac{1}{\mu_1 + (\sigma_1/\sqrt{n})z}\phi(z)dz \\ &\quad + \int_{-\mu_1\sqrt{n}/\sigma_1}^{\infty} \frac{1}{\mu_1 + (\sigma_1/\sqrt{n})z}\phi(z)dz\end{aligned}$$

となり,いずれの積分の値も存在しない.よって,$\widehat{\theta}_n$ は θ の極限不偏でない.

A.2.4 最良漸近正規性

本節において,推定量の分散を漸近的に評価してみよう.この場合にも前節と同様のことが起きる.小標本論においては,系 2.2.1 のように適当な正則条件の下で,$g(\theta)$ の任意の不偏推定量 $\widehat{g}_n = \widehat{g}_n(\boldsymbol{X})$ について

$$V_\theta(\widehat{g}_n) \geq \frac{\{g'(\theta)\}^2}{nI_{X_1}(\theta)}, \quad \theta \in \Theta \tag{A.2.4.1}$$

が成り立つ.

いま,$g(\theta)$ の推定量 $\widehat{g}_n = \widehat{g}_n(\boldsymbol{X})$ が漸近正規である,すなわち

$$\mathcal{L}(\sqrt{n}(\widehat{g}_n - g(\theta))) \to N(0, v(\theta)) \quad (n \to \infty) \tag{A.2.4.2}$$

と仮定する.このとき,$\widehat{g}_n$ は $g(\theta)$ の漸近不偏になる.ここで,$v(\theta)$ を $\widehat{g}_n$ の**漸近分散** (asymptotic variance) という.さらに,条件を仮定すれば C-R の不等式 (A.2.4.1) に類似した不等式,すなわち任意の $\theta \in \Theta$ について

$$v(\theta) \geq \frac{\{g'(\theta)\}^2}{I_{X_1}(\theta)} \tag{A.2.4.3}$$

が成り立つと予想される.

定義 A.2.4.1

(A.2.4.2) を満たす $g(\theta)$ の推定量 $\widehat{g}_n = \widehat{g}_n(\boldsymbol{X})$ について

$$v(\theta) = \frac{\{g'(\theta)\}^2}{I_{X_1}(\theta)}, \quad \theta \in \Theta \qquad (A.2.4.4)$$

が成り立つとき，$\widehat{g}_n$ を $g(\theta)$ の**漸近的有効** (asymptotically efficient) であるという．

注意 A.2.4.1

漸近不偏性と極限不偏性のときと同様に

$$v(\theta) \leq \varliminf_{n \to \infty} \{nV_\theta(\widehat{g}_n)\} \qquad (A.2.4.5)$$

が成り立つ[10]．ここで，(A.2.4.5) の左辺は $\widehat{g}_n$ の漸近分散であり，その右辺は $n \to \infty$ のときの $\sqrt{n}(\widehat{g}_n - g(\theta))$ の分散の下極限である．しかし，不等式 (A.2.4.5) において一般に等号は成立しない[11]．

注意 A.2.4.2

$\widehat{g}_n = \widehat{g}_n(\boldsymbol{X})$ を $g(\theta)$ の不偏推定量で，任意の $\theta \in \Theta$ について $\lim_{n \to \infty} V_\theta(\sqrt{n}(\widehat{g}_n - g(\theta))) = v(\theta)$ が成立すれば，(A.2.4.1) より (A.2.4.3) が成り立つ．

漸近分散に関する不等式 (A.2.4.3) が通常の正則条件の下で成り立つと信じられていたが，次の**ホッジェス** (Hodges) **の反例**[12]が挙げられた．

【例 A.2.4.1】（超有効性） $X_1, \ldots, X_n$ を正規分布 $N(\theta, 1)$ からの無作為標本に基づいて $g(\theta) = \theta$ の推定問題を考える．まず，$I_{X_1}(\theta) = 1$ となるので，不等式 (A.2.4.3) は $v(\theta) \geq 1$ になる．このとき，θ の推定量として

---

[10] この証明は**ファトゥー** (Fatou) **の補題**「$\{f_n\}$ を非負値可測関数列とするとき，$\int \varliminf_{n \to \infty} f_n(x)dx \leq \varliminf_{n \to \infty} \int f_n(x)dx$」による．

[11] (A.2.4.5) において等号が成り立たない例については，赤平 [A03] の p.124 の問 7.5.2 とその略解参照．

[12] この例は，Le Cam, L. (1953). On some asymptotic properties of maximum likelihood estimates and related Bayes estimates. *Univ. of Calif. Publ. in Statist.*, **1**, 277-330 にある．

$$\widehat{\theta}_n = \widehat{\theta}_n(\boldsymbol{X}) = \begin{cases} \overline{X} & (|\overline{X}| \geq n^{-1/4}), \\ c\overline{X} & (|\overline{X}| < n^{-1/4}) \end{cases} \quad \text{(A.2.4.6)}$$

をとる．ただし，c は $0, 1$ でない定数とする．このとき，$\theta \in \mathbf{R}^1$ について

$$\mathcal{L}(\sqrt{n}(\widehat{\theta}_n - \theta)) \to N(0, v(\theta)) \quad (n \to \infty) \quad \text{(A.2.4.7)}$$

になる[13]．ただし，

$$v(\theta) = \begin{cases} 1 & (\theta \neq 0), \\ c^2 & (\theta = 0) \end{cases}$$

とする．よって，$|c| < 1$ とすれば $\theta = 0$ のとき，$v(\theta) = c^2 < 1$ となるので，(A.2.4.3) は成り立たない．また，(A.2.4.3) から得られる下界より小さい漸近分散をもつ (A.2.4.6) のような漸近正規推定量を**超有効推定量** (superefficient estimator) という．

上記の反例は，予想した C-R 型不等式 (A.2.4.3) が正規分布の場合のときにすら成り立たないことを示して，当時，混乱をもたらした．しかし，Le Cam (1953) は，任意の漸近正規推定量について，超有効性を引き起こす θ の集合はルベーグ測度 0 であることを次のように示した[14]．

定理 A.2.4.1

$X_1, \ldots, X_n$ を p.d.f. $p(x; \theta)$ をもつ分布からの無作為標本とする．ただし，$\theta \in \Theta$ とし，Θ を $\mathbf{R}^1$ の開区間とする．次の正則条件 (C1)～(C5) を仮定する．

(C1) $p(\cdot; \theta)$ の台 $D = \{x | p(x; \theta) > 0\}$ は θ に無関係である．

(C2) 任意の $x \in D$ について，$p(x; \theta)$ は θ に関して 2 回連続微分可能である．

---

[13] (A.2.4.7) の証明については赤平 [A03] の p.124 の問 7.5.3 とその略解参照．
[14] ルベーグ測度については 1.1 節の脚注[2]，1.5 節の脚注[18] の文献参照．

(C3) $\int_D p(x;\theta)dx$ は積分記号下で, θ に関して 2 回微分可能である.
(C4) $0 < I(\theta) = E_\theta\left[\left\{\dfrac{\partial}{\partial \theta}\log p(X_1;\theta)\right\}^2\right] < \infty$.
(C5) 任意の $\theta_0 \in \Theta$ に対して, 正数 c と関数 $M(x)$ が存在して

$$\left|\frac{\partial^2}{\partial \theta^2}\log p(x;\theta)\right| \leq M(x) \quad (x \in D,\ \theta_0 - c < \theta < \theta_0 + c)$$

でかつ $E_{\theta_0}[M(X_1)] < \infty$ である.

このとき, $\boldsymbol{X} = (X_1,\ldots,X_n)$ に基づく θ の推定量 $\widehat{\theta}_n = \widehat{\theta}_n(\boldsymbol{X})$ が

$$\mathcal{L}(\sqrt{n}(\widehat{\theta}_n - \theta)) \to N(0, v(\theta)) \quad (n \to \infty)$$

ならば, 不等式 $v(\theta) \geq 1/I(\theta)$ はルベーグ測度 0 の集合を除いて成り立つ.

証明は省略[15]. 上記の定理から $v(\theta) < 1/I(\theta)$ となる θ の集合がルベーグ測度 0 になるので, その意味では無視できる.

定義 A.2.4.2

θ の漸近正規推定量 $\widehat{\theta}_n = \widehat{\theta}_n(\boldsymbol{X})$ の漸近分散が $1/I(\theta)$ であるとき, $\widehat{\theta}_n$ を**最良漸近正規**(best asymptotically normal, 略して BAN) **推定量**という.

定義 A.2.4.1 より θ の BAN 推定量は漸近的に有効になる.

定理 A.2.4.2

$X_1,\ldots,X_n$ を p.d.f. $p(x;\theta)$ からの無作為標本とする. ただし, $\theta \in \Theta$ とし, Θ を $\mathbf{R}^1$ の開区間とする. また, 定理 A.2.4.1 の条件 (C1), (C4) を仮定し, そして条件 (C2), (C3) における 2 回を 3 回に変え, 条件 (C5) を

---

[15] 証明は本節の脚注[12] の文献参照. また, Bahadur, R. R. (1964). On Fisher's bound for asymptotic variances. *Ann. Math. Statist.*, **35**, 1545-1552 において, 推定量に漸近中央値不偏性 (後出の定義 A.2.5.1) を課せば, その不等式が成り立つことを証明している.

(C5)′ 任意の $\theta_0 \in \Theta$ に対して,正数 c と関数 $M(x)$ が存在して

$$\left|\frac{\partial^3}{\partial \theta^3}\log p(x;\theta)\right| \leq M(x) \quad (x \in D, \ \theta_0 - c < \theta < \theta_0 + c)$$

でかつ $E_{\theta_0}[M(X_1)] < \infty$ である.

に置き換えて仮定する.このとき,θ の MLE $\widehat{\theta}_n = \widehat{\theta}_n(\boldsymbol{X})$ は θ の BAN 推定量である,すなわち

$$\mathcal{L}(\sqrt{n}(\widehat{\theta}_n - \theta)) \to N\left(0, \frac{1}{I(\theta)}\right) \quad (n \to \infty)$$

である.

証明の概要　まず,$\boldsymbol{x} = (x_1, \ldots, x_n)$ を固定して,θ の対数尤度関数 $\ell(\theta) = \log L(\theta; \boldsymbol{x})$ について $\ell(\widehat{\theta}_n)$ を $\theta = \theta_0$ の周りで**テイラー** (Taylor) **展開**すると

$$\ell'(\widehat{\theta}_n) = \ell'(\theta_0) + (\widehat{\theta}_n - \theta_0)\ell''(\theta_0) + \frac{1}{2}(\widehat{\theta}_n - \theta_0)^2 \ell'''(\theta_n^*)$$

となる.ただし,θ_n^* は θ_0 と $\widehat{\theta}_n$ の中間にあるとする.このとき,$\widehat{\theta}_n$ は θ の MLE であるから,$\ell'(\widehat{\theta}_n) = 0$ となるので,

$$\sqrt{n}(\widehat{\theta}_n - \theta_0) = \frac{(1/\sqrt{n})\ell'(\theta_0)}{-(1/n)\ell''(\theta_0) - (1/(2n))(\widehat{\theta}_n - \theta_0)\ell'''(\theta_n^*)} \quad (\text{A.2.4.8})$$

になる.ここで,(A.2.4.8) の右辺の分子について

$$\frac{1}{\sqrt{n}}\ell'(\theta_0) = \sqrt{n}\frac{1}{n}\sum_{i=1}^{n}\left\{\frac{(\partial/\partial\theta)p(X_i;\theta_0)}{p(X_i;\theta_0)} - E_{\theta_0}\left[\frac{(\partial/\partial\theta)p(X_i;\theta_0)}{p(X_i;\theta_0)}\right]\right\}$$

となるから,条件 (C3) より $E_{\theta_0}[(1/\sqrt{n})\ell'(\theta_0)] = 0$ となり,CLT(定理 A.2.1.3)と条件 (C4) より,分布 P_{θ_0} の下で

$$\mathcal{L}\left(\frac{1}{\sqrt{n}}\ell'(\theta_0)\right) \to N(0, I(\theta_0)) \quad (n \to \infty) \quad (\text{A.2.4.9})$$

となる.また,(A.2.4.8) の右辺の分母の第 1 項については

$$-\frac{1}{n}\ell''(\theta_0) = \frac{1}{n}\sum_{i=1}^{n}\frac{\{(\partial/\partial\theta)p(X_i;\theta_0)\}^2 - p(X_i;\theta_0)\{(\partial^2/\partial\theta^2)p(X_i;\theta_0)\}}{\{p(X_i;\theta_0)\}^2} \tag{A.2.4.10}$$

となるから,大数の法則(定理 A.2.1.2),条件 (C3), (C4) によって

$$-\frac{1}{n}\ell''(\theta_0) \xrightarrow{P_{\theta_0}} I(\theta_0) - E_{\theta_0}\left[\frac{(\partial^2/\partial\theta^2)p(X_1;\theta_0)}{p(X_1;\theta_0)}\right] = I(\theta_0) \tag{A.2.4.11}$$

となる.さらに,(A.2.4.8) の右辺の分母の第 2 項については

$$\frac{1}{n}\ell'''(\theta) = \frac{1}{n}\sum_{i=1}^{n}\frac{\partial^3}{\partial\theta^3}\log p(X_i;\theta)$$

となるから,条件 (C5)' より

$$\left|\frac{1}{n}\ell'''(\theta_n^*)\right| \leq \frac{1}{n}\{M(X_1) + \cdots + M(X_n)\} \tag{A.2.4.12}$$

となり,大数の法則より (A.2.4.12) の右辺は,P_{θ_0} の下で $E_{\theta_0}[M(X_1)]$ に確率収束するから,$(1/n)\ell'''(\theta_n^*)$ は**確率的有界**になる.すなわち任意の $\varepsilon > 0$ について定数 K と n_0 が存在して,任意の $n \geq n_0$ について $P_{\theta_0}\{|(1/n)\ell'''(\theta_n^*)| > K\} < \varepsilon$ になる.ここで,$\widehat{\theta}_n$ は θ の一致推定量になる(注意 A.2.2.1)ので,(A.2.4.8)-(A.2.4.12) および注意 A.2.1.2,注意 A.2.1.5 より P_{θ_0} の下で,$\mathcal{L}(\sqrt{n}(\widehat{\theta}_n - \theta_0)) \to N(0, 1/I(\theta_0))$ $(n \to \infty)$ が成り立つ. □

A.2.5 漸近中央値不偏性と漸近有効性

前節より,任意の $\theta \in \Theta$ について漸近分散 $v(\theta)$ に関する C-R 型不等式 (A.2.4.3) が成り立つためには,正則条件を課すだけでは無理で,推定量のクラスを制限する必要がある.

定義 A.2.5.1

任意の $\eta \in \Theta$ に対して,ある正数 δ が存在して

$$\lim_{n\to\infty} \sup_{\theta:|\theta-\eta|<\delta} \left| P_\theta\{\widehat{\theta}_n \leq \theta\} - \frac{1}{2} \right| = 0,$$

$$\lim_{n\to\infty} \sup_{\theta:|\theta-\eta|<\delta} \left| P_\theta\{\widehat{\theta}_n \geq \theta\} - \frac{1}{2} \right| = 0$$

となるとき，$\widehat{\theta}_n = \widehat{\theta}_n(\boldsymbol{X})$ を θ の**漸近中央値不偏**（asymptotically median unbiased，略して AMU）**推定量**という．

たとえば，θ の推定量 $\widehat{\theta}_n = \widehat{\theta}_n(\boldsymbol{X})$ が BAN 推定量ならば，$P_\theta\{\widehat{\theta}_n \leq \theta\} = P_\theta\{\sqrt{nI(\theta)}(\widehat{\theta}_n - \theta) \leq 0\}$ であるから，定義 A.2.4.2 より $\widehat{\theta}_n$ は θ の AMU 推定量になる．

問 A.2.5.1 ホッジスの反例（例 A.2.4.1）における (A.2.4.6) の推定量 $\widehat{\theta}_n$ は θ の AMU 推定量ではないことを示せ．

また，$\sqrt{n}(\widehat{\theta}_n - \theta)$ の分布が収束しないような AMU 推定量をつくることができる．

【例 A.2.5.1】[16]（正規分布） $X_1, \ldots, X_n$ を正規分布 $N(\theta, 1)$ ($\theta \in \Theta \subset \mathbf{R}^1$) からの無作為標本とする．このとき

$$\widehat{\theta}_n(\boldsymbol{X}) = \sum_{i=1}^{m_n} X_i/m_n \quad (n = 1, 2, \ldots)$$

とすると，$\sqrt{n}(\widehat{\theta}_n - \theta)$ は $N(0, n/m_n)$ に従うので，$\widehat{\theta}_n$ は θ の AMU 推定量になる．しかし，$m_n = 2^{[\log_2 n]}$ とすれば，$\{n/m_n\}_{n=1,2,\ldots}$ は区間 $[1, 2)$ において振動する．ただし，$[\cdot]$ はガウスの記号とする．よって，$n \to \infty$ のとき $N(0, n/m_n)$ は収束しない．

いま，θ の AMU 推定量 $\widehat{\theta}_n$ 全体のクラスを $\mathscr{A}$ とし，$\widehat{\theta}_n$ の漸近分散の代わりに $\widehat{\theta}_n$ の θ の周りでの集中確率 $P_\theta\{-a \leq \sqrt{n}(\widehat{\theta}_n - \theta) \leq b\}$ で評価することを考える．ただし，a, b はともに非負の数とする．

---

[16] この例は Pfanzagl, J. (1970). On the asymptotic efficiency of median unbiased estimates. *Ann. Math. Stat.*, **41**, 1500-1509 による．

定理 A.2.5.1[17]

$X_1, \cdots, X_n$ を p.d.f. $p(x;\theta)$ をもつ分布からの無作為標本とする. ただし, $\theta \in \Theta$ とし, Θ を $\mathbf{R}^1$ の開区間とする. このとき, 定理 A.2.4.1 の条件 (C1)〜(C5) の下で, 任意の $\widehat{\theta}_n \in \mathscr{A}$, 任意の $\theta \in \Theta$, 任意の非負の数 a, b について

$$\varlimsup_{n\to\infty} P_\theta\{-a \le \sqrt{n}(\widehat{\theta}_n - \theta) \le b\} \le \int_{-a\sqrt{I(\theta)}}^{b\sqrt{I(\theta)}} \phi(u)du = B(\theta) \quad \text{(A.2.5.1)}$$

が成り立つ. ただし, $\phi(u) = (1/\sqrt{2\pi})e^{-u^2/2}$ とする.

証明 (第一段): まず, 任意の $\widehat{\theta}_n \in \mathscr{A}$ について, G_θ^+, G_θ^- をそれぞれ

$$G_\theta^+(t) = \varlimsup_{n\to\infty} P_\theta\{\sqrt{n}(\widehat{\theta}_n - \theta) \le t\} \quad (t \ge 0), \quad \text{(A.2.5.2)}$$

$$G_\theta^-(t) = \varliminf_{n\to\infty} P_\theta\{\sqrt{n}(\widehat{\theta}_n - \theta) \le t\} \quad (t < 0) \quad \text{(A.2.5.3)}$$

と定義する. いま, θ_0 を Θ において任意に固定し, 仮説 $H : \theta = \theta_0 + tn^{-1/2}$ $(t > 0)$, 対立仮説 $K : \theta = \theta_0$ の検定問題を考える. ここで, 漸近水準 $1/2$ の検定列の集合を

$$\Phi_{1/2} = \left\{ \{\phi_n\} \middle| \lim_{n\to\infty} E_{\theta_0 + tn^{-1/2}}(\phi_n) = \frac{1}{2},\ 0 \le \phi_n(x) \le 1 \right\}$$

として, $\beta_{\theta_0}^+(t)$ を

$$\beta_{\theta_0}^+(t) = \begin{cases} \displaystyle\sup_{\{\phi_n\} \in \Phi_{1/2}} \varlimsup_{n\to\infty} E_{\theta_0}(\phi_n) & (t > 0), \\ 1/2 & (t = 0) \end{cases} \quad \text{(A.2.5.4)}$$

と定義する. また, $A_t(\widehat{\theta}_n, \theta_0) = \{\boldsymbol{x} | \sqrt{n}(\widehat{\theta}_n(\boldsymbol{x}) - \theta_0) \le t\}$ とおくと, 任

---

[17] Akahira, M. and Takeuchi, K. (1981). "*Asymptotic Efficiency of Statistical Estimators,*" Lecture Notes in Statistics 7, Springer の第 3 章参照. なお, (A.2.5.1) の $B(\theta)$ はその不等式による上界という意味.

意の $t > 0$ について

$$P_{\theta_0+tn^{-1/2}}(A_t(\widehat{\theta}_n,\theta_0)) = P_{\theta_0+tn^{-1/2}}\{\sqrt{n}(\widehat{\theta}_n - \theta_0 - tn^{-1/2}) \leq 0\}$$
$$\to \frac{1}{2} \quad (n \to \infty)$$

となるから，$\{\chi_{A_t(\widehat{\theta}_n,\theta_0)}(\boldsymbol{x})\} \in \Phi_{1/2}$ となる．いま，$P_{\theta_0}\{\sqrt{n}(\widehat{\theta}_n - \theta_0) \leq t\} = P_{\theta_0}(A_t(\widehat{\theta}_n,\theta))$ は検定 $\chi_{A_t(\widehat{\theta}_n,\theta_0)}$ の検出力であるから，(A.2.5.2)，(A.2.5.4) より任意の $\widehat{\theta}_n \in \mathscr{A}$ について

$$G_{\theta_0}^+(t) \leq \beta_{\theta_0}^+(t), \quad t > 0 \qquad (\text{A.2.5.5})$$

となる．また，$\widehat{\theta}_n \in \mathscr{A}$ であるから，

$$G_{\theta_0}^+(0) = \beta_{\theta_0}^+(0) = \frac{1}{2} \qquad (\text{A.2.5.6})$$

になる．次に，仮説 $H^- : \theta = \theta_0 + tn^{-1/2}$ $(t < 0)$，対立仮説 $K : \theta = \theta_0$ の検定問題を考える．いま，

$$\beta_{\theta_0}^-(t) = \inf_{\{\phi_n\} \in \Phi_{1/2}} \varliminf_{n \to \infty} E_{\theta_0}(\phi_n), \quad t < 0 \qquad (\text{A.2.5.7})$$

とすれば，

$$\beta_{\theta_0}^-(t) = 1 - \sup_{\{\phi_n\} \in \Phi_{1/2}} \varlimsup_{n \to \infty} E_{\theta_0}(\phi_n), \quad t < 0$$

となる．ここで，$t > 0$ のときと同様にすれば，(A.2.5.3)，(A.2.5.7) より任意の $\widehat{\theta}_n \in \mathscr{A}$ について

$$G_{\theta_0}^-(t) \geq \beta_{\theta_0}^-(t), \quad t < 0 \qquad (\text{A.2.5.8})$$

になる．

(第二段)：ここでは，正則条件の下で具体的に β_0^+, β_0^- を求める．いま，θ_0 を Θ において任意に固定して，仮説 $H^+ : \theta = \theta_0 + tn^{-1/2}$ $(t > 0)$，対立仮説 $K : \theta = \theta_0$ の漸近水準 $1/2$ の検定問題を考えると，ネイマン・ピアソンの基本定理より，最強力検定の棄却域は

$$T_n = \sum_{i=1}^n Z_{ni} > c \qquad (A.2.5.9)$$

になる．ただし，$Z_{ni} = \log\{p(X_i; \theta_0)/p(X_i; \theta_0 + tn^{-1/2})\}$ $(i = 1, \ldots, n)$ とし，c は漸近水準が $1/2$ になるように定める．ここで，正則条件 (C1)，(C2) の下で，$\theta = \theta_0$ の周りでテイラー展開すると

$$T_n = -\frac{t}{\sqrt{n}} \sum_{i=1}^n \frac{\partial}{\partial \theta} \log p(X_i; \theta_0) - \frac{t^2}{2n} \sum_{i=1}^n \frac{\partial^2}{\partial \theta^2} \log p(X_i; \theta^*)$$

となる．ただし，$|\theta_0 - \theta^*| < tn^{-1/2}$ とする．また，正則条件 (C3)～(C5) の下で，大数の法則（定理 A.2.1.2），CLT（定理 A.2.1.3），注意 A.2.1.5 より対立仮説 $K : \theta = \theta_0$ の下では，$\mathcal{L}(T_n) \to N(t^2 I(\theta_0)/2, t^2 I(\theta_0))$ $(n \to \infty)$ となり，また仮説 $H : \theta = \theta_0 + tn^{-1/2}$ の下では，$\mathcal{L}(T_n) \to N(-t^2 I(\theta_0)/2, t^2 I(\theta_0))$ $(n \to \infty)$ になるので，(A.2.5.9) における c として，$c = -t^2 I(\theta_0)/2$ とすればよい．よって，検定関数 $\chi_{(c,\infty)}(T_n)$ の検出力は，任意の $t > 0$ について

$$P_{\theta_0}\left\{T_n > -\frac{t^2 I(\theta_0)}{2}\right\} = P_{\theta_0}\left\{\frac{T_n - (t^2 I(\theta_0)/2)}{t\sqrt{I(\theta_0)}} > -t\sqrt{I(\theta_0)}\right\}$$
$$\to \Phi\left(t\sqrt{I(\theta_0)}\right) \quad (n \to \infty)$$

となるから，(A.2.5.4) より

$$\beta_{\theta_0}^+(t) = \Phi\left(t\sqrt{I(\theta_0)}\right), \quad t \geq 0$$

になる．ただし，$\Phi(u) = \int_{-\infty}^u \phi(x)dx$，$\phi(x) = (1/\sqrt{2\pi})e^{-x^2/2}$ $(-\infty < x < \infty)$ とする．よって，(A.2.5.5)，(A.2.5.6) より，任意の $\widehat{\theta}_n \in \mathscr{A}$ について

$$\varlimsup_{n \to \infty} P_{\theta_0}\{\sqrt{n}(\widehat{\theta}_n - \theta_0) \leq t\} \leq \Phi\left(t\sqrt{I(\theta_0)}\right), \quad t \geq 0 \qquad (A.2.5.10)$$

になる．また，$t < 0$ の場合にも $t \geq 0$ の場合と同様にして，(A.2.5.7) より

$$\varliminf_{n\to\infty} P_{\theta_0}\{\sqrt{n}(\widehat{\theta}_n - \theta_0) \leq t\} \geq 1 - \Phi\left(|t|\sqrt{I(\theta_0)}\right) = \Phi\left(t\sqrt{I(\theta_0)}\right),$$
$$t < 0 \quad (\text{A.2.5.11})$$

を得る. よって, θ_0 は Θ において任意であるから (A.2.5.10), (A.2.5.11) より, 任意の $\widehat{\theta}_n \in \mathscr{A}$, 任意の $\theta \in \Theta$, 任意の非負の数 a, b について

$$\varlimsup_{n\to\infty} P_\theta\{-a \leq \sqrt{n}(\widehat{\theta}_n - \theta) \leq b\} \leq \int_{-a\sqrt{I(\theta)}}^{b\sqrt{I(\theta)}} \phi(u)du$$

が成り立つ. □

系 A.2.5.1

θ の BAN 推定量 $\widehat{\theta}_{\text{BAN}}$ は, $n \to \infty$ のとき $\widehat{\theta}_n \in \mathscr{A}$ の集中確率 $P_\theta\{-a \leq \sqrt{n}(\widehat{\theta}_n - \theta) \leq b\}$ $(a, b > 0)$ の上界を達成する. すなわち, 任意の $\theta \in \Theta$, 任意の非負の数 a, b について

$$\lim_{n\to\infty} P_\theta\{-a \leq \sqrt{n}(\widehat{\theta}_{\text{BAN}} - \theta) \leq b\} = \int_{-a\sqrt{I(\theta)}}^{b\sqrt{I(\theta)}} \phi(u)du \quad (\text{A.2.5.12})$$

が成り立つ.

証明 定義 A.2.4.2 より θ の BAN 推定量 $\widehat{\theta}_{\text{BAN}}$ について

$$\mathcal{L}\left(\sqrt{nI(\theta)}(\widehat{\theta}_{\text{BAN}} - \theta)\right) \to N(0, 1) \quad (n \to \infty)$$

となるから, $\widehat{\theta}_{\text{BAN}}$ は AMU 推定量になり, また任意の $t \in \mathbf{R}^1$ について

$$\lim_{n\to\infty} P_\theta\{\sqrt{n}(\widehat{\theta}_{\text{BAN}} - \theta) \leq t\} = \lim_{n\to\infty} P_\theta\left\{\sqrt{nI(\theta)}(\widehat{\theta}_{\text{BAN}} - \theta) \leq t\sqrt{I(\theta)}\right\}$$
$$= \int_{-\infty}^{t\sqrt{I(\theta)}} \phi(u)du$$

になる. よって, (A.2.5.12) が得られる. □

注意 A.2.5.1
定理 A.2.5.1 のように AMU 推定量の集中確率で漸近的に評価すれば，次のような長所をもつ．

(i) 定理 A.2.4.1 における漸近正規性の条件を除外できる．
(ii) 漸近分散による評価ではないので，ホッジスの反例には煩わされないし，漸近分散と極限分散の微妙な関係からも解放される．

定理 A.2.5.1 における，θ の AMU 推定量の集中確率の上界 $B(\theta)$ を達成する AMU 推定量を **1 次の漸近的有効**であるという．さらに，高次の漸近有効性を考えることができる．各 $k = 1, 2, \ldots$ について，任意の $\eta \in \Theta$ に対して，ある正数 δ が存在して

$$\lim_{n \to \infty} \sup_{\theta : |\theta - \eta| < \delta} n^{(k-1)/2} \left| P_\theta \{\widehat{\theta}_n \leq \theta\} - \frac{1}{2} \right| = 0,$$

$$\lim_{n \to \infty} \sup_{\theta : |\theta - \eta| < \delta} n^{(k-1)/2} \left| P_\theta \{\widehat{\theta}_n \geq \theta\} - \frac{1}{2} \right| = 0$$

となるとき，θ の推定量 $\widehat{\theta}_n = \widehat{\theta}_n(\boldsymbol{X})$ を k 次の AMU 推定量であるという．そして，k 次の AMU 推定量のあるクラスを $\mathscr{C}_k$ とする．ある $\widehat{\theta}_n^* \in \mathscr{C}_k$ が存在して，任意の $\widehat{\theta}_n \in \mathscr{C}_k$，任意の $\theta \in \Theta$，任意の非負の数 a, b について

$$\lim_{n \to \infty} n^{(k-1)/2} [P_\theta \{-a \leq \sqrt{n}(\widehat{\theta}_n^* - \theta) \leq b\}$$
$$- P_\theta \{-a \leq \sqrt{n}(\widehat{\theta}_n - \theta) \leq b\}] \geq 0$$

となるとき，$\widehat{\theta}_n^*$ を $\mathscr{C}_k$ における **k 次の漸近有効推定量**であるという．適当な正則条件の下では，MLE，GBE を 3 次の AMU 推定量になるように補正すれば，それらは 3 次の AMU 推定量のあるクラスの中で 3 次の漸近有効推定量になる[18]．

定理 A.2.4.2 より，正則条件の下で θ の MLE は BAN 推定量になるので，系 2.5.1 より 1 次の漸近的有効になる．

---

[18] これらを含む高次漸近理論については，本節の脚注[17] の文献 Akahira, M. and Takeuchi, K. (2003). "*Joint Statistical Papers of Akahira and Takeuchi,*" World Scientific Publishing Co.；赤平 (2006)．統計的推定の高次漸近理論の構造．数学 58, 岩波書店, 1-20；赤平 (2018)．統計的推測理論の深化と進展のヒストリー．日本統計学会誌 47, 51-76 参照．

A.3　付表

本書で論じた大部分の分布の母数に関する UMVU 推定量を表としてまとめる．いま，$X_1, \ldots, X_n$ を平均 μ，分散 σ^2 をもつ分布 $P(\mu, \sigma^2)$ からの無作為標本とするとき，標本平均を $\overline{X} = (1/n)\sum_{i=1}^n X_i$ とする．また，μ が既知のとき $S^2(\mu) = (1/n)\sum_{i=1}^n (X_i - \mu)^2$ とし，μ が未知のときの標本分散 $S^2 = (1/n)\sum_{i=1}^n (X_i - \overline{X})^2$，不偏分散 $S_0^2 = \sum_{i=1}^n (X_i - \overline{X})^2/(n-1)$ について，$S_0 = \sqrt{S_0^2}$, $S = \sqrt{S^2}$ とする．さらに，母数 θ に対する**完備十分統計量** (complete sufficient statistic) を CSS_θ と略称する．

本節では，次の分布の場合が付表として挙げられている．

	分布	頁
付表 1	正規分布 $N(\mu, \sigma^2)$ ・・・・・・・・・・・・・・・	169
付表 1（続）	正規分布 $N(\mu, \sigma^2)$ ・・・・・・・・・・・	170
付表 2	指数分布 $\mathrm{Exp}(\theta)$ ・・・・・・・・・・・・・・・・・	170
付表 3	下側切断指数分布 $\ell\mathrm{TExp}(\mu, \sigma)$ ・・・・・・	171
付表 4	ガンマ分布 $G(\alpha, \theta)$ ・・・・・・・・・・・・・・・・	172
付表 5	一様分布 $U(\gamma, \nu)$ ・・・・・・・・・・・・・・・・・・	173
付表 6	一様分布 $U(0, \nu)$ ・・・・・・・・・・・・・・・・・・・	174
付表 7	逆ガウス分布 $\mathrm{IG}(\mu, \lambda)$ ・・・・・・・・・・・・	174
付表 8	パレート分布 $\mathrm{Pa}(\theta, \gamma)$ ・・・・・・・・・・・・	175
付表 9	上側切断パレート分布 $u\mathrm{TPa}(\theta, \gamma, \nu)$ ・・・・	175
付表 10	レイリー分布 $\mathrm{Ray}(\theta)$ ・・・・・・・・・・・・・・	175
付表 11	極値分布 $\mathrm{Ext}(\theta)$ ・・・・・・・・・・・・・・・・	176
付表 12	両側切断指数分布 $t\mathrm{TExp}(\theta, \gamma, \nu)$ ・・・・・・	176
付表 13	ワイブル分布 $W(\alpha, \theta)$ ・・・・・・・・・・・・・・	177
付表 14	ベルヌーイ分布 $\mathrm{Ber}(\theta)$ ・・・・・・・・・・・・	177
付表 15	ポアソン分布 $\mathrm{Po}(\theta)$ ・・・・・・・・・・・・・・	177

A.3 付表

付表 1 正規分布 $N(\mu, \sigma^2)$; p.d.f.
$p(x; \mu, \sigma^2) = (1/\sqrt{2\pi}\sigma) \exp\{-(x-\mu^2)/(2\sigma)^2\} (x \in \mathbf{R}^1,\ \boldsymbol{\theta} = (\mu, \sigma^2) \in \Theta = \mathbf{R}^1 \times \mathbf{R}_+)$

$g(\boldsymbol{\theta})$	UMVU 推定量 (CSS)	参照
μ	$\overline{X}$ (σ^2: 既知 : $\overline{X}$: CSS$_\mu$)	例 1.1.1 (続 9) (p.52)
	$\overline{X}$ (σ^2: 未知 : $(\overline{X}, S^2)$: CSS$_{\boldsymbol{\theta}}$)	
σ^2	$S^2(\mu)$ (μ: 既知 : $S^2(\mu)$: CSS$_{\sigma^2}$)	
	S_0^2 (μ: 未知 : $(\overline{X}, S_0^2)$: CSS$_{\boldsymbol{\theta}}$)	
μ/σ	$\sqrt{\dfrac{2}{n}}\dfrac{\Gamma((n-1)/2)\overline{X}}{\Gamma((n-2)/2)S}$ $((\overline{X}, S^2)$: CSS$_{\boldsymbol{\theta}})$	
$v_\alpha:$ $\alpha = P_\theta\{X_1 \leq v_\alpha\}$ $(0 < \alpha < 1$: 所与$)$	$\overline{X} + \sqrt{\dfrac{n}{2}}\dfrac{\Gamma((n-1)/2)}{\Gamma(n/2)}\Phi^{-1}(\alpha)S$ $((\overline{X}, S_0^2)$: CSS$_{\boldsymbol{\theta}})$, (Φ は $N(0,1)$ の c.d.f.)	
$\Phi(u-\mu)$ (u: 所与)	$\Phi(\sqrt{n/(n-1)}(u-\overline{X}))$ $(n>1)$, $(\overline{X}$: CSS$_\mu)$	
μ^3	$\overline{X}^3 - \dfrac{3}{n}\overline{X}S_0^2$ $((\overline{X}, S_0^2)$: CSS$_{\boldsymbol{\theta}})$	例 1.1.1 (続 13) (p.101)
σ^k	$\dfrac{\Gamma(n/2)}{2^{k/2}\Gamma((n+k)/2)}T^{k/2}$ $(k > -n)$ ($\mu = 0$; $T = \sum_{i=1}^n X_i^2$: CSS$_{\sigma^2}$)	例 1.1.1 (続 9) (p.52)
	$\dfrac{\Gamma((n-1)/2)}{2^{k/2}\Gamma((n+k-1)/2)}(\sqrt{n}S)^k$ $(k > 1-n, n>1)$ (μ: 未知 : $(\overline{X}, S^2)$: CSS$_{\boldsymbol{\theta}}$)	例 1.1.1 (続 14) (p.138)
$e^{-k/(2\sigma^2)}$ $(k>0,\ \mu=0)$	$\left(1 - \dfrac{k}{T}\right)^{(n/2)-1} \chi_{(k,\infty)}(T)$ $(T = \sum_{i=1}^n X_i^2$: CSS$_{\sigma^2})$	例 1.1.1 (続 14) (p.138)
$p(x; 0, \sigma^2)$ (x: 所与)	$\dfrac{1}{B(1/2, (n-1)/2)\sqrt{T}}\left(1 - \dfrac{x^2}{T}\right)^{(n-3)/2} \chi_{(-\sqrt{T}, \sqrt{T})}(x)$ $(n > 1)$, $(T = \sum_{i=1}^n X_i^2$: CSS$_{\sigma^2})$	例 1.1.1 (続 14) (p.138)

付表 1(続) 正規分布 $N(\mu, \sigma^2)$

$g(\theta)$	UMVU 推定量 (CSS)	参照
信頼度関数 $R_\theta(\lambda)$ $= P_\theta\{X_1 > \lambda\}$ ($\mu = 0$; λ: 所与)	$\begin{cases} 1 & (\lambda \leq -\sqrt{T}), \\ \dfrac{1}{2} + \dfrac{1}{2} I_{\lambda^2/T}(1/2, (n-1)/2) & \\ & (-\sqrt{T} < \lambda < 0), \\ \dfrac{1}{2} & (\lambda = 0), \\ \dfrac{1}{2} - \dfrac{1}{2} I_{\lambda^2/T}(1/2, (n-1)/2) & \\ & (0 < \lambda < \sqrt{T}), \\ 0 & (\lambda \geq \sqrt{T}) \end{cases}$ $I_z(\alpha, \beta) = \dfrac{1}{B(\alpha, \beta)} \int_0^z x^{\alpha-1}(1-x)^{\beta-1} dx$ $(0 < z < 1;\ (\alpha, \beta) \in \mathbf{R}_+^2)$ $(n > 1),\ (T = \sum_{i=1}^n X_i^2 : \mathrm{CSS}_{\sigma^2})$	例 1.1.1 (続 14) (p.138)

付表 2 指数分布 $\mathrm{Exp}(\theta)$; p.d.f. $p(x; \theta) = (1/\theta)e^{-x/\theta}\chi_{(0,\infty)}(x)$
  $(\theta \in \Theta = \mathbf{R}_+),\ (T = \sum_{i=1}^n X_i: \mathrm{CSS}_\theta)$

$g(\theta)$	UMVU 推定量	参照
θ	$\overline{X}$	例 1.3.2 (続 3) (p.52)
信頼度関数 $R_\theta(\lambda) = P_\theta\{X_1 > \lambda\}$ $= e^{-\lambda/\theta}$ ($\lambda > 0$: 所与)	$\left(1 - \dfrac{\lambda}{T}\right)^{n-1} \chi_{(\lambda, \infty)}(T) \quad (n > 1)$	例 1.3.2 (続 3) (p.52) 例 1.3.2 (続 5) (p.140)
$e^{-k/\theta}\ (k > 0)$	$\left(1 - \dfrac{k}{T}\right)^{n-1} \chi_{(k, \infty)}(T)$	例 1.3.2 (続 5) (p.140)
$\theta^k\ (k > -n)$	$\dfrac{\Gamma(n) T^k}{\Gamma(n+k)} \chi_{(0, \infty)}(T)$	
$p(x; \theta)$ (x: 所与)	$\dfrac{n-1}{T}\left(1 - \dfrac{x}{T}\right)^{n-2} \chi_{(0, T)}(x) \quad (n > 1)$	

A.3 付表

付表 3 下側切断指数分布 $\ell\text{TExp}(\mu, \sigma)$; p.d.f.
$$p(x; \boldsymbol{\theta}) = \frac{1}{\sigma}\left\{\exp\left(-\frac{x-\mu}{\sigma}\right)\right\}\chi_{[\mu,\infty)}(x) \quad (\boldsymbol{\theta} = (\mu, \sigma) \in \Theta = \mathbf{R}^1 \times \mathbf{R}_+)$$

$g(\boldsymbol{\theta})$	UMVU 推定量 (CSS)	参照
$g(\mu)$ (σ: 既知): $\lim_{\mu \to \infty} e^{-n\mu/\sigma} g(\mu)$ $= 0$	$g(X_{(1)}) - \dfrac{\sigma}{n} g'(X_{(1)})$ ($X_{(1)}$: CSS_μ)	例 3.4.1 (続 1) (p.116) 例 2.5.1 (p.80)
$\mu + \sigma$	$X_{(1)} + S_1 = \overline{X}$ $(X_{(1)}, S_1 = (1/n)\sum_{i=1}^n (X_i - X_{(1)})$: $\text{CSS}_{\boldsymbol{\theta}})$	例 3.4.1 (p.106)
$g(\mu)$	$g(X_{(1)}) - \dfrac{1}{n(n-1)} g'(X_{(1)})(T - nX_{(1)})$ $(n > 1)$, $(X_{(1)}, T = \sum_{i=1}^n X_i$: $\text{CSS}_{\boldsymbol{\theta}})$	例 3.4.1 (続 2) (p.125)
$p(x; \boldsymbol{\theta})$ (x: 所与)	$\begin{cases} \dfrac{(n-1)(n-2)}{n^2 S_1^{n-2}}\left(S_1 - \dfrac{x-T}{n}\right)^{n-3} \\ \qquad\qquad (T < x < T + nS_1), \\ \dfrac{1}{n} \qquad\quad (x = T), \\ 0 \qquad\quad (\text{その他}) \\ \qquad\qquad (n > 2) \end{cases}$ $(T = X_{(1)}, S_1 = (1/n)\sum_{i=1}^n (X_i - X_{(1)})$: $\text{CSS}_{\boldsymbol{\theta}})$	
c.d.f. $F(x; \boldsymbol{\theta})$ $= \{1 - e^{-(x-\mu)/\sigma}\}$ $\cdot \chi_{[0,\infty)}(x - \mu)$ (x: 所与)	$\begin{cases} 0 \qquad\qquad (x < T), \\ 1 - \left(1 - \dfrac{1}{n}\right)\left(1 - \dfrac{x-T}{nS_1}\right)^{n-2} \\ \qquad\qquad (T \leq x < T + nS_1), \\ 1 \qquad\qquad (x \geq T + nS_1) \\ \qquad\qquad (n > 2) \end{cases}$ $(T = X_{(1)}, S_1 = (1/n)\sum_{i=1}^n (X_i - X_{(1)})$: $\text{CSS}_{\boldsymbol{\theta}})$	例 3.4.1 (p.106)
$E_\theta[\psi(X_1)]$ $(\int_{-\infty}^\infty |\psi(x)||x|^{n-3}dx$ $\quad < \infty)$ $(n \geq 3)$	$\dfrac{1}{n}\psi(T) + \dfrac{(n-1)(n-2)}{n^2 S_1^{n-2}}$ $\quad \cdot \int_T^{T+nS_1} \psi(x)\left(S_1 - \dfrac{x-T}{n}\right)^{n-3} dx$ $(T = X_{(1)}, S_1 = (1/n)\sum_{i=1}^n (X_i - X_{(1)})$: $\text{CSS}_{\boldsymbol{\theta}})$	
c.d.f. $F(x; \boldsymbol{\theta})$ $= \{1 - e^{-(x-\mu)/\sigma}\}$ $\cdot \chi_{[0,\infty)}(x - \mu)$ ($\sigma = 1$; x: 所与)	$\left\{1 - \left(1 - \dfrac{1}{n}\right)e^{-(x-T)}\right\}\chi_{[T,\infty)}(x)$ $(T = X_{(1)}$: $\text{CSS}_\mu)$	例 4.2.1 (p.118)

付表 4 ガンマ分布 $G(\alpha, \theta)$; p.d.f. $p(x; \alpha, \theta) = \dfrac{1}{\theta \Gamma(\alpha)} \left(\dfrac{x}{\theta}\right)^{\alpha-1} e^{-x/\theta} \chi_{(0,\infty)}(x)$
($\theta \in \Theta = \mathbf{R}_+$) ($\alpha \in \mathbf{R}_+$: 既知), ($T = \sum_{i=1}^{n} X_i$: CSS_θ)

$g(\theta)$	UMVU 推定量	参照
θ	$\dfrac{1}{n\alpha} T$	例 2.6.1 (続 1) (p.91)
$E_\theta[\psi(X_1)]$	$\dfrac{1}{B(\alpha, (n-1)\alpha)} \left\{ \displaystyle\int_0^1 \psi(Ty) y^{\alpha-1} \right.$ $\left. \cdot (1-y)^{(n-1)\alpha-1} dy \right\} \chi_{(0,\infty)}(T)$ $(n > 1)$	例 2.6.1 (続 2) (p.108)
θ^r $(r > -n\alpha)$	$\dfrac{\Gamma(n\alpha)}{\Gamma(n\alpha + r)} T^r$	例 2.6.1 (続 3) (p.128) 問 4.5.1 (p.142)
$e^{-k/\theta}$ $(k > 0)$	$\left(1 - \dfrac{k}{T}\right)^{n\alpha-1} \chi_{(k,\infty)}(T)$	
$p(x; \alpha, \theta)$ (x: 所与)	$\dfrac{x^{\alpha-1}}{B(\alpha, (n-1)\alpha) T^\alpha} \left(1 - \dfrac{x}{T}\right)^{(n-1)\alpha-1} \chi_{(0,T)}(x)$	問 4.5.1 (p.142)
信頼度関数 $R_\theta(\lambda)$ $= P_\theta(X_1 > \lambda)$ (λ: 所与)	$\left\{ 1 - \dfrac{B_{\lambda/T}(\alpha, (n-1)\alpha)}{B(\alpha, (n-1)\alpha)} \right\} \chi_{(0,T)}(\lambda)$ $\left(B_z(p, q) = \displaystyle\int_0^z x^{p-1}(1-x)^{q-1} dx \right.$ $\left. (0 < z < 1;\ p, q > 0) \right)$	例 2.6.1 (続 2) (p.108)

A.3 付表

付表 5 一様分布 $U(\gamma,\nu)$; p.d.f. $p(x;\boldsymbol{\theta}) = \dfrac{1}{\nu-\gamma}\chi_{[\gamma,\nu]}(x)$
$(\Theta = \{\boldsymbol{\theta} = (\gamma,\nu)|-\infty < \gamma < \nu < \infty\})$

$g(\boldsymbol{\theta})$	UMVU 推定量 (CSS)	参照
ν $(\gamma=0)$	$\dfrac{n+1}{n}X_{(n)}$ $(X_{(n)}\colon \mathrm{CSS}_\nu)$	例 1.2.2 (続 8) (p.50)
$g(\gamma,\nu)$	$g(X_{(1)},X_{(n)}) - \dfrac{X_{(n)}-X_{(1)}}{n-1}$ $\cdot\left\{\dfrac{\partial}{\partial\gamma}g(X_{(1)},X_{(n)}) - \dfrac{\partial}{\partial\nu}g(X_{(1)},X_{(n)}) \right.$ $\left. + \dfrac{1}{n}(X_{(n)}-X_{(1)})\dfrac{\partial^2}{\partial\gamma\partial\nu}g(X_{(1)},X_{(n)})\right\}$ $(n>1),\ ((X_{(1)},X_{(n)})\colon \mathrm{CCS}_{\boldsymbol{\theta}})$	例 1.2.2 (続 16) (p.121)
γ	$\dfrac{1}{n-1}(nX_{(1)}-X_{(n)})$ $(n>1),$ $((X_{(1)},X_{(n)})\colon \mathrm{CCS}_{\boldsymbol{\theta}})$	例 1.2.2 (続 13) (p.100) 例 1.2.2 (続 16) (p.121)
$\gamma\nu$	$X_{(1)}X_{(n)} - \dfrac{n+1}{n(n-1)}(X_{(n)}-X_{(1)})^2$ $(n>1),\ ((X_{(1)},X_{(n)})\colon \mathrm{CSS}_{\boldsymbol{\theta}})$	例 1.2.2 (続 16) (p.121)
p.d.f. $p(x;0,\nu)$ $(\gamma=0;\,x\colon 所与)$	$\begin{cases}\dfrac{n-1}{nX_{(n)}} & (0\le x < X_{(n)}),\\ \dfrac{1}{n} & (x = X_{(n)}),\\ 0 & (その他)\end{cases}$ $(X_{(n)}\colon \mathrm{CSS}_\nu)$	例 1.2.2 (続 14) (p.104)
c.d.f. $F(x;0,\nu)$ $(\gamma=0;\,x\colon 所与)$	$\begin{cases}0 & (x<0),\\ \left(1-\dfrac{1}{n}\right)\dfrac{x}{X_{(n)}} & (0\le x < X_{(n)}),\\ 1 & (x \ge X_{(n)})\end{cases}$ $(X_{(n)}\colon \mathrm{CSS}_\nu)$	

付表 6 一様分布 $U(0,\nu)$; p.d.f. $p(x;\nu) = \dfrac{1}{\nu}\chi_{[0,\nu]}(x)$ $(\nu \in \Theta = \mathbf{R}_+)$, $(X_{(n)} : \mathrm{CSS}_\nu)$

$g(\nu)$	UMVU 推定量	参照
$E_\nu[\psi(X_1)]$	$\dfrac{n-1}{nX_{(n)}}\displaystyle\int_0^{X_{(n)}} \psi(x)dx + \dfrac{1}{n}\psi(X_{(n)})$	例 1.2.2 (続 14) (p.104)
$E_\nu(X_1^k)$ $(k=1,2,\ldots)$	$\dfrac{n+k}{n(k+1)}X_{(n)}^k \quad (k=1,2,\ldots)$	
$g_0(\nu)$: $\lim_{\nu\to 0}\nu^n g_0(\nu) = 0$	$g_0(X_{(n)}) + \dfrac{1}{n}X_{(n)}g_0'(X_{(n)})$	例 1.2.2 (続 15) (p.118)
$\nu^\alpha \ (\alpha > -n)$	$\dfrac{n+\alpha}{n}X_{(n)}^\alpha$	
$1/\nu$	$\dfrac{n-1}{nX_{(n)}} \quad (n>1)$	

付表 7 逆ガウス分布 $\mathrm{IG}(\mu,\lambda)$; p.d.f.
$$p(x;\boldsymbol{\theta}) = \sqrt{\dfrac{\lambda}{2\pi x^3}}\left\{\exp\left(-\dfrac{\lambda(x-\mu)^2}{2\mu^2 x}\right)\right\}\chi_{(0,\infty)}(x) \ (\boldsymbol{\theta} = (\mu,\lambda) \in \Theta = \mathbf{R}_+^2),$$
$T = \sum_{i=1}^n \{(1/X_i) - (1/\overline{X})\}$, $((\sum_{i=1}^n X_i, \sum_{i=1}^n (1/X_i))\colon \mathrm{CSS}_{\boldsymbol{\theta}})$

$g(\boldsymbol{\theta})$	UMVU 推定量	参照
λ	$(n-3)/T \quad (n>3)$	例 3.1.1 (p.92)
λ^2	$(n-3)(n-5)/T^2 \quad (n>5)$	
$1/\lambda$	$\dfrac{1}{n-1}T \quad (n>1)$	例 3.1.1 (続 1) (p.129)

A.3 付表

付表 8 パレート分布 $\mathrm{Pa}(\theta,\gamma)$; p.d.f. $p(x;\theta,\gamma) = (\theta\gamma^\theta/x^{\theta+1})\chi_{[\gamma,\infty)}(x)$
$((\theta,\gamma) \in \mathbf{R}_+^2)$

$g(\theta,\gamma)$	UMVU 推定量 (CSS)	参照
$g(\gamma)$ (θ: 既知): $\lim_{\gamma\to\infty}\gamma^{-n\theta}g(\gamma)=0$	$\left\{g(X_{(1)}) - \dfrac{1}{n\theta}X_{(1)}g'(X_{(1)})\right\}\chi_{(0,\infty)}(X_{(1)})$ $(X_{(1)}:\mathrm{CSS}_\gamma)$	例 1.2.3 (続 1) (p.117)
γ (θ: 既知)	$\left\{\dfrac{n\theta-1}{n\theta}X_{(1)}\right\}\chi_{(0,\infty)}(X_{(1)})$ $(n>1/\theta)$, $(X_{(1)}:\mathrm{CCS}_\gamma)$	
$g(\log\gamma)$	$g(\log X_{(1)})$ $-\dfrac{1}{n(n-1)}g'(\log X_{(1)})\displaystyle\sum_{i=1}^n \log\dfrac{X_{(i)}}{X_{(1)}}$ $(n>1)$, $((X_{(1)},\sum_{i=1}^n \log X_{(i)}):\mathrm{CSS}_{\gamma,\theta})$	例 1.2.3 (続 2) (p.126)

付表 9 上側切断パレート分布 $u\mathrm{TPa}(\theta,\gamma,\nu)$; p.d.f.
$p(x;\theta,\gamma,\nu) = \dfrac{\theta\gamma^\theta}{1-(\gamma/\nu)^\theta}x^{-\theta-1}\chi_{[\gamma,\nu]}(x)$ $(\theta\in\mathbf{R}_+,\ 0<\gamma<\nu<\infty)$

$g(\theta,\gamma,\nu)$	UMVU 推定量 (CSS)	参照
$g(\gamma,\nu)$ (θ: 既知)	$-\dfrac{T^{(n-1)\theta+1}U^{\theta+1}}{n(n-1)\theta^2(1-(T/U)^\theta)^{n-2}}$ $\cdot\dfrac{\partial^2}{\partial\gamma\partial\nu}\left(\dfrac{(1-(T/U)^\theta)^n}{T^{n\theta}}g(T,U)\right)$ $(n>1)$, $((T,U)=(X_{(1)},X_{(n)}):\mathrm{CSS}_{\gamma,\nu})$	例 4.3.2 (p.123)

付表 10 レイリー分布 $\mathrm{Ray}(\theta)$; p.d.f. $p(x;\theta) = \dfrac{x}{\theta}\left\{\exp\left(-\dfrac{x^2}{2\theta}\right)\right\}\chi_{(0,\infty)}(x)$
$(\theta\in\Theta\in\mathbf{R}_+)$, $(T=\sum_{i=1}^n X_i^2:\mathrm{CSS}_\theta)$

$g(\theta)$	UMVU 推定量	参照
$e^{-k/(2\theta)}$ $(k>0)$	$\left(1-\dfrac{k}{T}\right)^{n-1}\chi_{(k,\infty)}(T)$ $(n>1)$	例 1.4.4 (続 1) (p.136)
θ^k $(k>-n)$	$\dfrac{\Gamma(n)T^k}{2^k\Gamma(n+k)}$	

付表 11 極値分布 $\mathrm{Ext}(\theta)$; p.d.f. $p(x;\theta) = \dfrac{1}{\theta}\left[\exp\left\{x - \dfrac{1}{\theta}(e^x - 1)\right\}\right]\chi_{(0,\infty)}(x)$
$(\theta \in \Theta = \mathbf{R}_+)$, $(T = \sum_{i=1}^{n}(e^{X_i} - 1)$: $\mathrm{CSS}_\theta)$

$g(\theta)$	UMVU 推定量	参照
$p(x;\theta)$ (x: 所与)	$\dfrac{n-1}{T^{n-1}}e^x(T+1-e^x)^{n-2}\chi_{(e^x-1,\infty)}(T)$ $(n > 1)$	例 3.5.1 (p.109) 例 3.5.1 (続 1) (p.137)
$E_\theta[\psi(X_1)]$ $\left(\int_0^\infty |\psi(x)|e^{(n-1)x}dx < \infty \ (n > 2)\right)$	$\dfrac{n-1}{T^{n-1}}\displaystyle\int_0^{\log(T+1)} \psi(x)e^x(T+1-e^x)^{n-2}dx$	例 3.5.1 (p.109)
$X_1,\ldots,X_m$ の j.p.d.f. $f_{X_1,\ldots,X_m}(x_1,\ldots,x_m;\theta)$ $(x_i > 0 \ (i = 1,\ldots,m)$: 所与; $m < n$)	$\dfrac{\Gamma(n)}{\Gamma(n-m)T^{n-1}}e^{\sum_{i=1}^m x_i}$ $\cdot \left(\max\left\{0, T - \sum_{i=1}^m(e^{x_i} - 1)\right\}\right)^{n-m-1}$	
$e^{-k/\theta}$ $(k > 0)$	$\left(1 - \dfrac{k}{T}\right)^{n-1}\chi_{(k,\infty)}(T)$	
θ^k $(k > -n)$	$\dfrac{\Gamma(n)T^k}{\Gamma(n+k)}$	例 3.5.1 (続 1) (p.137)
$R_\theta(\lambda) = P_\theta\{X_1 > \lambda\}$ (λ: 所与)	$\left(1 - \dfrac{e^\lambda - 1}{T}\right)^{n-1}\chi_{(e^\lambda-1,\infty)}(T)$	

付表 12 両側切断指数分布 $t\mathrm{TExp}(\theta,\gamma,\nu)$; p.d.f.
$p(x;\theta,\gamma,\nu) = \dfrac{\theta e^{-\theta x}}{e^{-\theta\gamma} - e^{-\theta\nu}}\chi_{[\gamma,\nu]}(x)$ $(\theta \in \mathbf{R}_+; -\infty < \gamma < \nu < \infty)$

$g(\theta,\gamma,\nu)$	UMVU 推定量 (CSS)	参照
$g(\gamma,\nu)$ (θ: 既知)	$-\dfrac{\theta^{n-2}e^{\theta(T+U)}}{n(n-1)(e^{-\theta T} - e^{-\theta U})^{n-2}}$ $\cdot \dfrac{\partial^2}{\partial\gamma\partial\nu}\left\{\dfrac{(e^{-\theta T} - e^{-\theta U})^n}{\theta^n}g(T,U)\right\}$ $(n > 1)$, $((T,U) = (X_{(1)}, X_{(n)})$: $\mathrm{CSS}_{\gamma,\nu})$	例 4.3.1 (p.122)

A.3 付表

付表 13 ワイブル分布 $W(\alpha, \theta)$; p.d.f
$$p(x; \alpha, \theta) = \frac{\alpha}{\theta^\alpha} x^{\alpha-1} \left[\exp\left\{-\left(\frac{x}{\theta}\right)^\alpha\right\}\right] \chi_{(0,\infty)}(x) \ ((\alpha, \theta) \in \Theta = \mathbf{R}_+^2),$$
(α: 既知), ($T = \sum_{i=1}^n X_i^\alpha$: CSS_θ)

$g(\alpha, \theta)$	UMVU 推定量	参照
$p(x; \alpha, \theta)$ (x: 所与)	$(n-1)\alpha x^{\alpha-1} \dfrac{1}{T^{n-1}}(T-x^\alpha)^{n-2}\chi_{(0,T^{1/\alpha})}(x)$	例 3.5.2 (p.111)
信頼度関数 $R_\theta(\lambda) = P_\theta\{X_1 > \lambda\}$ ($\lambda > 0$: 所与)	$\left(1 - \dfrac{\lambda^\alpha}{T}\right)^{n-1} \chi_{(\lambda^\alpha, \infty)}(T)$	問 4.5.2 (p.142)
e^{-k/θ^α} ($k > 0$)	$\left(1 - \dfrac{k}{T}\right)^{n-1} \chi_{(k,\infty)}(T)$	問 4.5.2 (p.142)
$\theta^{\alpha k}$ ($k > -n$)	$\dfrac{\Gamma(n)}{\Gamma(n+k)} T^k$	

付表 14 ベルヌーイ分布 $\mathrm{Ber}(\theta)$; p.m.f. $p(x; \theta) = \theta^x(1-\theta)^{1-x}$
($x = 0, 1$; $\theta \in \Theta = (0, 1)$), ($\overline{X}$: CSS_θ)

$g(\theta)$	UMVU 推定量	参照
θ	$\overline{X}$	例 1.1.2 (続8) (p.64)
θ^2	$\dfrac{\overline{X}(n\overline{X}-1)}{n-1}$ ($n \geq 2$)	例 1.1.2 (続9) (p.94)

付表 15 ポアソン分布 $\mathrm{Po}(\theta)$; p.m.f. $p(x; \theta) = \dfrac{e^{-\theta}\theta^x}{x!}$
($x = 0, 1, 2, \ldots$; $\theta \in \Theta = \mathbf{R}_+$), ($T = \sum_{i=1}^n X_i$: CSS_θ)

$g(\theta)$	UMVU 推定量	参照
θ	$\overline{X}$	
$p(0, \theta) = P_\theta\{X_1 = 0\}$ $= e^{-\theta}$	$\left(1 - \dfrac{1}{n}\right)^T$	
$\theta^r e^{-k\theta}$ ($k < n$; $r = 0, 1, 2, \ldots$)	$\begin{cases} \dfrac{T!}{(T-r)!}\left(\dfrac{1}{n}\right)^r \left(1 - \dfrac{k}{n}\right)^{T-r} & (T \geq r), \\ 0 & (T < r) \end{cases}$	例 1.4.1 (続2) (p.50)

参考書籍

本書をまとめるのに際して参考にしたのは下記の書籍である．

[A03] 赤平昌文 (2003). 統計解析入門. 森北出版.

[AT95] Akahira, M. and Takeuchi, K. (1995). *Non-Regular Statistical Estimation*. Lecture Notes in Statistics 107, Springer, New York.

[CB90] Casella, G. and Berger, R. L. (1990). *Statistical Inference*. Wadsworth, Belmont.

[K00] Knight, K. (2000). *Mathematical Statistics*. Chapman & Hall/ CRC, Boca Raton.

[L59] Lehmann, E. L. (1959). *Testing Statistical Hypotheses*. Wiley, New York.（E. L. レーマン著，渋谷政昭・竹内啓訳 (1969). 統計的検定論. 岩波書店）

[LC98] Lehmann, E. L. and Casella, G. (1998). *Theory of Point Estimation*. 2nd ed. Springer, New York.

[LM08] Liese, F. and Miescke, K.-J. (2008). *Statistical Decision Theory*. Springer, New York.

[S95] Schervish, M. J. (1995). *Theory of Statistics*. Springer, New York.

[S03] Shao, J. (2003). *Mathematical Statistics*. 2nd ed., Springer, New York.

[VN93] Voinov, V. G. and Nikulin, M. S. (1993). *Unbiased Estimators and Their Applications, Vol 1: Univariate Case*. Kluwer Academic Publishers, Dordrecht.

[Z71] Zacks, S. (1971). *The Theory of Statistical Inference*. Wiley, New York.

上記において，[A03] は統計学の入門書で本書の脚注にて基礎知識について適宜，必要に応じて引用している．[AT95] は正則条件が必ずしも成り立たないような非正則な場合の推定論について論じたモノグラフで，小標本論，大標本論のいずれの観点からも考察していて，本書後の道標の1つになる．そこでは，たとえば，一方向型分布族の母数の推定において，

ヴォルテラ (Volterra) 型の積分方程式を用いて，LMVU 推定量を構成している．[CB90], [K00] は学部レベルの数理統計学の書籍で比較的読みやすい．[L59] は大学院レベルの統計的検定論の定評のある専門書で，その第 3 版が 2005 年に J. P. Romano と共著として Springer から出版されている．[LC98] は大学院レベルの統計的推定論の名著で内容が豊富で読み応えがある．[LM08], [S95], [S03] は数学的厳密性を考慮に入れて書かれていて，[LM08] は統計的決定論の本格的な専門書で，[S95] も数理統計学をどちらかといえば統計的決定論的観点から論じ，興味深い例も挙げられている．また，[S03] は数理統計学の専門書で比較的読みやすく，問題・解答の別冊もある．本書では UMVU 推定量の導出について論じ，得られた UMVU 推定量を付表としてまとめたが，[VN93] にはもっと多くの UMVU 推定量が挙げられている．しかし，それらの導出については論文の引用に留まっているものが多い．[Z71] は統計的推測理論の書籍であるが，その当時までの成果がまとめられている．

なお，本書の脚注，注意には上記の参考書籍の他に各箇所で引用した論文等の文献も挙げられている．

問題略解

第 1 章

問 1.2.1 $\log L(\overline{x}, s^2; \boldsymbol{x}) - \log L(\mu, \sigma; \boldsymbol{x}) = \frac{n}{2}\{(\frac{s^2}{\sigma^2}-1) - \log\frac{s^2}{\sigma^2} + \frac{1}{\sigma^2}(\overline{x}-\mu)^2\}$ となり,一般に,任意の $t > 0$ について $\log t \le t - 1$ となるから $(s^2/\sigma^2) - 1 \ge \log(s^2/\sigma^2)$ となる.よって,任意の μ, σ^2 について $\log L(\overline{x}, s^2; \boldsymbol{x}) - \log L(\mu, \sigma; \boldsymbol{x}) \ge 0$ となるから,(1.2.4) が成り立つ.

問 1.2.2 (μ, λ) の対数尤度関数は $\log L(\mu, \lambda; \boldsymbol{x}) = -n\log 2 - n\log\lambda - \sum_{i=1}^{n}|x_i - \mu|/\lambda$ となる. $X_{(1)}, \ldots, X_{(n)}$ の実現値を $x_{(1)}, \ldots, x_{(n)}$ として,λ を固定し,$f(\mu) = \sum_{i=1}^{n}|x_{(i)} - \mu|$ とおいて $f(\mu)$ を最小にする μ を求める.いま,$-\infty = x_{(0)} < x_{(1)} \le \cdots \le x_{(k-1)} \le x_{(k)} \le \cdots \le x_{(n)} < x_{(n+1)} = \infty$ として,各 $k = 0, 1, \ldots, n$ について $x_{(k)} < \mu < x_{(k+1)}$ のとき $f(\mu) = \sum_{i=1}^{k}(\mu - x_{(i)}) + \sum_{i=k+1}^{n}(x_{(i)} - \mu) = (2k-n)\mu - \sum_{i=1}^{k}x_{(i)} + \sum_{i=k+1}^{n}x_{(i)}$ となる.よって,区間 $(x_{(k)}, x_{(k+1)})$ において,$k < n/2$ のとき,$f(\mu)$ は μ の減少関数,$k = n/2$ のとき $f(\mu)$ は定数関数,$k > n/2$ のとき $f(\mu)$ は増加関数になる.ここで,各点 $x_{(k)}$ $(k = 1, \ldots, n)$ において $\lim_{|\Delta| \to 0} f(x_{(k)} + \Delta) = f(x_{(k)})$ となるから,$f(\mu)$ は各点 $x_{(k)}$ において連続になる.

(i) $n = 2m - 1$ のとき,$k = n/2$ となる整数 k は存在しないから $k < m - (1/2)$ つまり,$k = 0, 1, \ldots, m-1$ より各区間 $(-\infty, x_{(1)})$, $(x_{(1)}, x_{(2)})$, $\ldots, (x_{(m-1)}, x_{(m)})$ で減少関数,また $k > m - (1/2)$ つまり $k = m, m+1, \ldots, n$ より各区間 $(x_{(m)}, x_{(m+1)}), (x_{(m+1)}, x_{(m+2)}), \ldots, (x_{(n)}, \infty)$ で増加関数であるから,$f(\mu)$ は $\mu = x_{(m)}$ において最小値をとる.

(ii) $n = 2m$ のとき,(i) と同様にして各区間 $(-\infty, x_{(1)}), \ldots, (x_{(m-1)}, x_{(m)})$ で減少関数,区間 $(x_{(m)}, x_{(m+1)})$ で定数関数,各区間 $(x_{(m+1)}, x_{(m+2)}), \ldots, (x_{(n)}, \infty)$ で増加関数であるから,$x_{(m)} \le \mu \le x_{(m+1)}$ を満たすすべての μ で $f(\mu)$ は最小値をとる.

よって,(i), (ii) より $\widehat{\mu} = \widehat{\mu}(\boldsymbol{X})$ は μ の MLE である.次に,$g(\lambda) = n\log\lambda + \sum_{i=1}^{n}|x_{(i)} - \widehat{\mu}(\boldsymbol{x})|/\lambda$ を最小にする λ を求めるために,$g'(\lambda) = 0$ とすれば $g(\lambda)$ は $\lambda = \widehat{\lambda}(\boldsymbol{x}) = (1/n)\sum_{i=1}^{n}|x_{(i)} - \widehat{\mu}(\boldsymbol{x})|$ において $g(\lambda)$ は

最小値をとる．よって，$(\widehat{\mu}, \widehat{\lambda})$ は (μ, λ) の MLE になる．

問 1.2.3 $\boldsymbol{X} = (X_1, \ldots, X_n)$ の j.p.d.f. は $f_{\boldsymbol{X}}(\boldsymbol{x}; \theta) = \theta^{-n}\chi_A(\boldsymbol{x})$ になる．ただし，$x_{(1)} = \min_{1 \leq i \leq n} x_i$, $x_{(n)} = \max_{1 \leq i \leq n} x_i$ で，$A = \{\boldsymbol{x} \mid 0 \leq x_{(1)}, x_{(n)} \leq \theta\}$ とし，$\chi_A(\boldsymbol{x}) = 1 \ (\boldsymbol{x} \in A); = 0 \ (\boldsymbol{x} \notin A)$ とする．また，θ の事前分布はパレート分布 $\mathrm{Pa}(\beta, \gamma) \ ((\beta, \gamma) \in \mathbf{R}_+^2)$ の p.d.f. $\pi(\theta; \beta, \gamma) = \beta\gamma^\beta\theta^{-(\beta+1)}\chi_{[\gamma,\infty)}(\theta)$ をもつので，(1.2.8) より θ の事後分布は $\pi(\theta|\boldsymbol{x}) = (n+\beta)\theta^{-(n+\beta+1)}\{u(\boldsymbol{x})\}^{n+\beta}\chi_{[u(\boldsymbol{x}),\infty)}(\theta)$ になり，この分布はパレート分布族に属する．ただし，$u(\boldsymbol{x}) = \max\{x_{(n)}, \gamma\}$ とする．よって，パレート分布族は一様分布族に対して共役事前分布族になる．

問 1.2.4 (1.2.10) より $\widehat{\theta}_{\mathrm{GB}}(\boldsymbol{x}) = \int_{x_{(n)}-(1/2)}^{x_{(1)}+(1/2)} \theta d\theta \bigg/ \int_{x_{(n)}-(1/2)}^{x_{(1)}+(1/2)} d\theta = \frac{x_{(1)}+x_{(n)}}{2}$.

問 1.3.1 $\widehat{g}(\boldsymbol{X})$ の中央値 m の集合は閉区間，すなわち $\{m|P_\theta\{\widehat{g}(\boldsymbol{X}) \leq m\} \geq 1/2, P_\theta\{\widehat{g}(\boldsymbol{X}) \geq m\} \geq 1/2\} = [m_0(\theta), m_1(\theta)]$ になる．
(i) $m_0 \leq m \leq m_1 < c$ のとき $E_\theta[|g(\boldsymbol{X})-c|] - E_\theta[|g(\boldsymbol{X})-m|] = 2\int_{(m,c)}(c-x)dP_\theta + (c-m)(2P\{g(\boldsymbol{X}) \leq m\}-1) \geq 0$ より $E_\theta[|g(\boldsymbol{X})-c|] \geq E_\theta[|g(\boldsymbol{X})-m|]$.
(ii) $c < m_0 \leq m \leq m_1$ のとき，$E_\theta[|g(\boldsymbol{X})-c|] - E_\theta[|g(\boldsymbol{X})-m|] = 2\int_{(c,m)}(x-c)dP_\theta + (m-c)(2P_\theta\{g(\boldsymbol{X}) \geq m\}-1) \geq 0$ より $E_\theta[|g(\boldsymbol{X})-c|] \geq E_\theta[|g(\boldsymbol{X})-m|]$ となる．
よって，m は $E_\theta[|g(\boldsymbol{X})-c|]$ を最小にする，すなわち (1.3.12) の右辺が m によって最小化される．

問 1.4.1 $\boldsymbol{X} = (X_1, \ldots, X_n)$ の 2 つの実現値を $\boldsymbol{x} = (x_1, \ldots, x_n)$, $\boldsymbol{y} = (y_1, \ldots, y_n)$ とし，$\overline{X}$, S_0^2 の $\boldsymbol{x}$, $\boldsymbol{y}$ によるそれぞれの値を $\overline{x}$, $\overline{y}$, s_{0x}^2, s_{0y}^2 とする．ここで，$\boldsymbol{\theta} = (\mu, \sigma^2)$ とし，$\boldsymbol{X}$ の j.p.d.f. を $f_{\boldsymbol{X}}(\boldsymbol{x}; \boldsymbol{\theta})$ とすれば

$$\frac{f_{\boldsymbol{X}}(\boldsymbol{x}; \boldsymbol{\theta})}{f_{\boldsymbol{X}}(\boldsymbol{y}; \boldsymbol{\theta})} = \exp\left\{\frac{-n(\overline{x}^2-\overline{y}^2) + 2n\mu(\overline{x}-\overline{y}) - (n-1)(s_{0x}^2-s_{0y}^2)}{2\sigma^2}\right\}$$

になり，これが $\boldsymbol{\theta}$ に無関係であることは $\overline{x} = \overline{y}$, $s_{0x}^2 = s_{0y}^2$ であることと同等になる．よって，定理 1.4.2 より $(\overline{X}, S_0^2)$ は $\boldsymbol{\theta}$ に対する最小十分統計量

になる.

問 1.4.2 $\boldsymbol{x} = (x_1, \ldots, x_n)$ について $T(\boldsymbol{x}) = \sum_{i=1}^n x_i$ とおく. 例 1.1.2 より $\boldsymbol{X} = (X_1, \ldots, X_n)$ の j.p.m.f. は

$$f_{\boldsymbol{X}}(\boldsymbol{x};\theta) = \theta^{T(\boldsymbol{x})}(1-\theta)^{n-T(\boldsymbol{x})} \quad (x_i = 0, 1; i = 1, \ldots, n),\ 0 < \theta < 1$$

となるから, 任意の $\boldsymbol{x} = (x_1, \ldots, x_n)$, $\boldsymbol{y} = (y_1, \ldots, y_n)$ について, $f_{\boldsymbol{X}}(\boldsymbol{x};\theta)/f_{\boldsymbol{X}}(\boldsymbol{y};\theta) = \{\theta/(1-\theta)\}^{T(\boldsymbol{x})-T(\boldsymbol{y})}$ が θ に無関係であるための必要十分条件は, $T(\boldsymbol{x}) = T(\boldsymbol{y})$ となるから定理 1.4.2 より, $T(\boldsymbol{X})$ が θ に対する最小十分統計量になる.

問 1.5.1 任意の $\theta \in \Theta$ について $E_\theta[T_1(\boldsymbol{X})] = 2n\theta$, $E_\theta[T_2(\boldsymbol{X})] = (1 + n^{-1})\theta$ になるから, $E_\theta[(2n)^{-1}T_1(\boldsymbol{X}) - (1+n^{-1})^{-1}T_2(\boldsymbol{X})] = 0$ となるが, $(2n)^{-1}T_1(\boldsymbol{x}) - (1+n^{-1})^{-1}T_2(\boldsymbol{x})$ は定数ではない. よって, $T = (T_1, T_2)$ は完備ではない.

問 1.5.2 S が最小十分統計量であるから, $S = h(T)$ となる関数 h が存在する. h は定数関数ではないので, T が完備であるから S も完備になる. 次に, $g(T) = T - E[T|S] = T - E[T|h(T)]$ とすれば, 任意の $\theta \in \Theta$ について $E_\theta[g(T)] = 0$ となるから, T の完備性より $T = E(T|S)$ になる. よって, T が S の関数になるから定義 1.4.2 より T は最小十分統計量になる.

第 2 章

問 2.1.1 $T = \max_{1 \le i \le n} X_i$ とし, Θ を正の整数全体とすれば, T の p.m.f. は $f_{T_n}(t;\theta) = \{t^n - (t-1)^n\}/\theta^n$ $(t = 1, 2, \ldots, \theta;\ \theta \in \Theta)$ になる. 例 1.4.2 より T は θ に対する十分統計量であり, T の関数を $h(T)$ とするとき, 任意の $\theta \in \Theta$ について $E_\theta[h(T)] = \sum_{t=1}^\theta h(t)\{t^n - (t-1)^n\}/\theta^n = 0$ となるから, $h(t) = 0$ $(t = 1, 2, \ldots, \theta)$ になるので, T は完備になる. 次に, $g(\theta) = \theta^r$ $(r > -n)$ の不偏推定量を $\widehat{g}(T)$ とすれば, 任意の $\theta \in \Theta$ について $\sum_{t=1}^\theta \widehat{g}(t)\{t^n - (t-1)^n\}/\theta^n = \theta^r$ となる. これを書き直すと, 任意の $\theta \in \Theta$ について

$$\sum_{t=1}^{\theta} \widehat{g}(t)\left\{\frac{t^n-(t-1)^n}{t^{n+r}-(t-1)^{n+r}}\right\}\left\{\left(\frac{t}{\theta}\right)^{n+r}-\left(\frac{t-1}{\theta}\right)^{n+r}\right\}=1$$

になり，左辺は，p.m.f. $f_{T_{n+r}}(t;\theta)$ についての和でもあり，T は完備であるから $\widehat{g}(t)=\{t^{n+r}-(t-1)^{n+r}\}/\{t^n-(t-1)^n\}$ になる．よって，$\widehat{g}(T)$ は完備十分統計量の関数で $g(\theta)=\theta^r$ の不偏推定量であるから系 2.1.1 より UMVU 推定量である．

問 2.5.1 X の p.m.f. は $p(x;\theta)=1/\theta$ $(x=1,\ldots,\theta)$；$=0$ (その他) であるから，$\theta>\vartheta$ とすると $S(\theta)\supset S(\vartheta)$ になる．また $p(x;\vartheta)/p(x;\theta)=\theta/\vartheta$ $(x=1,\ldots,\vartheta)$；$=0$ (その他) になるから，$V_\theta(p(X;\vartheta)/p(X;\theta))=(\theta/\vartheta)-1$ となり，Ch-Ro の不等式 (2.5.2) より，θ の任意の不偏推定量 $\widehat{\theta}(X)$ について

$$V_\theta(\widehat{\theta})\geq \sup_{\vartheta:\vartheta<\theta}(\vartheta-\theta)^2/\{(\theta/\vartheta)-1\}=\sup_{\vartheta:\vartheta<\theta}\vartheta(\theta-\vartheta)$$

になる．ここで，$h(\vartheta)=\vartheta(\theta-\vartheta)$ とおくと，$h(\vartheta)$ は $\vartheta=[(\theta+1)/2]$ のとき最大値をとるから Ch-Ro の下界は $B(\theta)=[(\theta+1)/2]\{\theta-[(\theta+1)/2]\}$ になる．ただし，$[\cdot]$ はガウスの記号とする．次に X は θ に対する完備十分統計量で，$\widehat{\theta}^*(X)=2X-1$ は θ の不偏推定量になるから $\widehat{\theta}^*$ は θ の UMVU 推定量であり，$\widehat{\theta}^*$ の分散は $V_\theta(\widehat{\theta}^*)=(\theta^2-1)/3$ となる．このとき，$\theta=2$ については $V_2(\widehat{\theta}^*)=B(2)=1$ となるが，$\theta>2$ については $V_\theta(\widehat{\theta}^*)>B(\theta)$ となり，$\widehat{\theta}^*$ は Ch-Ro の下界を達成しない．

問 2.6.1 各 $i=1,\ldots,n$ について $Y_i=X_i^2/2$ とおくと，$Y_1,\ldots,Y_n$ はガンマ分布 $G(1/2,\theta)$ からの無作為標本になるから，例 2.6.1 で $\alpha=1/2$ の場合に帰着される．よって，(2.6.16), (2.6.17) より，任意の $\widehat{\theta}(\boldsymbol{X})\in\mathscr{M}$，任意の $\theta\in\Theta$ について

$$P_\theta\{\widehat{\theta}(\boldsymbol{X})-\theta\leq a\}\lessgtr \frac{1}{\Gamma(n/2)}\gamma\left(\frac{n}{2},\frac{\theta+a}{\theta}M\left(\frac{n}{2}\right)\right)\quad (a\gtreqless 0)$$

になるから，任意の $\widehat{\theta}\in\mathscr{M}$，任意の $\theta\in\Theta$，任意の正数 a,b について

$$P_\theta\{-a \leq \widehat{\theta}(\boldsymbol{X}) - \theta \leq b\}$$
$$\leq \frac{1}{\Gamma(n/2)}\left\{\gamma\left(\frac{n}{2}, \frac{\theta+b}{\theta}M\left(\frac{n}{2}\right)\right) - \gamma\left(\frac{n}{2}, \frac{\theta-a}{\theta}M\left(\frac{n}{2}\right)\right)\right\}$$

になり，この右辺は θ の MU 推定量の集中確率の上界になる．ただし，複号同順とする．また，θ の MU 推定量 $\widehat{\theta}_{\mathrm{MU}} = \sum_{i=1}^n X_i^2/\{2M(n/2)\}$ が $\mathscr{M}$ における θ の有効推定量になる．

第 4 章

問 4.2.1 $a(\gamma) = -b'(\gamma)$ $(c < \gamma < d)$ であるから，条件 (C.4.2.1) より任意の γ $(c < \gamma < d)$ について

$$E_\gamma[\widehat{g}(T)] = E_\gamma\left[g(T) - \frac{b(T)}{na(T)}g'(T)\right]$$
$$= -\frac{1}{\{b(\gamma)\}^n}\int_\gamma^d (g(t)b^n(t))' dt = g(\gamma)$$

となるので，$\widehat{g}(T)$ は $g(\gamma)$ の不偏推定量になる．

問 4.5.1 (4.5.7) において，$a(x) = x^{\alpha-1}$, $\delta(\theta) = -1/\theta$, $u(x) = x$, $b(\theta) = \theta^\alpha \Gamma(\alpha)$, $c = 0, d = \infty$ とすれば，$G(\alpha, \theta)$ の p.d.f. $p(x; \alpha, \theta) = \{(x/\theta)^{\alpha-1} e^{-x/\theta}/(\theta\Gamma(\alpha))\}\chi_{(0,\infty)}(x)$ を得る．このとき，例 2.6.1（続 1）より $T = \sum_{i=1}^n X_i$ は θ に対する完備十分統計量で，1.5 節の脚注 28) よりその p.d.f. は $f_T(t; \theta) = \{t^{n\alpha-1}e^{-t/\theta}/(\theta^{n\alpha}\Gamma(n\alpha))\}\chi_{(0,\infty)}(t)$ となるから，(4.5.8) において $h(\theta) = e^{\delta(\theta)} = e^{-1/\theta}$, $A_n(t) = (\Gamma(\alpha))^n t^{n\alpha-1}/\Gamma(n\alpha)$ $(t > 0)$ となる．

(1) $\{h(\theta)\}^k = e^{-k/\theta}$ となるから，定理 4.5.1 より $k > 0$ について $(1-(k/T))^{n\alpha-1}\chi_{(k,\infty)}(T)$ が $g(\theta) = e^{-k/\theta}$ の UMVU 推定量になる．また，定理 4.5.2 より，$k > -n$ について $\Gamma(n\alpha)T^{k\alpha}/\Gamma((n+k)\alpha)$ が $g(\theta) = \theta^{k\alpha}$ の UMVU 推定量になる．

(2) (4.5.14) より

$$\widehat{p}_n(x, T) = \frac{x^{\alpha-1}}{B(\alpha, (n-1)\alpha)T^\alpha}\left(1 - \frac{x}{T}\right)^{(n-1)\alpha-1}\chi_{(0,T)}(x)$$

となり，定理 4.5.3 より $\widehat{p}_n(x, T)$ は $p(x; \alpha, \theta)$ の UMVU 推定量になる．

ただし，$n > 1$ とする．

(3) (4.5.16) より，任意の $\lambda > 0$ について

$$\widehat{R}_T(\lambda) = [1 - \{B_{\lambda/T}(\alpha, (n-1)\alpha)/B(\alpha, (n-1)\alpha)\}]\chi_{(\lambda,\infty)}(T)$$

は信頼度関数 $R_\theta(\lambda) = P_\theta\{X_1 > \lambda\}$ の UMVU 推定量になる．ただし，$B_z(\cdot,\cdot)$ は不完全ベータ関数とする．

問 4.5.2 (4.5.7) において，$a(x) = x^{\alpha-1}$, $\delta(\theta) = -1/\theta^\alpha$, $u(x) = x^\alpha$, $b(\theta) = \theta^\alpha/\alpha$, $c = 0$, $d = \infty$ とすれば，$W(\alpha, \theta)$ の p.d.f. $p(x; \alpha, \theta) = (\alpha/\theta^\alpha)x^{\alpha-1}[\exp\{-(x/\theta)^\alpha\}]\chi_{(0,\infty)}(x)$ を得る．このとき，1.5 節の例 1.4.3 (続 1) より $T = \sum_{i=1}^n X_i^\alpha$ は θ に対する完備十分統計量で，その p.d.f. は $f_T(t;\theta) = \{t^{n-1}e^{-t/\theta^\alpha}/(\theta^{\alpha n}\Gamma(n))\}\chi_{(0,\infty)}(t)$ になるから，(4.5.8) において $h(\theta) = e^{\delta(\theta)} = e^{-1/\theta^\alpha}$, $A_n(t) = t^{n-1}/(\alpha^n \Gamma(n))$ となる．

(1) $\{h(\theta)\}^k = e^{-k/\theta^\alpha}$ となるから，定理 4.5.1 より $k > 0$ について $(1-(k/T))^{n-1}\chi_{(k,\infty)}(T)$ が $g(\theta) = e^{-k/\theta^\alpha}$ の UMVU 推定量になる．また，定理 4.5.2 より $k > -n$ について $\Gamma(n)T^k/\Gamma(n+k)$ が $g(\theta) = \theta^{\alpha k}$ の UMVU 推定量になる．

(2) (4.5.14) より

$$\widehat{p}_n(x, T) = [(n-1)\alpha x^{\alpha-1}(1/T)\{1 - (x^\alpha/T)\}^{n-2}]\chi_{(0, T^{1/\alpha})}(x)$$

となり，定理 4.5.3 より $\widehat{p}_n(x, T)$ は $p(x; \alpha, \theta)$ の UMVU 推定量になる．ただし，$n \geq 2$ とする．

(3) (4.5.16) より任意の $\lambda > 0$ について $\widehat{R}_T(\lambda) = (1 - (\lambda^\alpha/T))^{n-1}\chi_{(\lambda^\alpha,\infty)}(T)$ は信頼度関数 $R_\theta(\lambda) = P_\theta\{X_1 > \lambda\}$ の UMVU 推定量になる．

問 4.5.3 $Y_i = \log X_i$ $(i = 1, \ldots, n)$ はたがいに独立に，いずれも正規分布 $N(\mu, \sigma^2)$ に従う．

(1) 2.1 節の例 1.1.1 (続 9) より $\widehat{\mu} = (1/n)\sum_{i=1}^n \log X_i$ は μ の UMVU 推定量になる．

(2) (1) と同様に μ が未知のとき，$\widehat{\sigma}^2 = \sum_{i=1}^n (\log X_i - \widehat{\mu})^2/(n-1)$ は σ^2 の UMVU 推定量になる．

(3) 4.5 節の例 1.1.1（続 14）より，$T = \sum_{i=1}^{n}(\log X_i)^2$ とおくと

$$\widehat{p}_n(x, T) = \frac{1}{B(1/2, ((n-1)/2))x\sqrt{T}}\left\{\left(1 - \frac{1}{T}(\log x)^2\right)_+\right\}^{(n-3)/2}$$

は $p(x; 0, \sigma^2)$ の UMVU 推定量になる．ただし，$a_+ = \max\{0, a\}$ とする．

付録

問 A.2.2.1 $(X_i, Y_i) = (x_i, y_i)$ $(i = 1, \ldots, n)$ であるとき，$(\mu_1, \ldots, \mu_n, \sigma^2)$ の尤度関数

$$L(\mu_1, \ldots, \mu_n, \sigma^2; x_1, y_1, \ldots, x_n, y_n)$$
$$= \frac{1}{(2\pi)^n \sigma^{2n}} \exp\left\{-\frac{1}{2\sigma^2}\sum_{i=1}^{n}((x_i - \mu_i)^2 + (y_i - \mu_i)^2)\right\}$$
$$= \frac{1}{(2\pi)^n \sigma^{2n}} \exp\left[-\frac{1}{2\sigma^2}\left\{2\sum_{i=1}^{n}\left(\mu_i - \frac{x_i + y_i}{2}\right)^2 + \frac{1}{2}\sum_{i=1}^{n}(x_i - y_i)^2\right\}\right]$$

となるから，各 $i = 1, \ldots, n$ について μ_i の MLE は $\widehat{\mu}_i = (X_i + Y_i)/2$，$\sigma^2$ の MLE は $\widehat{\sigma}^2_{\mathrm{ML}} = \sum_{i=1}^{n}(X_i - Y_i)^2/(4n)$ になる．各 i について $X_i - Y_i$ の分布は $N(0, 2\sigma^2)$ になるから，$\widehat{\sigma}^2_{\mathrm{ML}} \overset{P}{\to} \sigma^2/2$ $(n \to \infty)$ となり，$\widehat{\sigma}^2_{\mathrm{ML}}$ は σ^2 の一致推定量でない．

問 A.2.5.1 $\theta = 0$ のとき，$t \neq 0$ について

$$P_{tn^{-1/2}}\{\sqrt{n}(\widehat{\theta}_n - tn^{-1/2}) \leq 0\}$$
$$= P_{tn^{-1/2}}\{\sqrt{n}(\overline{X} - tn^{-1/2}) \leq 0, |\overline{X}| \geq n^{-1/4}\}$$
$$\quad + P_{tn^{-1/2}}\{\sqrt{n}(c\overline{X} - tn^{-1/2}) \leq 0, |\overline{X}| < n^{-1/4}\}$$
$$\approx P_{tn^{-1/2}}\{\sqrt{n}\overline{X} \leq t/c, -n^{1/4} < \sqrt{n}\overline{X} < n^{1/4}\}$$
$$= P_{tn^{-1/2}}\{-n^{1/4} < \sqrt{n}\overline{X} \leq t/c\}$$
$$= P_{tn^{-1/2}}\{-n^{1/4} - t < \sqrt{n}(\overline{X} - tn^{-1/2}) \leq ((1/c) - 1)t\}$$
$$\approx \Phi(((1/c) - 1)t) \neq 1/2 \quad (n \to \infty)$$

となる．よって，定義 A.2.5.1 より $\widehat{\theta}_n$ は θ の AMU 推定量でない．ただし，$a_n \approx b_n$ は $a_n - b_n \to 0$ $(n \to \infty)$ を意味する．

例の索引

例 1.1.1（正規モデル），1
例 1.1.1（続 1），7
例 1.1.1（続 2），11
例 1.1.1（続 3），20
例 1.1.1（続 4），21
例 1.1.1（続 5），26
例 1.1.1（続 6），28
例 1.1.1（続 7），31
例 1.1.1（続 8），38
例 1.1.1（続 9），52
例 1.1.1（続 10），65
例 1.1.1（続 11），69
例 1.1.1（続 12），85
例 1.1.1（続 13），101
例 1.1.1（続 14），138
例 1.1.2（2 項モデル），2
例 1.1.2（続 1），6
例 1.1.2（続 2），8
例 1.1.2（続 3），12
例 1.1.2（続 4），15
例 1.1.2（続 5），36
例 1.1.2（続 6），50
例 1.1.2（続 7），57
例 1.1.2（続 8），64
例 1.1.2（続 9），94
例 1.1.3（ノンパラメトリックモデル），2
例 1.2.1（$P(\mu, \sigma^2)$），4
例 1.2.1（続 1），14
例 1.2.1（続 2），95
例 1.2.1（続 3），153
例 1.2.2（連続一様モデル），4
例 1.2.2（続 1），16
例 1.2.2（続 2），20
例 1.2.2（続 3），21
例 1.2.2（続 4），29
例 1.2.2（続 5），35
例 1.2.2（続 6），37
例 1.2.2（続 7），38
例 1.2.2（続 8），50
例 1.2.2（続 9），55
例 1.2.2（続 10），78
例 1.2.2（続 11），81
例 1.2.2（続 12），97
例 1.2.2（続 13），100
例 1.2.2（続 14），104
例 1.2.2（続 15），118
例 1.2.2（続 16），121
例 1.2.2（続 17），154
例 1.2.3（パレートモデル），5
例 1.2.3（続 1），117
例 1.2.3（続 2），126
例 1.2.4（指数型分布族），10
例 1.3.1（幾何分布），20
例 1.3.2（指数モデル），22
例 1.3.2（続 1），42
例 1.3.2（続 2），43
例 1.3.2（続 3），52
例 1.3.2（続 4），74
例 1.3.2（続 5），140
例 1.4.1（ポアソンモデル），25
例 1.4.1（続 1），37
例 1.4.1（続 2），50
例 1.4.1（続 3），65
例 1.4.1（続 4），76
例 1.4.2（離散一様モデル），28
例 1.4.3（指数型分布族），30
例 1.4.3（続 1），38
例 1.4.4（レイリーモデル），32
例 1.4.4（続 1），136
例 1.4.5（ロジットモデル），33
例 1.4.6（用量反応 (dose-response) モデル），34
例 1.4.6（続 1），40

例の索引

例 1.5.1, 39
例 2.3.1 (対数正規モデル), 71
例 2.4.1 (混合正規モデル), 75
例 2.5.1 (指数分布), 80
例 2.6.1 (ガンマモデル), 87
例 2.6.1 (続 1), 91
例 2.6.1 (続 2), 108
例 2.6.1 (続 3), 128
例 3.1.1 (逆ガウスモデル), 92
例 3.1.1 (続 1), 129
例 3.2.1 (ベルヌーイ分布), 99
例 3.2.2, 99
例 3.4.1 (下側切断指数モデル), 106
例 3.4.1 (続 1), 116
例 3.4.1 (続 2), 125
例 3.5.1 (極値モデル), 109
例 3.5.1 (続 1), 137
例 3.5.2 (ワイブルモデル), 111
例 4.2.1 (下側切断分布族), 118
例 4.3.1 (両側切断指数モデル), 122
例 4.3.2 (上側切断パレートモデル), 123
例 A.2.3.1 (正規分布), 155
例 A.2.4.1 (超有効性), 157
例 A.2.5.1 (正規分布), 162

索　引

【欧字】

AMU 推定量, 162

$B(\alpha, \beta)$, 12
$B(n, \theta)$, 2
BAN 推定量, 159
Basu, 41
$Be(\alpha, \beta)$, 12
$Ber(\theta)$, 2
Bh の下界, 74
BLUE, 147
$B_z(\alpha, \beta)$, 140

C-R の下界 (lower bound), 61
C-R の不等式, 61
c.c.d.f., 104
c.d.f., 21
c.p.d.f., 25
c.p.m.f., 25
Ch-Ro の下界, 79
Ch-Ro の不等式, 79
Chapman-Robbins, 79
χ_ν^2 分布, 44, 45
CLT, 150
$Cov(X, Y)$, 24, 56
Cramér-Rao, 61

e.d.f., 98
$Exp(\theta)$, 22, 52
$Ext(\theta)$, 109

Fatou, 157
F 情報行列, 69
F 情報量, 60

$G(\alpha, \theta)$, 87
$\Gamma(\alpha)$, 12
GBE, 11

Hodges, 157, 162

$IG(\mu, \lambda)$, 92

j.p.d.f., 6
j.p.m.f., 6

k 回連続微分可能, 114
k 次の AMU 推定量, 167
k 次の Bh の下界, 74
k 次の Bh の不等式, 74
k 次の漸近有効推定量, 167
k 母数指数型分布族, 30

Lehmann-Scheffé, 49
LMVU 推定量, 47
$LN(\mu, \sigma^2)$, 71, 143
LSE, 146
$\ell TEF(\theta, \gamma)$, 123
$\ell TExp(\mu, \sigma)$, 106

m.p.d.f., 17, 25
m.p.m.f., 25
MLE, 7
MSE, 18
MU 推定量, 19

$N(\mu, \sigma^2)$, 1
$N_2(\theta, \theta, \sigma_1^2, \sigma_2^2, \rho)$, 67, 154
n 変量正規分布, 145

$P(\mu, \sigma^2)$, 4
p.d.f., 1

索　引

p.m.f., 2
$Pa(\theta, \gamma)$, 5, 117
$Po(\theta)$, 25

Rao-Blackwell, 48
$Ray(\theta)$, 33
r 次の標本モーメント (sample moment), 3
r 次モーメント (moment), 3

$T\text{-}Exp(\mu, \lambda)$, 8
$tTExp(\theta, \gamma, \nu)$, 122

$U(\gamma, \nu)$, 4
UMVU 推定量, 47
$uTPa(\theta, \gamma, \nu)$, 123

$W(\alpha, \theta)$, 111

【ア行】

1-1 (1 対 1) 関数, 30
1 次の漸近的有効, 167
位置共変推定量, 11
位置母数 (location parameter), 11
一様最小分散不偏 (uniformly minimum variance unbiased) 推定量, 47
一様分布 (uniform distribution), 4
一致推定量 (consistent estimator), 152
一般 (improper) 事前密度, 10
一般ベイズ推定量 (generalized Bayes estimator), 11

上側切断パレート分布 (upper-truncated Pareto distribution), 123
上側切断パレートモデル, 123
上側切断分布族, 115

【カ行】

開区間, 30
概収束, 150

カイ 2 乗分布 (χ^2_ν 分布), 44, 45
ガウス (Gauss) の記号, 20, 55, 162
ガウス・マルコフ (Gauss-Markov) の定理, 147
攪乱母数, 3
確率収束 (convergence in probability), 149
確率的有界, 161
確率ベクトル, 1
確率密度関数 (probability density function), 1
確率モデル (probabilistic model), 1
確率量関数 (probability mass function), 2
可測関数, 3
偏り, 13
完備 (complete), 36
ガンマ関数, 12
ガンマ分布 (gamma distribution), 44, 87
ガンマモデル, 87

幾何分布 (geometric distribution), 20
逆ガウス分布 (inverse Gaussian distribution), 92
逆ガウスモデル, 92
逆ラプラス変換, 42, 127-129
共分散 (covariance), 24
共役事前分布族 (a family of conjugate prior distributions), 10
局外母数 (nuisance parameter), 3
極限不偏 (unbiased in the limit), 154
局所最小分散不偏 (locally minimum variance unbiased) 推定量, 47
極値分布 (extreme value distribution), 109
極値モデル, 109

クラメール・ラオ (Cramér-Rao(C-R)) の不等式, 61

経験分布関数 (empirical distribution function), 98
限界 (bound), 84

コルモゴロフ (Kolmogorov) の大数の
    法則, 150
混合正規分布, 75
混合正規モデル, 75

【サ行】

最強力検定 (most powerful test), 82
最小十分統計量 (minimal sufficient
    statistic), 31
最小 2 乗推定量 (least squares
    estimator), 146
再生性 (reproductivity), 25, 44, 87,
    92
最大縮約, 31
最頻値, 21
最尤推定値, 7
最尤推定量 (maximum likelihood
    estimator), 7
最尤法 (the method of maximum
    likelihood), 6
最良位置共変推定量, 11
最良漸近正規 (best asymptotically
    normal) 推定量, 159
最良線形不偏推定量 (best linear
    unbiased estimator), 147

事後分散, 11
事後平均 (posterior mean), 9
事後密度 (posterior density), 9
事後リスク (posterior risk), 10
指数型分布族 (exponential family of
    distributions), 30, 38, 130
指数分布 (exponential distribution),
    22
指数モデル, 22
事前分布族 (a family of prior
    distributions), 9
事前密度, 9
下側切断指数型分布族
    (lower-truncated exponential
    family of distributions), 123
下側切断指数分布 (lower-truncated
    exponential distribution), 106,
    125

下側切断指数モデル, 106
下側切断分布族, 114
射影行列 (projection matrix), 147
ジャックナイフ (jackknife) 法, 93
ジャックナイフ推定量, 94
集中確率 (concentration probability),
    84, 162
十分統計量 (sufficient statistic), 25
周辺 (marginal (m.))p.d.f., 17, 25
周辺 (marginal (m.))p.m.f., 12, 25
縮約 (reduction), 31
シュワルツの不等式 (Schwarz's
    inequality), 62
順序統計量 (order statistic), 8, 16
上界 (upper bound), 84
条件付 F 情報量, 66
条件付 (conditional (c.))p.d.f., 9, 25
条件付 (conditional (c.))p.m.f., 9, 25
条件付化 (conditioning), 43
条件付分散, 11, 43
条件付平均（期待値）, 11, 43
条件付累積分布関数 (conditional
    cumulative distribution
    function), 104
情報不等式, 60
信頼度関数 (reliability function), 44

推定値, 3
推定量 (estimator), 3
スコア関数 (score function), 7, 61
スラッキー (Slutsky) の定理, 151

正規分布 (normal distribution), 1
正規方程式 (normal equations), 146
正規モデル, 1
正則条件 (regularity conditions), 59,
    68, 72, 158
生存関数 (survival function), 44
積分方程式, 113
積率, 3
絶対損失, 9
漸近正規, 156
漸近中央値不偏 (asymptotically
    median unbiased) 推定量, 162
漸近(的)不偏 (asymptotically

索　引

unbiased), 154
漸近的有効 (asymptotically efficient), 157
漸近分散 (asymptotic variance), 156
漸近分布 (asymptotic distribution), 154
線形モデル (linear model), 145

損失関数 (loss function), 18

【タ行】

対称有効推定量 (symmetrically efficient estimator), 84
対数正規分布 (log-normal distribution), 71, 143
対数正規モデル, 71
大数の強法則 (strong law of large numbers), 150
大数の(弱)法則 ((weak) law of large numbers), 149
対数尤度関数, 7
単峰形 (unimodal), 21

チェビシェフ (Chebyshev) の不等式, 149
チャップマン・ロビンス (Chapman-Robbins (Ch-Ro)) の不等式, 79
中央値 (median), 19, 99
中央値不偏 (median unbiased) 推定量, 19
中心極限定理 (central limit theorem), 150
超有効推定量 (superefficient estimator), 158
直積集合, 2

定義関数 (indicator function), 16
テイラー (Taylor) 展開, 160
転置行列 (transposed matrix), 146
転置ベクトル (transposed vector), 68

同時確率密度関数 (joint probability density function), 6

同時確率量関数 (joint probability mass function), 6

【ナ行】

2 項分布 (binomial distribution), 2
2 項モデル, 2
2 重指数 (double exponential) 分布, 8
2 乗損失, 9
2 変量正規分布, 67, 154

ネイマンの因子分解定理, 26
ネイマン・ピアソン (Neyman-Pearson) の基本定理, 83, 164

ノンパラメトリックモデル (non-parametric model), 2

【ハ行】

バイアス (bias), 13
バスー (Basu) の定理, 41, 42
バッタチャリャ (Bhattacharyya (Bh)) の不等式, 74
パラメータ (parameter), 1
パラメトリックモデル (parametric model), 1
パレート分布 (Pareto distribution), 5
パレートモデル, 5
範囲 (range), 35
半正規分布 (half-normal distribution), 89

ピットマン (Pitman) 推定量, 11
標本空間 (sample space), 9
標本中央値 (sample median), 99
標本分散 (sample variance), 4
標本平均 (sample mean), 4

ファトゥー (Fatou) の補題, 157
フィッシャー情報行列 (Fisher's information matrix), 69
フィッシャー情報量 (Fisher's information amount), 60

ブートストラップ (bootstrap) 法, 98
不完全ガンマ関数, 88
不完全ベータ関数, 140
不偏推定可能, 53
不偏推定量 (unbiased estimator), 14
不変性 (invariance), 95
不偏性 (unbiasedness), 13
不偏分散 (unbiased variance), 14
分散, 2

平均, 2
平均 2 乗誤差 (mean squared error), 18, 45
平均不偏推定量 (mean unbiased estimator), 14
ベイズ (Bayes) 推定量, 9
ベイズ法 (Bayesian method), 9
ベイズリスク (Bayes risk), 9
ベータ関数, 12
ベータ 2 項分布 (beta-binomial distribution), 13
ベータ分布 (beta distribution), 12
ベルヌーイ (Bernoulli) の大数の法則, 149
ベルヌーイ分布 (Bernoulli distribution), 2
ベルヌーイモデル, 2

ポアソン分布 (Poisson distribution), 25
ポアソンモデル, 25
法則収束 (convergence in law), 151
補助統計量 (ancillary statistic), 35
母数, 1
母数空間 (parameter space), 1
ホッジス (Hodges) の反例, 157, 162

【マ行】

マルコフ (Markov) の不等式, 148

無限母集団 (infinite population), 23
無作為標本 (random sample), 1

モード (mode), 21

モード不偏 (mode unbiased) 推定量, 21
モーメント推定量 (moment estimator), 4
モーメント法 (the method of moments), 3

【ヤ行】

有限母集団 (finite population), 23
有限母集団修正 (finite population correction), 24
有効推定量 (efficient estimator), 61, 84
尤度関数 (likelihood function), 6, 8
尤度方程式 (likelihood equation), 7

用量反応 (dose-response) モデル, 34

【ラ行】

ラオ・ブラックウェル化 (Rao-Blackwellization), 50
ラオ・ブラックウェル (Rao-Blackwell) の定理, 48
ラプラス (Laplace) 分布, 8
ラプラス変換, 42

離散一様分布 (discrete uniform distribution), 29, 82
離散一様モデル, 28
リスク関数 (risk function), 18
リスク不偏 (risk unbiased), 18
両側指数分布 (two-sided exponential distribution), 8
両側切断指数分布 (two-sided truncated exponential distribution), 122
両側切断指数モデル, 122
両側切断分布族, 119

累積分布関数 (cumulative distribution function), 21
ルベーグ (Lebesgue) の収束定理, 61

レイリー分布 (Rayleigh distribution), 33
レイリーモデル, 32
レーマン・シェッフェ (Lehmann-Scheffé) の定理, 49
連続一様モデル, 4
連続微分可能, 114

ロジット (logit), 34
ロジット (logit) モデル, 33

【ワ行】

ワイブル分布 (Weibull distribution), 111
ワイブルモデル, 111

〈著者紹介〉

赤平昌文（あかひら まさふみ）
1969 年　早稲田大学理工学部数学科卒業
1971 年　早稲田大学大学院理工学研究科修了
1978 年　電気通信大学助教授
1987 年　筑波大学教授
2009 年　筑波大学理事・副学長
現　在　筑波大学名誉教授
　　　　理学博士
専　門　数理統計学
主　著　『統計解析入門』（森北出版，2003）
　　　　"*Statistical Estimation for Truncated Exponential Families*" (Springer, 2017)
　　　　"*Joint Statistical Papers of Akahira and Takeuchi*" (共編, World Scientific Publishing Co., 2003)
　　　　"*The Structure of Asymptotic Deficiency of Estimators*" (Queen's Univ. Press, 1986)

統計学 One Point 17	著　者　赤平昌文 ⓒ 2019
統計的不偏推定論	発行者　南條光章
Theory of Statistical Unbiased Estimation	発行所　共立出版株式会社
2019 年 12 月 31 日　初版 1 刷発行	〒112-0006 東京都文京区小日向 4-6-19 電話番号　03-3947-2511（代表） 振替口座　00110-2-57035 www.kyoritsu-pub.co.jp
	印　刷　大日本法令印刷
	製　本　協栄製本
検印廃止 NDC 417 ISBN 978-4-320-11268-1	一般社団法人 　　　　　　自然科学書協会 　　　　　　会員 Printed in Japan

JCOPY　＜出版者著作権管理機構委託出版物＞
本書の無断複製は著作権法上での例外を除き禁じられています．複製される場合は，そのつど事前に，出版者著作権管理機構（ＴＥＬ：03-5244-5088，ＦＡＸ：03-5244-5089，e-mail：info@jcopy.or.jp）の許諾を得てください．